U0415531

船舶及海洋工程材料与技术丛书

海洋仿生防污材料

Bio-inspired Marine Antifouling Materials

中国船舶集团有限公司第七二五研究所
蔺存国　编著

国防工业出版社
·北京·

内 容 简 介

生物污损是船舶及海洋工程必须面对的关键问题之一。本书聚焦海洋防污技术前沿,围绕仿生防污材料设计、制备和性能评价,系统介绍了海洋生物污损及危害、生物污损防除技术的发展历史与现状、天然产物防污活性物质、防污活性酶、微结构仿生防污材料、亲疏水调控仿生防污材料、动物黏液功能仿生防污材料、多特性协同防污材料,以及防污涂料的性能评价方法等内容。

本书适合从事海洋生物污损与防护研究工作的科研人员阅读参考,也可供船舶及海洋工程领域涉及防污材料设计生产、性能评价及使用管理的工程技术人员参考使用。

图书在版编目(CIP)数据

海洋仿生防污材料/蔺存国编著. —北京:国防工业出版社,2022.8
(船舶及海洋工程材料与技术丛书)
ISBN 978-7-118-12572-6

Ⅰ.①海… Ⅱ.①蔺… Ⅲ.①海洋污染—污染防治—仿生材料 Ⅳ.①X55

中国版本图书馆 CIP 数据核字(2022)第144001号

※

国防工业出版社出版发行
(北京市海淀区紫竹院南路23号 邮政编码100048)
雅迪云印(天津)科技有限公司印刷
新华书店经售

*

开本 710×1000 1/16 **印张** 16¼ **字数** 280千字
2022年8月第1版第1次印刷 **印数** 1—2000册 **定价** 168.00元

国防书店:(010)88540777 书店传真:(010)88540776
发行业务:(010)88540717 发行传真:(010)88540762

船舶及海洋工程材料与技术丛书

编　委　会

总序

FOREWORD

海洋在世界政治、经济和军事竞争中具有特殊的战略地位，因此海洋管控和开发受到各国的高度重视。船舶及海洋工程装备是资源开发、海洋研究、生态保护和海防建设必要的条件和保障。在海洋强国战略指引下，我国船舶及海洋工程行业迎来难得的发展机遇，高技术船舶、深海工程、油气开发、海洋牧场、智慧海洋等一系列重大工程得以实施，在基础研究、材料研制和工程应用等方面，大批新材料、新技术实现突破，为推动海洋开发奠定了物质基础。

中国船舶集团有限公司第七二五研究所（以下简称“七二五所”）是我国专业从事船舶材料研制和工程应用研究的科研单位。七二五所建所60年来，承担了一系列国家级重大科研任务，在船舶及海洋工程材料基础和前沿技术研究、新材料研制、工程应用研究方面取得了令人瞩目的成就。这些成就支撑了“蛟龙”号、“深海勇士”号、“奋斗者”号载人潜水器等大国重器的研制，以及港珠澳大桥、东海大桥、“深海”一号、海上风电等重点工程的建设，为我国船舶及海洋工程的材料技术体系建立和技术创新打下了坚实基础。

“船舶及海洋工程材料与技术丛书”是对七二五所几十年科研成果的总结、凝练和升华，同时吸纳了国内外研究新进展，集中展示了我国船舶及海洋工程领域主要材料技术积累和创新成果。丛书各分册基于船舶及海洋工程对材料性能的要求及海洋环境特点，系统阐述了船舶及海洋工程材料的设计思路、材料体系、配套工艺、评价技术、工程应用和发展趋势。丛书共17个分册，分别为《低合金结构钢应用性能》《耐蚀不锈钢及其铸锻造技术》《船体钢冷热加工技术》《船用铝合金》《钛及钛合金铸造技术》《船舶及海洋工程用钛合金焊接技术》《船用钛合金无损检测技术》《结构阻尼复合材料技术》《水声高分子功能材料》《海洋仿生防污材料》《船舶及海洋工程设施功能涂料》《防腐蚀涂料技术及工程应用》《船舶电化学保护技术》《大型工程结构的腐蚀防护技术》《海洋环境腐蚀试验技术》《金属材料的表征与测试技术》《装备金属构件失效模式及案例分析》。

丛书的内容系统、全面，涵盖了船体结构钢、船用铝合金、钛合金、高分子材料、树脂基复合材料、海洋仿生防污材料、船舶特种功能涂料、海洋腐蚀防护技术、海洋环境试验技术、材料测试评价和失效分析技术。丛书内容既包括船舶及海洋工程涉及的主要金属结构材料、非金属结构材料、特种功能材料和结构功能一体化材料，也包括极具船舶及海洋工程领域特色的防腐防污、环境试验、测试评价等技术。丛书既包含本行业广泛应用的传统材料与技术，也纳入了海洋仿生等前沿材料与颠覆性技术。

丛书凝聚了我国船舶及海洋工程材料领域百余位专家学者的智慧和成果，集中呈现了该领域材料研究、工艺方法、检测评价、工程应用的技术体系和发展趋势，具有原创性、权威性、系统性和实用性等特点，具有较高的学术水平和参考价值。本丛书可供船舶及海洋工程装备设计、材料研制和生产领域科技人员参考使用，也可作为高等院校材料专业本科生和研究生参考书。丛书的出版将促进我国材料领域学术技术交流，推动船舶及海洋工程装备技术发展，也将为海洋强国战略的推进实施发挥重要作用。

王其红

王其红，中国船舶集团有限公司第七二五研究所所长，研究员。

前言
PREFACE

海洋生物污损是海洋环境中存在的普遍问题。据统计,在海洋中有几千种生物具有附着的习性。这类生物在海洋环境中的装备、工程或材料表面进行附着、生长,对海洋经济、军事装备等都会造成非常严重的影响。污损生物在海水中生长、繁殖、新陈代谢,不断产生危害。因此,如何防除海洋生物的污损一直是个非常重要的问题。这也是海水环境与其他的土壤、大气等环境显著不同的地方。

生物附着是极其常见的行为现象。一般而言,附着的生物对于运行的装备、海洋工程和材料造成了损伤,产生了危害,才称为污损。因此,生物的污损是由生物的附着导致的,但是如果附着行为最终不影响人类的经济生活,没有产生危害,不需要防除,也就不属于污损的范畴。传统的防污方法有机械法、物理法、化学法等多种,如采取机械法进行刮除、高压水流冲刷去除、利用紫外光进行消杀等。但是对于船体外壳这种处于开放环境的部位而言,最简便、最有效的方法还是涂刷防污涂料。在20世纪80年代,研制成功的有机锡防污涂料得到广泛应用,也是历史上最为有效的防污涂料之一。但是由于其中的有机锡成分在海水中无法降解,会在海洋生态链中进行传递,严重危害和破坏生态环境,因此已经被国际海事组织禁止使用。另外,同样出于对环境保护的原因,DDT等杀虫剂也被禁止使用。保护海洋生态环境,减少或杜绝毒性防污剂的使用已经成为共识。发展对环境友好的防污材料逐渐成为重点。

发展环境友好防污材料的途径主要有两类:一是发展可降解的、高效防污剂替代传统的重金属毒性防污剂,大幅降低传统防污剂的用量;二是发展不依赖于防污剂、基于新原理的防污材料。如何寻找、设计以上材料?国内外大量的专家、学者和研究人员开展了相关研究。要实现对环境友好,从环境中寻找材料的来源或设计灵感会在较大程度上确保材料与环境的和谐,不会对环境产生较大的负面影响。因此利用生物来源发现新的防污材料,或者基于生物体的污损生物防除机制来设计新材料,都已经成为设计环境友好防污材料的重要途径。

本书是对仿生防污材料领域研究进展的介绍,同时包括了主编及其团队10余年在该领域的研究成果。书中既包括对环境友好生物活性防污材料的研究,如从陆生、海生植物中进行生物活性防污剂的提取和利用,也包括对利用材料自身特性,基于仿生原理设计的新型防污材料的研究,另外还包括了对于防污涂层材料防污性能的快速评价方法探讨等。本书共分为9章:第1章主要介绍生物污损的发生过程及其产生的危害,从生物污损的发生过程、污损生物的种类构成,以及在经济性、安全性、环保性等方面对人类的生产、生活造成的影响等方面进行了系统性的论述,该部分主要由孙智勇撰写;第2章主要介绍海洋防污涂料的发展过程,从最初对防污的认识,到有机锡防污涂料的出现,以及替代有机锡的新型防污涂料的发展等,该部分主要由王利撰写;第3章主要介绍天然产物防污活性物质的发展,包括从各种陆生植物、海洋植物中提取、制备防污剂的方法,对生物防污活性物质的筛选、应用和评价方法,以及对防污剂的环保性评价等,本章还对研究团队在生物防污剂方面的研究成果进行了介绍,该部分主要由郑纪勇、蔺存国、许凤玲、齐月璇撰写;第4章主要介绍酶基防污活性物质的发展,本章在介绍酶基防污活性物质的防污原理、制备和应用技术之外,还对研究团队的研究工作进行了介绍,该部分主要由王利、蔺存国撰写;第5章主要介绍微结构防污材料的发展,对微结构防污的原理、防污材料的结构特征表征、制备及性能评价等进行了系统介绍,该部分由郑纪勇、孙智勇和蔺存国撰写;第6章主要介绍基于材料表面的亲疏水化学调控仿生防污材料的发展,包括亲疏水表面的修饰路径和方法以及表征、评价等,该部分由张金伟、蔺存国撰写;第7章主要介绍模拟和利用生物体表皮黏液分泌行为进行防污的材料,包括自然界中生物体的黏液分泌行为及其防污作用,基于该现象的仿生材料设计思想、制备方法和性能评价结果,以及部分典型研究案例,该部分由高海平、张金伟、张广龙撰写;第8章主要介绍多特性协同防污材料的发展,对利用多种防污特性的材料设计方法和性能验证进行介绍,其中对研究团队提出的利用材料自身的物理、化学和结构特性协同设计防污材料的方法进行了详细介绍,该章主要由张金伟、蔺存国、侯健撰写;第9章主要介绍防污材料的评价方法,包括对防污性能的快速评价、实海评价以及环保性能的评价方法,该部分由邱峥辉撰写。

由于海洋生物污损的发生和发展是非常复杂的过程,从最初的有机物大分子的黏附,微生物的附着生长,到生物黏膜的形成,宏观生物的附着、生长和繁殖,参与的生物种类极其多样,不同生物的附着和黏附机制既存在相似性,也存在不同之处。因此,要对生物污损的发生进行完全的抑制和防除是非常困难的。本书主要对利用生物或仿生原理来发展新型环境友好防污材料的相关研究进行了系统介绍,期望相关内容能够对新型环境友好防污材料的发展起到推动作用。另外,也希望有更多的同行、研究人员加入,为开发环境友好、长效的防污材料做出贡献。

马玉璞研究员、王洪仁研究员、房威研究员对书稿进行了审阅，国防工业出版社的编辑同志为本书出版付出了辛勤的劳动，在此一并表示衷心感谢。本书部分研究成果来自国家自然科学基金（U2141251）和山东省泰山学者工程专项，在此对资助单位和参与相关研究的所有人员表示衷心感谢！

由于作者水平所限，书中难免存在不妥或不足之处，敬请读者批评指正。

作　者

2022 年 1 月

目录
CONTENTS

第1章 海洋生物污损及其危害

第2章 生物污损防除技术的发展历史与现状

第3章 天然产物防污活性物质

第4章 防污活性酶

第5章 微结构仿生防污材料

第6章 亲疏水调控仿生防污材料

第7章 动物黏液功能仿生防污材料

第8章 多特性协同防污材料

第1章

海洋生物污损及其危害

海洋生物污损是指海洋生物在人工结构及设施表面附着和生长的现象。这些附着的海洋生物及群落总称为海洋污损生物，它们种类繁多，小至微米级别的细菌、单细胞硅藻等生物，大至肉眼可见的大型藻类以及原生动物、脊椎动物等。海洋生物污损给人们从事海洋活动带来严重的危害，并造成巨大的经济损失。本章重点介绍了几种典型污损生物及它们的生长发育情况，还介绍了生物污损发生的一般过程和产生的危害。

1.1 海洋典型污损生物

海洋污损生物又称固着生物或附着生物，是指附着于船体、浮标和其他人工设施上的动植物和微生物的总称。据统计，世界海洋污损生物大约有4000多种，我国沿海主要污损生物约200种，其中危害性最大的有藤壶、牡蛎、贻贝、盘管虫等种类。下面针对几种典型的污损生物进行介绍。

1.1.1 藤壶

藤壶又称为“马牙”或“蚵沕仔”，属节肢动物门、甲壳纲、蔓足亚纲、藤壶亚目动物，由于其特殊的形态结构、生活史和种群生态，已成为最主要的海洋污损生物之一。目前已经发现并记录在案的藤壶有541种，我国约有110种[1]。藤壶成体具有广温、广盐、耐干旱、耐缺氧等特性，而且生命力和适应性强，导致藤壶分布范围很广，在一般海域潮间带及浅水区均有分布。藤壶在长期的附着生活进化过程中，逐渐形成了现在特殊的圆锥形外壳，看上去像座缩小的火山（图1－1(a)），外壳成分主要为碳酸钙生物矿物。

1. 藤壶生长发育过程

藤壶绝大多数雌雄同体，异体交配，交配后3~4天，卵子在卵巢中发育成熟，此时精子才穿过卵囊与卵结合。受精卵在外套腔内发育到无节幼虫后才孵化。大多数种类无节幼虫共有六个阶段，发育周期一般为2~3周（图1-1(b)）。然后无节幼虫变态发育到腺介幼虫阶段（图1-1(c)）。腺介幼虫有颇似介形类的壳瓣，此时不摄食，处于高度节能状态。腺介幼虫利用第一触角上的吸盘与物体表面接触，探索适宜生活的表面，这种附着容易移动，称之为暂时性附着。当腺介幼虫发现合适的表面时，就会利用开口于第一触角末端的腺体分泌藤壶胶固着在岩石、木头以及较大的贝类等基质上，将暂时性附着转变成永久性附着。腺介幼虫再经变态发育，脱去壳瓣，最终变为藤壶幼虫（图1-1(d)）。藤壶幼虫在生长过程中会不断分泌出藤壶胶，使附着更为牢固。藤壶刚分泌出的胶透明、无黏性，通过毛细管作用渗透到基材的空隙中，6h内聚合成不透明的胶块。这种胶体与基材表面发生化学粘接，聚合过程使该胶体具有较大的内聚强度和抗生物降解性[2]。

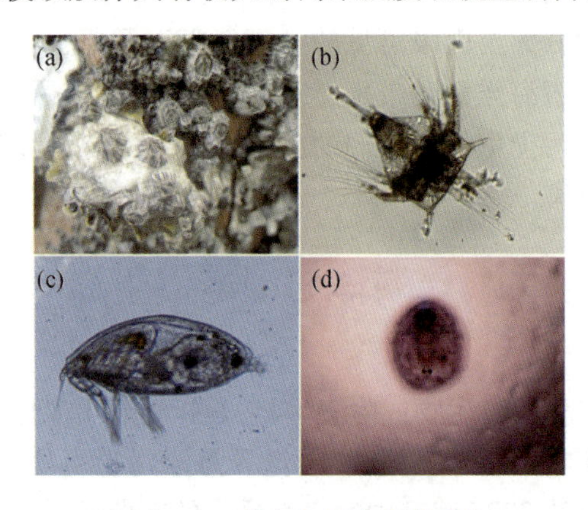

图1-1　藤壶生长发育的照片

(a)藤壶成体；(b)无节幼虫；(c)腺介幼虫；(d)藤壶幼虫。

2. 藤壶附着的影响因素

影响藤壶幼虫附着的因素有很多，主要有海洋环境因素（温度、盐度、pH值等）、生化因素（包括金属离子浓度、防污剂、生物酶等）和基质材料因素（包括材料种类及表面特性等）。

1）海洋环境因素

海洋环境中的一些因素，如温度、盐度、pH值、营养水平、水流速率和太阳辐射强度等对藤壶的附着行为具有一定的影响，并且这些因素会随着季节、地域和海水深度的不同而发生改变。海洋表面水的温度随纬度的变化而变化，从北极到赤道温度在-2~28℃之间变化，局部温度会达到35℃。研究表明，在温度低于5℃的极地区域，藤壶等污损生物只是在夏季很短暂的时间内很少量地附着生长。开放海域中海水的盐度一般是恒定的，不会超出3.3%～3.8%（质量分数）的范围，因此对藤壶幼虫附着影响并不明显。一般海水的pH值在8.0～8.3之间，而这个pH值范围对藤壶幼虫附着行为的影响也并不大。藤壶幼虫附着也受水体动力学因素的影响，并不是被动地随水流运动任意地进行附着，而是逆着水流寻找合适的附着之处。腺介幼虫受水流刺激，有较高的游泳能力，并能立刻在基质上附着，这个临界速率约为0.52～1.04m/s。在水流速率超过藤壶最大游泳速率时，藤壶附着率也开始下降。藤壶的集群也与水流因素直接相关，但流速与附着并不呈线形关系[3]。

2）生化因素

藤壶所分泌的胶液主要成分是蛋白质和糖类物质，而酶又是对蛋白质具有催化活性的一类特殊的蛋白质。因此，生物酶会对藤壶幼虫附着行为产生重要的影响。通常酶对藤壶等污损生物附着行为的抑制作用分为直接抑制和间接抑制两种情况。直接抑制是指酶能够直接杀死污损生物或降解其分泌的胶液，酶的间接抑制是指酶能够与其他物质（如海水等）作用产生可以杀死污损生物的物质，从而达到抑制生物附着的效果。从抑制机制来说，如果酶不是通过杀死污损生物抑制其附着，那么就是通过阻止污损生物产生或分泌生物胶，或者是减少、消除污损生物所分泌的生物胶的黏附强度。在丝氨酸蛋白酶存在的条件下，藤壶幼虫附着痕迹密度明显减小，说明幼虫没有能力充分附着在物体表面上，从而阻碍了它们的探索行为。Alcalase蛋白酶是一种最稳定的丝氨酸蛋白酶，它可以在低浓度有效地抑制藤壶金星幼虫的附着，这是因为藤壶幼虫分泌的生物胶蛋白在丝氨酸蛋白酶的作用下发生了水解，从而抑制藤壶幼虫在物质表面的附着。Nick Aldred利用原子力显微镜研究了Alcalase蛋白酶对藤壶胶质的分解作用[4]，结果显示，蛋白酶作用600～1400s后，胶质黏附力从340pN降至150pN，随后附着力直线降至0，Alcalase蛋白酶作用26min后藤壶幼虫分泌的胶质就可被完全分解。研究还发现蛋白酶对藤壶幼虫的活动，如游动速度、移动距离、移动角度都没有影响。糖类也对藤壶幼虫临时附着产生影响。研究表明，随着己糖（葡萄糖、甘露糖、半乳糖）浓度的增大，藤壶幼虫临时附着率逐渐下降。其中，当葡萄糖浓度达到10^{-8}mol/L时，可降低藤壶幼虫附着率至60%。藤壶幼虫分泌的胶液存在许多极性基团，这些极性基团能与基底键合形成稳固的结构。而在葡萄糖存在的条件下，葡萄糖与藤壶幼虫触须表面存留胶液的极性基团发生了相互作用，从而导致藤壶胶的黏附力下降。另外，海水中的不同离子对藤壶幼虫的变态和附着行为有着明显的影响[5]。

3）基质材料因素

基底的表面形貌是影响污损生物附着及黏附强度最相关的因素之一。例如，基质的粗糙度和多孔性会对藤壶等污损生物的附着产生重要的影响，因为粗糙度大的基质表面会增加污损生物附着的表面积和黏附位点的数目。从理论上讲，较粗糙涂层表面更容易被藤壶幼虫附着。而且，表面的沟壑中有充足的环境利于细菌和藤壶等污损生物生长，因为它们在这种限域的环境中可以防止外部物种的竞争，水流切力以及机械磨损的侵害导致用水流较难把它们清除。一般认为，藤壶等污损生物的附着强度与基质表面提供黏附位点数目的多少密切相关，同样也与污损生物的尺寸密切相关。例如，藤壶幼虫尺寸约 120 ~ 500μm，当基质材料表面形貌结构的尺寸大于藤壶幼虫尺寸时，藤壶幼虫会在材料表面找到更多的黏附位点，使自身的黏附更牢固。反之，如果基质表面形貌结构尺寸小于藤壶幼虫的尺寸，那么污损生物与基底就会产生较少的附着点，附着强度也随之降低。因此，藤壶等污损生物的附着行为与基质材料表面形貌的尺寸、几何构型以及空间排列有着密切的关系。

1.1.2 贻贝

贻贝是一种栖息于近岸、内湾与岛礁的冷水性双壳类软体动物，聚集生活在海滨岩石上。它种属分布广，在全球各大海域均有广泛分布。其中，分布在热带和亚热带的翡翠贻贝 *Perna viridis*、分布在寒带和温带的紫贻贝 *Mytilus edulis* 和厚壳贻贝 *Mytilus coruscus* 被人类广泛捕捞和养殖。贻贝不仅是一种具有经济价值的贝类，同时由于其聚集生活的特点，也是一种典型的污损生物，如图 1 - 2 所示。

图 1 - 2　贻贝聚集生长的照片

(a)翡翠贻贝；(b)紫贻贝；(c)厚壳贻贝。

1. 贻贝生长发育过程

贻贝胚胎从受精卵开始，经过极体、二细胞期、四细胞期、八细胞期、桑葚期、囊胚期、原肠期、担轮幼虫、D 形幼虫、壳顶幼虫、匍匐幼虫等阶段的发育后，最终变成可附着的稚贝，如图 1 - 3 所示，这个过程大约需要 35 天的时间[6]。稚贝通过分泌足丝蛋白黏附在固体表面，在生长发育过程中，当环境不适宜其生长时，稚贝便会自行切断足丝，开始爬行并重新选择适宜的附着基进行再次附着。

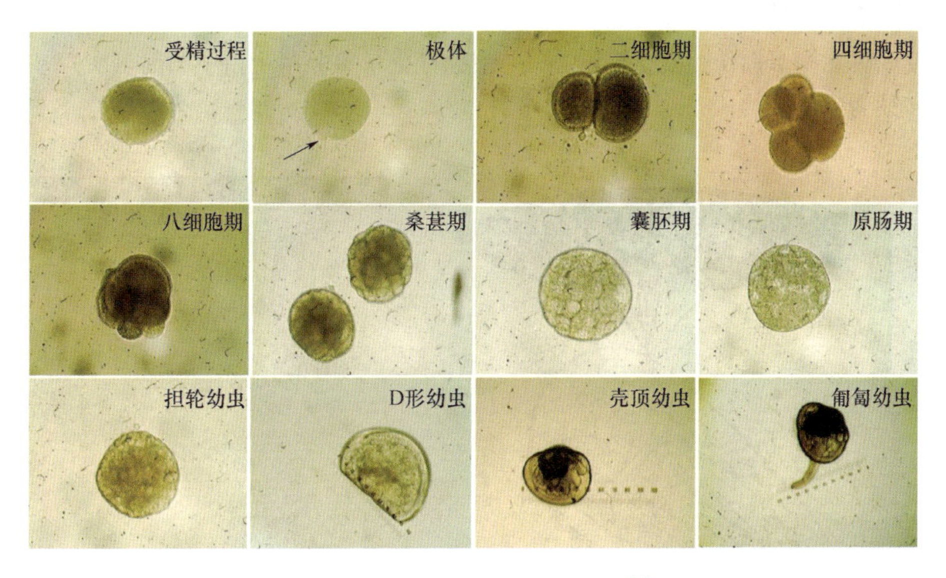

图 1－3　贻贝幼虫发育过程照片[6]

2. 贻贝附着行为

海洋贻贝类生物通过足丝腺分泌大量的足丝，并在足丝末端形成一个黏附吸盘，吸附在基质表面，基质与贻贝之间的距离可达数厘米。足丝腺分泌出的黏附蛋白在潮湿、水环境下展现出超强的黏附能力，可以使贻贝黏附在几乎所有基底材料表面上[7]。研究发现，这种不受水或潮湿环境影响的特殊黏附性能，是由于贻贝足丝黏附蛋白中存在大量 3,4 - 二羟基苯丙氨酸（DOPA）[8]。DOPA 中邻苯二酚基团具有很强的配位能力，能与金属形成可逆的有机金属络合物，而且邻苯二酚被氧化成醌后能与很多基团反应形成共价键。DOPA 的这种强共价键及配位能力是贻贝黏附蛋白具有超强黏附力的主要原因[9]。

3. 贻贝足丝蛋白

贻贝分泌的这种特殊黏液主要成分为贻贝黏附蛋白，以及含量较少的胶原前体（pre - Collagen NG）和儿茶酚氧化酶（polyphenol oxidase）等物质。其中的贻贝足丝蛋白（mytilus edulis foot protein，Mefp）是这种黏液的主要成分，大概有 25 ~ 30 种不同的蛋白，包括 Mefp - 2、Mefp - 3、Mefp - 4、Mefp - 5 等[10]。贻贝分泌出的黏液遇到海水时，黏液会快速固化为足丝线（byssal thread），并在与基材粘接处形成足丝盘（byssal plaque），足丝线和足丝盘共同构成了足丝（图 1 - 4（a））。贻贝平均含有 50 ~ 100 根足丝线，呈放射状分布，主要由胶原前体组成，足丝盘则包括 Mefp - 2、Mefp - 3、Mefp - 4、Mefp - 5 等（图 1 - 4（b）），其直接与所依附的材料发生粘接作用，足丝盘在材料表面形成的黏附面积直径大概为 2 ~ 3mm，而足丝线与足丝盘相连位置处的直径更小。足丝的柔韧性是由胶原前体提供的，氧化酶的存在不仅会促使贻贝黏附蛋白快速发生凝结,形成粘接,还能够将黏附蛋白中的酪氨酸羟基化后转变为多巴结构。

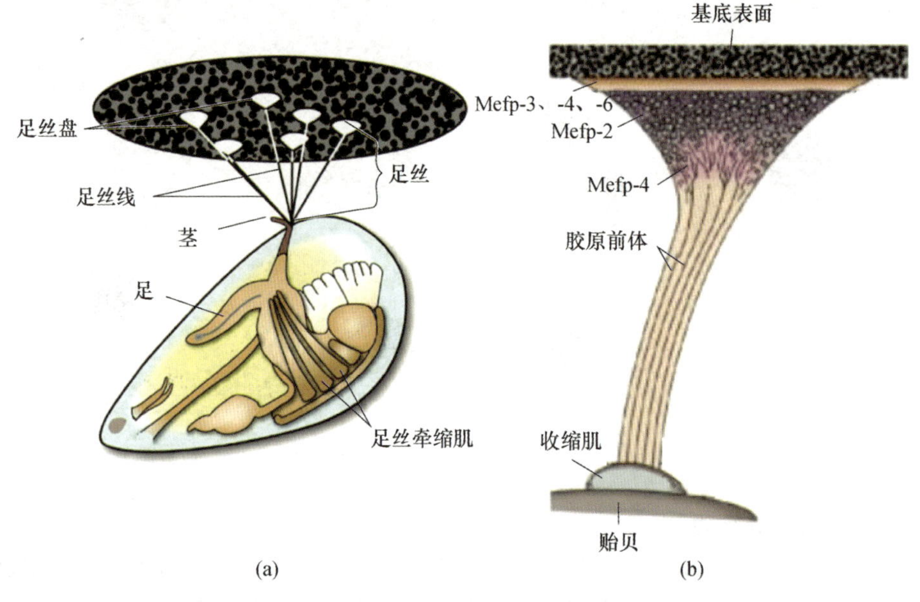

图 1-4 贻贝足丝与足丝蛋白示意图[10]

(a)贻贝足丝组成;(b)足丝蛋白组成。

1.1.3 牡蛎

牡蛎又叫生蚝,作为一种固着型海洋生物,隶属软体动物门,双壳纲,珍珠贝目,适宜养殖在亚热带和热带,在我国分布较为广泛,大部分沿海城市均有牡蛎的存在。牡蛎是软体动物,有两个形状不同的贝壳,表面粗糙,上壳呈现中部凸起形状,下壳由于附着在其他物质表面,没有特别大的凸起,形状扁平,比上壳略大。牡蛎以过滤海水中的微生物为食,能够固定和转化大气中的二氧化碳,最后变成碳酸钙的贝壳固着在海岸或海中的礁石上[11],如图 1-5 所示。

按照繁殖种类方式,牡蛎可分为幼生型和卵生型。繁殖季节一般在 6—9 月,9 月之后进入育肥期。其繁殖分为四个阶段[12]:①生殖细胞的排出;②受精卵的分裂;③幼虫的游泳期;④幼虫的固着。成熟的牡蛎将精子和卵子从体内排出,在体外进行受精结合,受精卵经过一定时间的发育,形成担轮幼虫,担轮幼虫再经过一段时间的发育形成面盘幼虫,之后面盘幼虫会以浮游生物为食,通过自身纤毛进行一段时间的活动,然后幼虫会长出足,足部会自动寻找可附着的地方,并永久固着在岩石或者其他牡蛎上[12]。当附着一段时间后,幼虫足部退化,生长更加迅速,在固着的 3 个星期内,可迅速生长,大小是原来的 30 倍,从而迅速形成污损。

图 1－5　牡蛎样貌以及在礁石上附着状态

1.1.4　海鞘

1. 海鞘种类及分布特点

污损性海鞘种类繁多，分布广泛，共有 9 科 29 属 103 种出现在全球各海区人工设施上，其中太平洋海域 64 种、印度洋海域 23 种、大西洋海域 44 种、北冰洋海域 3 种[13]。玻璃海鞘 *Ciona intestinalis*、冠瘤海鞘 *Styela canopus* 和长纹海鞘 *Ascidia longistriata* 等，是污损生物群落的常见种类[14]。海鞘与植物更相像，成体的外形像茄子或者花朵，如图 1－6 所示。在海鞘的顶部有一个入水孔，不断地向里吸水，侧面有一个出水孔，不断向外排水。当海鞘受到刺激时，出水孔能射出水流，像水枪向外喷水一样，故海鞘又名“海水枪”。它们会很长一段时间附着在同一个地方，如船舶底部、岩石、码头木桩等。

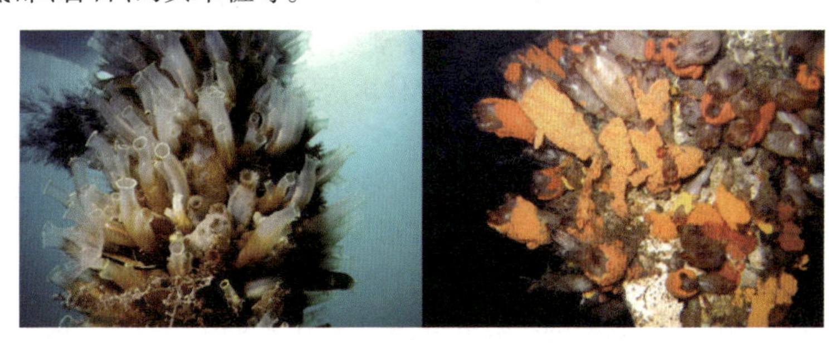

图 1－6　玻璃海鞘和柄海鞘外观样貌

2. 海鞘的生长发育

海鞘的生殖方式有三种，分别为卵生、卵胎生和胎生。大部分的单体海鞘类是卵生，即授精和发育都是在体外进行的。而卵胎生更多的是复合海鞘类，一般在排卵后，母体与幼体不存在营养传输的关系。另外，海鞘的胚胎发育有两种形式，分别是有尾发育和无尾发育。有尾发育阶段为排卵→体外授精→胚胎发育→孵化→蝌蚂幼体→附着→变态→稚海鞘→成体；而某些种类并不经历幼体阶段，进行直接发育,即无尾发育,其阶段为排卵→体外授精→分泌黏液→附着→胚胎发育→孵化→稚海鞘→成体[15]。海鞘生长速度快,繁殖迅速,具有很强的环境适应能力和空间竞争力,可在短时间内产生大量的附着幼虫[16],从而迅速占据附着基质表面[17],甚至会改变原有底栖生物群落的多样性及其结构特点[18]。

3. 海鞘的附着特点

首先,污损性海鞘的种类随海域环境不同而不同。例如,在太平洋、黄海、渤海海域,柄瘤海鞘所占的比例更大[19],而在东海和南海海域,冠瘤海鞘更多[20]。其次,海鞘的分布受季节变化影响,并且不同的海域之间也存在差异。例如,在太平洋海域,夏季是海鞘的附着高峰期,而春、秋季是印度洋海域海鞘附着的高峰期[21]。最后,不同的附着基质也会使附着的海鞘发生变化。例如,玻璃海鞘更易在金属表面附着,而胶海鞘和拟海鞘更偏向水泥桩柱[22]。深度也会影响海鞘的污损状况。例如,在水下1~5m,污损性海鞘的优势种是智利脓海鞘、瘤海鞘等[23];在水下13~30m,污损性海鞘的优势种是颗粒二段海鞘[24],而拟海鞘和玻璃海鞘可成为水下36m处污损生物群落的优势种[25]。

1.1.5 石莼

石莼属于绿藻门,丝藻目,石莼科,石莼属,生活于海岸潮间带中、低潮带,基部以固着器固着于岩石上,多分布在东海和南海沿岸,生长盛期在2—6月,为常见的污损生物优势种[26]。国内报道的石莼共有25种,我国常见的有孔石莼、石莼、砺菜、裂片石莼等。孔石莼不仅是我国沿海常见的海藻,而且是北太平洋西部的特有种,分布广泛,主要生长在中、低潮区及大干潮线附近的岩石上或石沼中,一般在海湾中较为繁盛,适温、适盐范围广。石莼藻体由两层细胞组成,藻体黄绿到墨绿色,片状,膜质,高0~15cm。

孔石莼具有有性生殖和无性生殖两种生殖方式。无性生殖时,孔石莼孢子体由边缘的营养细胞开始形成孢子囊,孢子囊在形成的过程中,由细胞一端生出小突起,此时叶绿体也向细胞的一边转移。细胞经过第一次分裂形成2个细胞;经过第二次分裂,形成4个细胞,经过这样的指数分裂,最后产生8~16个孢子。孢子成熟之后就会从孢子囊中排出[27],游孢子有负趋光性,具4根等长鞭毛[28](图1-7(a)),排出后不久,游孢子游动一段时间,就会附着在岩石上,之后会失去鞭毛,分泌出细胞壁,在1~2日内即可萌发(图1-7(b)),最后长成成体(图1-7(c))。游孢子将发育成配子体。有性生殖时,孔石莼的配子体会形成配子囊,配子的形成与游孢子相似,但每一配子囊产生16~32个配子,成熟的配子也从配子囊上的小孔逸出,配子具有正趋光性[28]。配子离开母体后,雌、雄配子不久即进行结合。同一配子体产生的配子不能交配,只有来自不同配子体的配子才能结合,雌、雄配子在大小和形状上没有明显区别。结合后的合子在2~3天内开始萌发,最后长成孢子体。配子体有时候也能进行孤雌生殖。孔石莼的生活史为同型世代交替,配子体和孢子体交互成熟[29]。

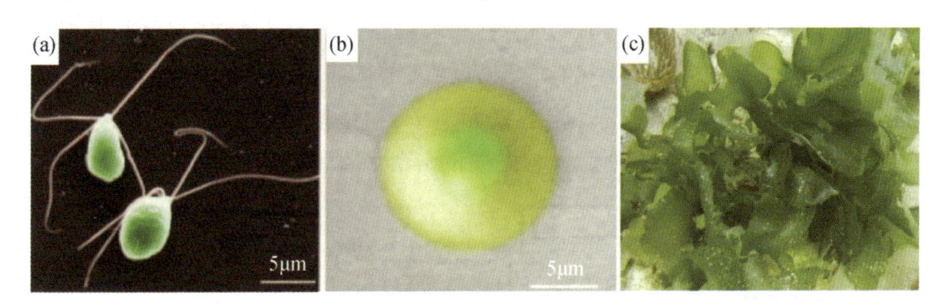

图1-7 石莼照片

(a)石莼孢子;(b)附着幼体;(c)石莼成体。

1.1.6 硅藻

硅藻是单细胞光合自养真核生物,隶属于硅藻门,其独特之处在于具有硅质的细胞壁,能有效地防御各种敌害生物的摄食和入侵。硅藻有250个属,10万种[30],种类数量十分庞大[31],为全球提供了25%的初级生产力[32],占海洋初级生产力的40%[33],硅藻分为中心纲和羽纹纲2个纲,其中中心纲硅藻基本都是浮游种类,而羽纹纲硅藻多数情况下是营底栖附着生活,经常生长在沉积物上或附着于礁石或大型海藻表面,个别的种类生活在土壤中[34]。硅藻的一个显著特征为,其细胞原生质体包含在坚固的细胞壁内(称作硅壁)。硅壁由上下两壳套合而成,由水合二氧化硅($SiO_2 \cdot nH_2O$)组成[35],自然状态下硅壁外侧包裹一层氨基酸和糖分构成的薄膜[36],如图1-8所示。

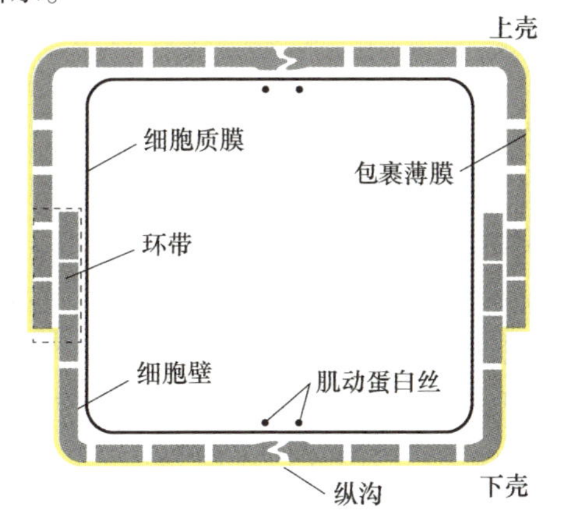

图1-8 典型硅藻横截面的结构示意图[37]

1. 硅藻的生长发育

硅藻的繁殖比较复杂,有细胞分裂、复大孢子、小孢子和休眠孢子的形成,包括营养生殖、无性生殖和有性生殖三种方式[38]。营养生殖就是细胞分裂,是硅藻最普遍的一种繁殖方式,这种分裂的结果是,硅藻个体越来越小,小细胞到达一个限度后不再分裂,而产生一种孢子,就是复大孢子,它可以恢复到原来的大小。复大孢子是硅藻繁殖所特有的一种形式。硅藻的分裂和繁殖详见图 1 -9。

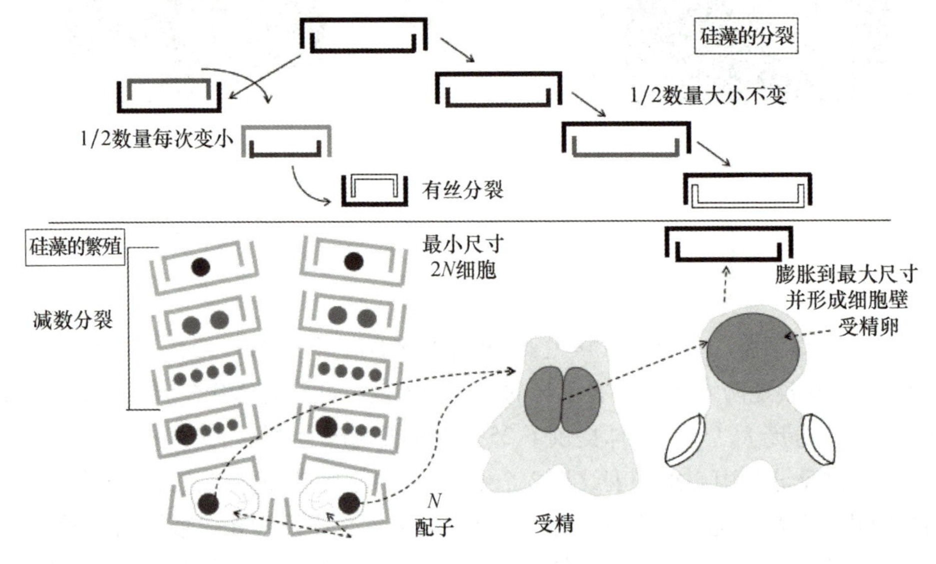

图 1 -9　硅藻的分裂和繁殖[38]

2. 硅藻的附着过程

硅藻污损的第一步为硅藻与基体壁面的趋近。由于硅藻缺少鞭毛等游动器官,从而无法游至壁面,但硅藻可以以一定的概率“降落”在基体壁面上。传统认为,影响硅藻趋近过程的主要因素包括重力[39]、水流作用力[40]、静电力(如双电层作用)[41],以及范德瓦耳斯力[42]等。

硅藻趋近基体壁面后可形成最初的可逆附着[43]。此时,硅藻利用分泌的胞外代谢产物(extracellular polymeric substance,EPS)可在壁面上爬行[35]。研究普遍认为,硅藻爬行受控于由胞外蛋白多糖调控的肌动蛋白 - 肌球蛋白运动系统。其中,肌动蛋白是真核细胞骨架纤维的组成成分,其单体直径约为 7nm。肌动蛋白与细胞突起(伪足)的形成、细胞分裂、细胞内物质运输等多种生理过程相关[44]。由于观察到肌动蛋白丝位于硅藻纵沟内侧(图 1 - 10(a)),其与爬行的关系也被逐步确定[45],并且爬行黏液也从纵沟处分泌[46]。

目前,主流的爬行模型由 Edgar 提出,故称为 Edgar 模型。如图 1 - 10(b)所示[43]，在底部细胞质膜处，一种横跨膜内外的跨膜蛋白质连接了细胞膜内部的肌动蛋白丝与细胞膜外部的分泌黏液。肌动蛋白与跨膜蛋白间由协助蛋白进行连接，以便于跨膜蛋白与肌动蛋白实现组合与分离[47]。当硅藻爬行时，整个细胞质在硅壁内做定向流动。由于分泌黏液底部与壁面牢固接触，该点相对壁面静止，因此伴随细胞质的顺时针流动，细胞向右爬行。同时，硅壁表面覆盖有比较疏水的油脂层薄膜，硅藻可沿黏液滑动。当黏液到达爬行尾端时，被纵沟的收缩口切断，并留在壁面上形成爬行痕迹[48]。药物研究表明，微丝抑制剂（latrunculin）和抑制肌球蛋白的药物丁二酮单肟（Butanedione monoxime）均可有效抑制硅藻的爬行[49]。

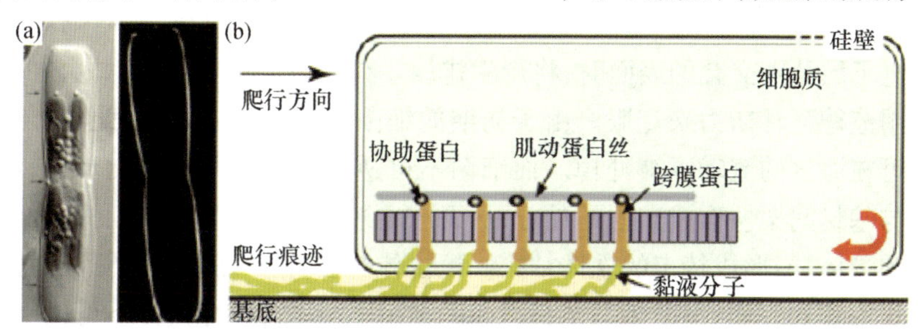

图1－10　经典硅藻爬行模型

（a）肌动蛋白丝照片[37,46]；（b）Edgar爬行模型[43]。

虽然Edgar模型已被普遍接受[50]，但也受到一定质疑：第一，该模型不能解释硅藻的高速爬行，例如，10μm级硅藻可以实现1～2μm/s的爬行速度[51]，这意味着细胞体内细胞质流动也需达到同样量级，显然这是不可能的；第二，该模型无法解释硅藻在爬行中如何频繁地更改爬行方向；第三，爬行需要先后满足与壁面的暂时吸附与脱附，但该模型对脱附的解释并不完善；第四，EPS在爬行中扮演的角色和必要性尚不明确。因此，Edgar模型还有进一步细化和修正的空间。此外，目前尚且不知硅藻在爬行中是否通过黏液或其他信号分子[52]实现群体感知。对其他物种，群体感知广泛存在，并显著影响细胞爬行[53]和聚集性。群体感知的作用方式通常为：细胞通过辨认由其他细胞分泌的特定信号化合物的量来判断周围细胞的数量。该系统可以有效避免有天敌或杀毒剂的环境[54]，从而有利于物种的生存和繁衍。

1.1.7　海洋细菌

海洋细菌是生活在海洋中的、不含叶绿素和藻蓝素的原核单细胞生物。它们是海洋微生物中分布最广、数量最大的一类生物，个体直径常在1μm以下，呈球状、杆状、螺旋状和分枝丝状。海洋细菌有自养和异养、光能和化能、好氧和厌氧、寄生和腐生以及浮游和附着等不同类型。海水中以革兰氏阴性杆菌占优势，常见的有假单胞菌属、弧菌属、无色杆菌属、黄杆菌属、螺菌属、微球菌属、八叠球菌属、芽孢杆菌属、棒杆菌属、枝动菌属、诺卡氏菌属和链霉菌属等10多个属；洋底沉积物中以革兰氏阳性细菌居多；大陆架沉积物中以芽孢杆菌属最常见。

放在海水中的任何物体表面很快就被单层的聚合物材料所覆盖，通常称为条件膜。它是由蛋白质占主要成分的大分子沉淀或吸附而形成的。条件膜平整且紧紧黏附在高表面能和高极性表面，对低表面能、非极性表面附着力很弱，膜较厚。

当条件膜形成后，海水中的细菌开始附着在膜表面，从而形成基体膜。细菌表面是多阴离子型，带有负电荷，因此阳离子附着在负电荷表面，而阴离子被排斥，吸附在负电荷表面的阳离子靠近表面形成一个扩散层，即双电子层。当电解质浓度和价位增大时，双电子层的厚度将会减小，由于细菌带有负电荷，所以细菌靠近阳离子双电子层分别交叠的表面时，将产生排斥。在某一定的临界范围内，刚开始的排斥可用范德瓦耳斯力来克服。由于初期的细菌附着是可逆的，因此刚开始吸附的细菌可在海水的流动下被冲掉。而细菌不可逆吸附是一个较长期现象，细菌在细菌体与基材间架桥形成牢固的黏着，从而产生细胞外的聚合物，这种聚合物拥有配位体和受体，能形成特定的立体粘接。配位体与受体间的作用(小范围里)将大大有助于细菌和表面、细菌体与基材之间的黏附[55]。随着紧密层(不可逆吸附)的形成，细菌开始繁殖并由另外的细胞附着进而形成小菌落，产生大量细胞外聚合物(黏液)。这些胞外聚合物大多是多聚糖或糖蛋白。

另外，Ca^{2+}与Mg^{2+}浓度会影响细菌的黏附，阳离子的浓度降低将破坏细胞间聚合物基质结构完整性，这些阳离子在胶黏剂的应用上是必不可少的，并且有去除酸性基团的功效。图1-11总结了粘接时细菌与基材间各种相互作用[56-57]。

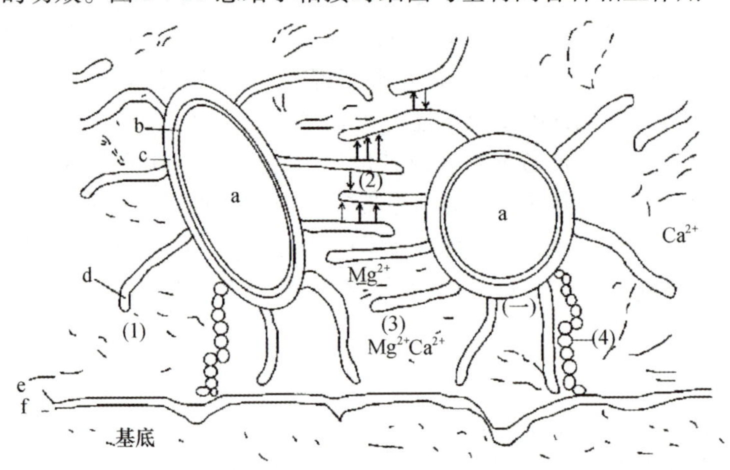

图1-11 海中细菌与浸润表面的各种作用力[56-57]

(1)范德瓦耳斯力；(2)配位体-受体间相互作用；(3)离子交联；(4)疏水分子间相互作用。
a—细菌体；b—细胞质膜；c—肽聚糖；d—外面的多聚糖聚合物；e—条件膜；f—基材表面吸附水。

1.2　海洋生物污损的发生与发展

任何浸入海水的物体在数分钟内表面都会吸附一层有机物，形成条件膜（conditioning film）；然后细菌和硅藻等相继在条件膜上附着并分泌胞外代谢产物（extracellular polymeric substances，EPS），形成微生物膜（microbial biofilm）或黏膜（slime）；随后其他原核生物、真菌、藻类孢子以及大型污损生物幼虫在膜中发育生长，最后形成复杂的大型污损生物层（macrofoulers）[58]。图 1 – 12 总结了污损生物黏附的全过程[59]。

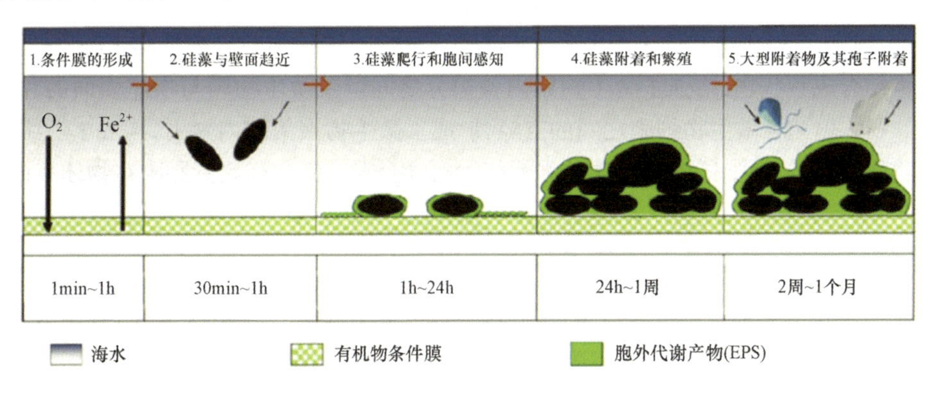

图 1 – 12　污损生物黏附的全过程示意图[59]

1.2.1　条件膜的形成

条件膜是一种带有负电荷、黏着力强的有机膜，厚度在 10 ~ 20nm 之间，平整且紧紧黏附在物体表面。条件膜主要含有多聚糖、蛋白质、蛋白多糖等，也可能包含一些无机物[60]，这些物质主要来自生命有机体的排泄物或死亡生物的自溶物和分解产物。这个吸附过程是做布朗运动的有机物粒子在静电力、范德瓦耳斯力、氢键等物理作用力下不断向表面富集的过程。条件膜改变了固体表面的物理化学性质（如亲水疏水性、化学官能团、电荷密度等），同时为微生物的附着提供营养物质（如碳源、氮源）[61]，是生物附着的“土壤”。

1.2.2　微生物膜的形成

形成条件膜后，细菌和硅藻等微生物会相继在这层“土壤”上附着生长，形成一层由水、有机物、微生物及其 EPS 组成的微生物膜或黏膜。Horbund 等[62]将微生物膜分为细菌层和硅藻层，并认为细菌层的形成有利于硅藻的附着。细菌具有趋化性,会优先附着,初期是可逆的,随着时间的推移而变为不可逆。在可逆附着过程中,静电力、范德瓦耳斯力等起作用,细菌在表面可自由移动,探索寻找合适的附着基;一旦附着基条件合适,细菌便会分泌 EPS,桥连物体表面成为永久附着[63]。在细菌不可逆附着的同时,海水中的硅藻也大量附着和繁殖,随着微生物的不断附着以及 EPS 的大量分泌,数天内在物体表面上即形成一层厚度不超过 1000μm、具有网络交联结构和黏弹性的有机聚集体。在这个过程中,EPS 起着重要作用[64],EPS 主要由己糖和戊糖聚合成的多聚糖(10~30kDa)组成,不同生物的 EPS 中这两种单体对多聚糖的贡献不一样,单体组成上的变化能改变 EPS 的性质。同时,EPS 中还含有蛋白质、糖醛酸、丙酮酸盐、醋酸盐、硫酸盐、酯类以及少量的核酸、脂质等[65]。其中的糖醛酸、丙酮酸盐以及各种含酰基的成分使得 EPS 整体上具有负电荷,赋予了 EPS 对基体表面的黏着和吸附特性;硫酸盐和脱氧糖使得 EPS 像凝胶一样结合成絮状物,增强了微生物膜内各组分之间以及微生物膜与物体表面的黏结力。EPS 填充了微生物细胞之间的空隙,形成了微生物聚集的内聚力,构成了三维的生物膜体系结构,如同混凝土中的水泥将沙石糅合在一起一样紧紧黏附在物体表面。

1.2.3 生物群落形成与大型生物附着

由于微生物膜提供了丰富的营养源和良好的生长环境,原核生物、真菌类、大型藻类孢子以及藤壶、贻贝、管栖蠕虫等大型污损动物的幼虫在微生物膜上会不断附着,由微生物发展成为包括多细胞初级生产者、食草动物、分解体等复杂的生物群落[59]。随着时间的推移,黏附在微生物膜上的大量孢子和幼虫不断发育生长,使得物体表面污损面积不断扩大、厚度不断增加,最后形成了大型污损生物层。大型污损生物有贻贝、藤壶、海鞘、管栖蠕虫、水螅、海葵、苔藓虫等。这些生物依靠肉质附着器官及分泌的各种高强度黏附蛋白牢固地黏附在物体表面。概括说来,这些大型海洋污损生物是通过以下附着机理之一或几种协同进行黏附[66]:①黏附物及被附着物之间以色散力、偶极键、离子键、共价键或其他形式的化学键相互作用;②静电作用;③海洋生物分泌的黏液可以渗透到物体表面的缝隙中,形成一种机械联锁作用,致使海洋生物得以在其上附着生长、繁殖;④海洋黏附物可能诱发被附着物表面的分子运动,产生瞬时的孔隙,促使黏液渗透。

1.3 海洋生物污损的危害

1.3.1 海洋生物污损对船舶的危害

海洋生物污损对船舶和其他海洋设施带来的危害是多方面的。单就船舶而言,其造成的危害主要有以下几点[67-73]:①增加船舶航行阻力,特别是对船体和螺旋桨的阻力,造成航速降低,燃料消耗率增加,机械的磨损加大,直接影响了船舶的经济性能。英国国际油漆公司曾经根据 1500 多艘船舶进坞情况,统计得出船底污损 5%,燃料将增耗 10%;船底污损 10%,燃料将增耗 20%;船底污损大于 50%,燃料将增耗 40% 以上。再如我国南海水域,因水温较高,海洋生物繁殖快,船舶在码头停泊一周,其螺旋桨表面就长满了藤壶、石灰虫等海洋生物,造成螺旋桨推进效率降低,并带来腐蚀、噪声等问题。②危害海水管路和冷却管道等,在船舶海水冷却系统中,污损生物会增加管道内壁的粗糙度,缩小管道的管径,不仅造成冷却系统换热效率的降低,还可能加速生物附着部位的局部腐蚀而导致管壁穿孔,严重时,还致使管路或换热器阻塞,从而严重干扰系统正常工作。附着和生长于阀门处的海洋生物造成许多阀门难以开闭,严重地影响冷凝设备的正常工作;管路内附着生物一旦脱落,还会进一步堵塞冷凝管口,以致被迫停机、停航、停产,造成事故。③加速金属的电化学腐蚀,尤其是对不锈钢等,明显缩短使用寿命。这主要是因为海洋污损生物在金属表面的附着会引起 pH 值、氧浓度、基质浓度、代谢产物浓度、有机物浓度、无机物浓度在空间上分布不均匀,从而造成氧差或浓度差异电池,改变和加快金属被腐蚀的过程和速度,促成局部腐蚀和穿孔腐蚀。④导致船舶的海中仪器转动失灵、信号失真、性能降低等,如声呐、计程仪、发射装置、水下导轨、排气排烟管阀门等。⑤带来船舶进坞维修次数和维修费用增加、船只在航率降低、使用寿命相对缩短等重大损失。

1.3.2　海洋生物污损对海洋平台的危害

海洋平台是集导航、钻井、采油等功能为一体的海洋工程建筑物,是典型的钢材料结构,极易发生腐蚀破坏引起的突发事故[74],不同国家在近海建造了数量众多的海洋平台,其桩腿腐蚀状况需要得到足够的重视。生物污损增加了外界海水对平台的水动力载荷,破坏了桩腿的表面形貌,产生的点蚀、凹坑等局部腐蚀形态大幅度降低极限承载力,严重影响海洋平台的工作状况,被认为是海洋平台失效的重要原因之一。海洋平台的工作特征决定其不能像船舶一样可以定期进船坞维修、清理表面污损,因此深入探讨海洋平台生物污损与造成的诱导腐蚀发生的过程与特点,对评估海洋平台的工作可靠性与服役年限具有重要意义。

海洋平台会受到来自外界的波浪、海流载荷等水动力载荷影响,通常形成在海洋平台桩腿上的顶级污损生物群,其附着量可达到 $15kg/m^2$ 以上,变相增加桩腿直径[75],从而使水流冲击桩腿的投影面积变大,污损生物也可以明显改变桩腿表面粗糙度与不均匀性，最终通过影响阻力系数与惯性系数而改变水动力载荷的大小[76]。如污损层厚度达到15cm时，阻力系数将增加25%，海洋平台所受载荷增加42.5%，预测服役寿命将减少54%[77]。宋万超等[78]调查了南海1座投产5年的海洋平台生物群落状况，粗略估计污损量为200kg/m^2，平台增加的载荷已经超过了警戒线。污损生物影响海洋平台桩腿的工作稳定性。由于自身有一定质量，并吸附大量的海水，污损生物会导致桩腿的额外质量大幅度增加，增大静载荷[79]。桩腿投影面积与表面轮廓不均匀性增加，会影响旋涡脱落的形成，导致旋涡强度增强，加大桩腿横向所受到的周期性升力，减少桩腿的疲劳寿命[80]。除此之外，污损生物与降低平台结构自然频率有直接关系，其主要原因在于污损生物增加了桩腿额外质量与附加水质量。桩腿自然频率更加接近外界环境频率，由此产生的共振问题给海洋平台带来巨大的安全隐患。同时，污损生物使桩腿表面无法被视觉仪器直接观察，在进行一系列的维修及评估工作之前，污损生物必须被潜水人员或者远程操作设备清除掉，给海洋平台的后续维护工作也带来困难。

大型污损生物诱导腐蚀是海洋平台腐蚀的重要部分。海洋平台桩腿在海洋环境下的腐蚀类型分为均匀腐蚀和局部腐蚀两大类，大型生物附着可以减弱桩腿材料均匀腐蚀，降低腐蚀速率，同时诱发点蚀、凹坑等局部腐蚀，造成桩腿有效承载面积减少。海水中溶解氧的存在是材料腐蚀的直接原因，氧含量越高，与材料接触的机会越多，腐蚀速度越快，所以在流速较快的海域，海水的反复冲刷给材料带来更多的氧气，导致腐蚀加剧，污损生物的附着恰恰改善了这一局面，它使氧气难以迅速持续地与材料表面接触。马士德[81]由此提出了“生物封闭滞留层”的概念，即材料表面不再与海水直接接触，形成封闭或半封闭的状态，故而污损所占表面比例越大，污损量越重，对材料的保护性越好。其保护特征也会产生一些负面影响，在污损生物底部，局部腐蚀往往比没有污损附着的表面严重得多。污损生物不均匀附着，有的生物耗氧，有的却是产氧，这些因素使污损生物底部氧气浓度在不同区域差异很大，由此造成氧浓差电池，即富氧区作为电池阴极，贫氧区作为电池阳极，附着生物边缘以及附着稀疏的富氧区接收电子被还原保护，贫氧区材料失去电子产生强烈的局部腐蚀，表现为溃疡坑、密集的点蚀等。

1.3.3 海洋生物污损对网箱养殖的危害

海洋污染生物对网养和笼养的危害：①降低网箱使用寿命。污损生物的大量附着会造成网孔堵塞，水流不畅，使得网箱及网笼在自然海区中受到水流的冲击增大，大大影响网箱的使用寿命。此外，污损生物本身生命活动对网线的侵蚀作用及人们在清理污损生物操作过程中对网具的磨损,也会减少网箱及网笼的使用寿命。②降低网具养殖容量。在水产上,网养和笼养能够高产的机理就是网箱和网笼处在一个开阔的水体中,网内和网外能够进行充分的水流交换,从而保证网内养殖动物能够得到充足的氧气。有实验表明,被污损生物堵塞网孔后的网具,与外界水流交换的频率要下降数倍,造成网内外溶解氧的差别很大。这样网养或笼养的优势就丧失了。③威胁养殖动物安全。首先被堵塞网孔的网具,由于与外界水流的交换频率降低,在网箱和网笼内部就形成了一个相对封闭的环境,这样有利于有害病原菌的滋生,从而导致疾病的暴发。再则污染生物的大量附着还会与养殖动物争夺饵料和空间,特别是一些养殖贝类表现得更加明显。还有污染生物附着会增加渔业生产的劳力投入,从而降低渔业利润。

1.3.4 海洋生物污损对电厂管道的影响

滨海电厂的循环冷却系统以及其他设施部件是以海水作为冷却水,例如蒸汽轮机复水器、辅机冷却水的冷却器都需要大量的海水,蒸汽轮机复水器运用海水冷却蒸汽轮机排出的蒸汽,来降低蒸汽轮机的压力,从而提高发电设备的效率,蒸汽轮机中的蒸汽在工作结束后被凝结,再次循环回到锅炉或核反应堆[82]。而海水中含有大量高浓度盐类以及繁多的海洋生物,不仅会导致滨海电厂各类设施的腐蚀,各种各样的生物还会随着海水冷却水进入到电厂的各种设备中,这些海洋污损生物会附着在发电站冷水管路系统内并不断生长,进而导致设备污损,因此生物污损是滨海电厂不可避免的问题[83]。

海洋污损生物的附着导致系统管道减小,当这些污损生物脱落时,甚至又会堵塞阀门。沿海电站常因污损生物危害而停工检修,造成极大损失。例如,日本鹤见的电站管道设备中清除海洋污损生物 190t,其中贻贝就有大约 2.5×10^8 个;国内滨海电厂管道由于贻贝附着,直径相比原来减少了 110mm,使通流面积减少了 58%,有时又因贻贝脱落,堵塞冷凝铜管而被迫停电;国内某企业海水管路,在一年的时间里,因海洋生物大量附着而堵塞,最终导致直径为 350mm 的管道只剩下一条细缝[84]。图 1-13 所示是滨海电厂生物污损状况[83],海水中的污损生物附着在输水管路的管壁、阀门上,不仅造成电站输出功率的下降,严重时还会腐蚀或堵塞设备,造成非人为故障,增加电厂维修负担。当海洋中发生浮游生物大量聚集后,被使用的海水会对滨海电厂的过滤设施进行冲击,可能会导致海水过滤系统的失效,从而影响电厂机组的正常运行。因此,海洋污损生物不仅危害到了滨海电厂的发电安全和效率,还大大增加了维修的成本,造成了一系列不必要的负担。

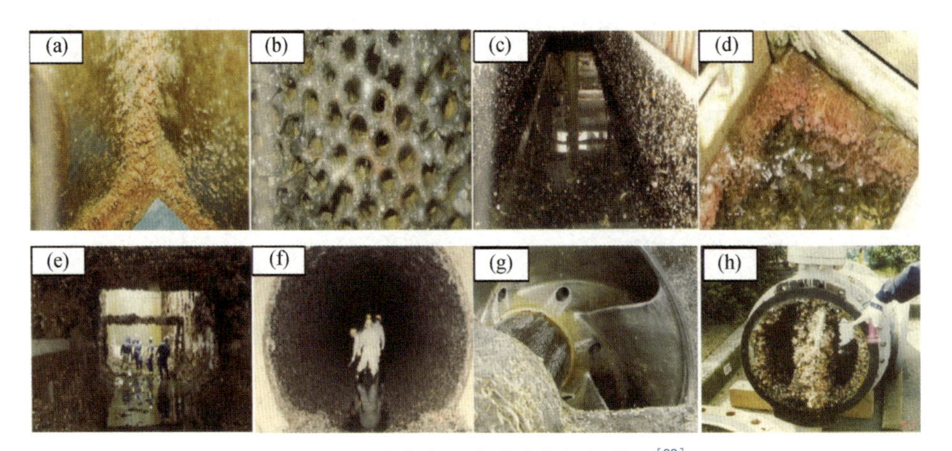

图 1-13　滨海电厂海洋生物污损状况[83]

(a)、(b)热水交换器;(c)、(d)气化槽;(e)、(f)循环水系统;(g)、(h)水泵。

参考文献

[1] 赵梅英,陈立侨,禹娜. 藤壶－高度适应附着的海洋污损生物[J]. 生物学教学,2004,29(5):56－57.

[2] KAMINO K,INOUE K,MARUYAMA T,et al. Barnacle cement proteins:importance of disulfide bonds in their insolubility[J]. Journal of Biological Chemistry,2000,275(35):27360－27365.

[3] JUDGE M L,CRAIG S F. Positive flow dependence in the initial colonization of a fouling community:results from in situ water current manipulations[J]. Journal of Experimental Marine Biology and Ecology,1997,210(2):209－222.

[4] ALDRED N,CLARE A S. The adhesive strategies of cyprids and development of barnacle－resistant marine coatings[J]. Biofouling,2008,24(5):351－363.

[5] 黄英,柯才焕,周时强. 国外对藤壶幼体附着的研究进展[J]. 海洋科学,2001,25(03):30－32.

[6] 顾忠旗,倪梦麟,范卫明. 厚壳贻贝胚胎发育观察[J]. 安徽农业科学,2010,38(32):18213－18215.

[7] KAMINO K. Absence of cross－linking via trans－glutaminase in barnacle cement and redefinition of the cement[J]. Biofouling,2010,26(7):755－760.

[8] ANDERSON T H,YU J,ESTRADA A,et al. The contribution of DOPA to substrate－peptide adhesion and internal cohesion of mussel－inspired synthetic peptide films[J]. Advanced Functional Materials,2010,20(23):4196－4205.

[9] YU J,WEI W,DANNER E,et al. Mussel protein adhesion depends on interprotein thiol－mediated redox modulation[J]. Nature Chemical Biology,2011,7(9):588－590.

[10] SILVERMAN H G,ROBERTO F F. Understanding marine mussel adhesion[J]. Marine Biotech-

nology,2007,9(6):661 – 681.

[11] VOLETY A K,HAYNES L,GORMAN P,et al. Ecological condition and value of oyster reefs of the Southwest Florida shelf ecosystem[J]. Ecological Indicators,2014,44(9):108 – 119.

[12] 安进博. 混凝土诱导牡蛎附着机理及性能试验研究[D]. 哈尔滨:哈尔滨工程大学,2020.

[13] 严涛,韩帅帅,王建军,等. 污损性海鞘的生态特点研究展望[J]. 生态学报,2017,37(20):6647 – 6655.

[14] 郑成兴. 黄、渤海沿岸污损生物中的海鞘类[J]. 动物学报,1988(02):180 – 188.

[15] 黄英. 冠瘤海鞘(Styela canopus)附着和变态机制的研究[D]. 厦门:厦门大学,2002.

[16] SHENKAR N,BRONSTEIN O,LOYA Y. Population dynamics of a coral reef ascidian in a deteriorating environment[J]. Marine Ecology Progress Series,2008,367:163 – 171.

[17] RUIZ G M,FREESTONE A L,FOFONOFF P W,et al. Habitat distribution and heterogeneity in marine invasion dynamics:The importance of hard substrate and artificial structure [M]. Berlin Heidelberg:Springer,2009,206:321 – 332.

[18] CASTILLA J C,LAGOS N A,CERDA M. Marine ecosystem engineering by the alien ascidian *Pyura praeputialis* on a mid – intertidal rocky shore[J]. Marine Ecology Progress Series,2004,268:119 – 130.

[19] 冷宇,李继业,刘一霆,等. 烟台市龙口港污损生物生态研究[J]. 海洋通报,2012,31(4):454 – 459.

[20] 黄宗国,陈丽淑. 台湾省两个港湾污损生物初步研究[J]. 海洋学报,2002,24(6):92 – 98.

[21] SHENKAR N,ZELDMAN Y,LOYA Y. Ascidian recruitment patterns on an artificial reef in Eilat(Red Sea)[J]. Biofouling,2008,24(2):119 – 128.

[22] ANDERSSON M H,BERGGREN M,WILHELMSSON D,et al. Epibenthic colonization of concrete and steel pilings in a cold – temperate embayment:a field experiment[J]. Helgoland Marine Research,2009,63(3):249 – 260.

[23] KHALAMAN V V,KOMENDANTOV A Y. Mutual effects of several fouling organisms of the White Sea(*Mytilus edulis*,*Styelarustica*,and *Hiatellaarctica*)on their growth rate and survival[J]. Russian Journal of Marine Biology,2007,33(3):139 – 144.

[24] OREN U,BENAYAHU Y. Didemnid ascidians:rapid colonizers of artificial reefs in Eilat(Red Sea)[J]. Bulletin of Marine Science,1998,63(1):199 – 206.

[25] PICKEN G,GORDON B. Moray Firth marine fouling communities[J]. Proceedings of the Royal Society of Edinburgh,Section B,Biological Science,1986,91:213 – 220.

[26] 严涛,刘姗姗,曹文浩. 中国沿海水产设施污损生物特点及防除途径[J]. 海洋通报,2008,27(1):102 – 110.

[27] HIRAOKA M,SHIMADA S,OHNO M,et al. Asexual life history by quadriflagellate swarmers of *Ulva spinulosa*(*Ulvales*,*Ulvophyceae*)[J]. Phycological Research,2003,51(1):29 – 34.

[28] WALKER G C,SUN Y,GUO S,et al. Surface mechanical properties of the spore adhesive of the green alga *Ulva*[J]. The Journal of Adhesion,2005,81(10 – 11):1101 – 1118.

[29] 钱树本,刘东艳,孙军. 海藻学[M]. 青岛:中国海洋大学出版社,2005.
[30] LAWRENCE J M. Edible sea urchins:biology and ecology[M]. New York:Academic Press,2013.
[31] HILDEBRAND M. Diatoms, biomineralization processes, and genomics[J]. Chemical Reviews, 2008,108(11):4855.
[32] SLOAN N A. Echinoderm fisheries of the world: a review[C]. Galway: Proceeding of the Fifth International Echinoderm Conference,1984.
[33] MAHESWARI U,JABBARI K,PETIT J L,et al. Digital expression profiling of novel diatom transcripts provides insight into their biological functions[J]. Genome Biology,2010,11(8):R85.
[34] 王子臣,常亚青. 虾夷马粪海胆人工育苗的研究[J]. 中国水产科学,1997,4(1):61-68.
[35] SMITH A M,CALLOW J A. Biological Adhesives[M]. Berlin:Springer,2006.
[36] CRAWFORD S A,HIGGINS M J,MULVANEY P,et al. Nanostructure of the diatom frustule as revealed by atomic force and scanning electron microscopy[J]. Journal of Phycology,2010,37(4):543-554.
[37] HIGGINS M J,CRAWFORD S A,MULVANEY P,et al. Characterization of the adhesive mucilages secreted by live diatom cells using atomic force microscopy[J]. Protist,2002,153(1):25-38.
[38] 邢荣莲. 海洋底栖硅藻的筛选、培养和应用研究[D]. 大连:大连理工大学,2007.
[39] KIRBOE T. Turbulence, phytoplankton cell size, and the structure of pelagic food webs[J]. Advances in Marine Biology,1993,29(1):1-72.
[40] MORENO-OSTOS E,CRUZ-PIZARRO L,BASANTA A,et al. The influence of wind-induced mixing on the vertical distribution of buoyant and sinking phytoplankton species[J]. Aquatic Ecology,2009,43(2):271-284.
[41] GEBESHUBER I C,STACHELBERGER H,DRACK M. Diatom bionanotribology-biological surfaces in relative motion: their design, friction, adhesion, lubrication and wear[J]. Journal of Nanoscience & Nanotechnology,2005,5(1):79-87.
[42] AUTUMN K,LIANG Y A,HSIEH S T,et al. Adhesive force of a single gecko foot-hair[J]. Nature,2000,405(6787):681-684.
[43] WETHERBEE R,LIND J L,BURKE J,et al. The first kiss: establishment and control of initial adhesion by raphid diatoms[J]. Journal of Phycology,1998,34(1):9-15.
[44] 翟中和,王喜忠,丁明孝. 细胞生物学[M]. 北京:高等教育出版社,2000.
[45] POULSEN N C,SPECTOR I,SPURCK T P,et al. Diatom gliding is the result of an actin-myosin motility system[J]. Cell Motility & the Cytoskeleton,2010,44(1):23-33.
[46] EDGAR L A. Diatom locomotion: A consideration of movement in a highly viscous situation[J]. British Phycological Journal,1982,17(3):243-251.
[47] GORDON R,DRUM R W. A capillarity mechanism for diatom gliding locomotion[J]. Proceedings of the National Academy of Sciences,1970,67(1):338-344.
[48] MOLINO P J,HODSON O M,QUINN J F,et al. Utilizing QCM-D to characterize the adhesive mucilage secreted by two marine diatom species in-situ and in real-time[J]. Biomacromole-

cules,2006,7(11):3276 - 3282.

[49] LIND J L,HEIMANN K,MILLER E A,et al. Substratum adhesion and gliding in a diatom are mediated by extracellular proteoglycans[J]. Planta,1997,203(2):213 - 221.

[50] EDGAR L A,PICKETT - HEAPS J D. The mechanism of diatom locomotion. I. An ultrastructural study of the motility apparatus[J]. Proceedings of the Royal Society of London, 1983, 218 (1212):331 - 343.

[51] MURASE A, KUBOTA Y, HIRAYAMA S, et al. Two - dimensional trajectory analysis of the diatom *Navicula* sp. using a micro chamber[J]. Journal of Microbiological Methods,2011,87(3): 316 - 319.

[52] BOWLER C,MARTINO A D,FALCIATORE A. Diatom cell division in an environmental context[J]. Current Opinion in Plant Biology,2010,13(6):623 - 630.

[53] GOLÉ L,RIVIÈRE C,HAYAKAWA Y,et al. A quorum - sensing factor in vegetative dictyosteliumdiscoideum cells revealed by quantitative migration analysis[J]. The Public Library of Science,2011,6(11):e26901 - e26909.

[54] WATERS C M,BASSLER B L. Quorum sensing:cell - to - cell communication in bacteria[J]. Annual Review of Cell and Developmental Biology,2005,21(1):319 - 346.

[55] 宋永香,王志政. 海洋生物及其粘附机理——微生物、小型海藻、巨型海藻、贻贝[J]. 中国胶粘剂,2002,11(4):48 - 52.

[56] RUTTER P R,VINCENT B. Microbial adhesion to surfaces[M]. Chichester:Ellis Horwood,1980.

[57] RUTTER P R,VINCENT B. Microbial adhesion and aggregation[M]. Berlin:Springer,1984.

[58] 李清钞,王嵘,曾艳华,等. 海洋污损的微生物学过程与机制研究进展[J]. 生物加工过程,2020,18(02):158 - 169,213.

[59] CHAMBERS L D,WALSH F C,WOOD R J K,et al. Biomimetic approach to the design of the marine antifouling coatings[C]. London:World Maritime Technology Conference(WMTC),2006.

[60] ABARZUA S,JAKUBOWSKY S. Biotechnological investigation for the prevention of biofouling. I. Biological and biochemical principles for the prevention of biofouling[J]. Marine Ecology Progress Series,1995,123(1 - 3):301 - 312.

[61] 黄宗国. 海洋污损生物及其防除(下册)[M]. 北京:海洋出版社,2008.

[62] HORBUND H M,FREIBERGER A. Slime films and their role in marine fouling:a review[J]. Ocean Engineering,1970,1(6):631 - 634.

[63] COSTERTON J W,IRVIN R T,CHENG K J. The bacterial glycocalyx in nature and disease[J]. Annual Review of Microbiology,1981,35:299 - 324.

[64] BHASKAR P V,BHOSLE N B. Microbial extracellular polymeric substances in marine biogeochemical processes[J]. Current Science,2005,88(1):45 - 53.

[65] KENNEDY A F D,SUTHERLAND I W. Analysis of bacterial exopolysaccharides[J]. Biotechnology and Applied Biochemistry,1987,9(1):12 - 19.

[66] 胥震,欧阳清,易定和. 海洋污损生物防除方法概述及发展趋势[J]. 腐蚀科学与防护技

术,2012,24(3):192 - 198.

[67] 黄宗国,蔡如星．海洋污损生物及其防除(上册)[M]．北京:海洋出版社,1984.

[68] 逯艳英,吴建华．海洋生物污损的防治[J]．腐蚀与防护,2001,22(12):530 - 534.

[69] 赵九夷．我国海洋耐蚀防污铜合金研究及其应用[J]．特种制造与有色合金,2006,26(6):390 - 392.

[70] 汪国平．船舶涂料与涂装技术[M].2 版．北京:化学工业出版社,2006.

[71] 侯纯扬,武杰．海水直流冷却水系统金属腐蚀污损生物附着及其对策[J]．海洋技术,2002,21(4):41 - 45.

[72] WILLIAMS E E. Control biofouling with low environmental impact[J]. Ocean Industry,1989(1):33 - 35.

[73] 王庆飞,宋诗哲．金属材料海洋环境生物污损腐蚀研究进展[J]．中国腐蚀与防护学报,2002,22(3):57 - 61.

[74] 董硕,白秀琴,袁成清．海洋平台污损生物诱导腐蚀分析及其研究进展[J]．材料保护,2018,51(12):116 - 124.

[75] 严涛,严文侠,董钰,等．北部湾近海结构物污损生物研究[J]．海洋学报,2000,22(4):137 - 146.

[76] ZEINODDINI M,BAKHTIARI A,EHTESHAMI M,et al. Towards an understanding of the marine fouling effects on VIV of circular cylinders:Response of cylinders with regular pyramidal roughness[J]. Applied Ocean Research,2016,59:378 - 394.

[77] HEAF N J. The effect of marine growth on the performance of fixed offshore platforms in the North Sea[J]. Offshore Technology Conference,1979,1(1):255 - 268.

[78] 宋万超,路国章,孙虎元,等．我国浅海石油平台的污损调查:第三届海峡两岸材料腐蚀与防护研讨会论文集[C]．北京:化学工业出版社,2002.

[79] SHI W,PARK H,HAN J,et al. A study on the effect of different modeling parameters on the dynamic response of a jacket - type offshore wind turbine in the Korean Southwest Sea[J]. Renewable Energy,2013,58(10):50 - 59.

[80] MSUT I J,FRINA J W. Effects of marine growth and hydrodynamic loading on offshore structures[J]. Jurnal Mekanikal,1996,1:77 - 98.

[81] 马士德．金属/海水界面两个主要过程的关系[J]．海洋湖沼通报,1979(02):87 - 91.

[82] 赵生俊．滨海电厂抗海生物附着防污涂料的研究[D]．哈尔滨:哈尔滨工业大学,2017.

[83] 火力核能发电技术协会．发电站海水设备的污损对策手册(日文)[M]．东京:恒星社厚生阁,2014.

[84] 蔡如星,黄宗国．海洋污损生物的危害及其防治[J]．海洋渔业,1985,7(2):94 - 96.

第2章

生物污损防除技术的发展历史与现状

海洋污损生物常见的约有50~100种[1-2]，主要包括藻类（如浒苔、石莼、多管藻、水云等）、水螅（如中胚花筒螅、鲍枝螅、薮枝螅等）、外肛动物（如草苔虫、膜孔苔虫、裂孔苔虫、琥珀苔虫等）、龙介虫（如华美盘管虫、内刺盘管虫等）、双壳类（如翡翠贻贝、紫贻贝、密鳞牡蛎等）、藤壶（如泥藤壶、网纹藤壶、糊斑藤壶）和海鞘（柄瘤海鞘、菊海鞘等）等[3]，具有显著的生物多样性。针对不同的应用环境，先后发展了多种污损生物防除方法，特别是针对海洋船舶和海上人工设施，发明了防污涂料和电解防污技术。防污技术的发展历史也是人类开发海洋、利用海洋的历史，经历了从无到有，从低级到先进，从影响海洋生态到对环境友好的持续发展过程。

2.1 生物污损主要防除技术

防止海洋生物污损是海洋资源开发过程中迫切需要解决的问题之一，防止海洋污损生物附着的常用方法有十几种，可分为化学法防污技术和物理法防污技术。化学法防污技术主要包括防污液直接注入法、电解防污技术、涂层防污技术等[4-5]；物理法防污技术主要包括超声波防污技术、臭氧防污技术、紫外线法、加热法、高速水流冲刷法、微泡法等。

2.1.1 化学法防污技术

1. 防污液直接注入法

防污液直接注入法使用的防污液主要为液氯、次氯酸钠和二氧化氯。氯气在海水中生成的HClO分子量小，且不带电荷，可以扩散到带有负电荷的细菌表面，穿过细胞壁，破坏细菌的酶系统，使其死亡，杀菌效果很好。次氯酸钠的灭菌原理和氯气一样，消毒效果与氯气相当，且与水的亲和性很好，能与水以任意比例互溶。

浓度为0.10mg/L 的 ClO^- 便可对藤壶产生驱散作用，浓度为0.03～0.05mg/L 的残留氯便可达到防止海洋生物附着的效果。饮用水中 ClO^- 添加上限为1.00mg/L，低浓度 ClO^- 不会对人体产生危害，因此该方法在国内外临海及淡水域发电站中已广泛使用。在日本，108 个地方的 305 处发电站中有 40% 使用了注入液氯、次氯酸钠的方法防止海洋生物附着。通常认为，二氧化氯的消毒原理和氯气也是一样的，但是，氯气、次氯酸钠会与海水中的微量有机物反应，产生一定量的致癌物质，如三卤甲烷（THM）等，而经二氧化氯处理的海水中的 THM 含量仅为氯气处理的 2%。在欧洲，二氧化氯已作为氯气的替代品开始在近海发电站中应用。

2. 电解防污技术

电解防污通常是利用电化学方法产生氧化性离子来杀死海洋生物。目前，常用的电解防污技术有：电解海水制氯防污技术、电解铜－铝阳极防污技术、电解氯－铜防污技术等。电解防污技术目前主要应用于滨海电厂与海上石油平台海水冷却系统、海水输送管线、海水消防系统等[1]。

1）电解海水制氯防污技术

电解海水制氯防污技术始于 20 世纪 60 年代。初期以美国、英国和日本等国研究较为广泛。如 1965 年英国和加拿大联合研制出 Cathelco 电解海水装置在舰船上应用。1971 年，日本开始出售可供船舶海水管道系统用的"防止海洋生物装置"。我国也在 20 世纪 70 年代初，开始研究电解海水防污装置（图 2－1），到 20 世纪 80 年代中期，电解海水防污装置已普遍应用于船舶、滨海电厂等海水管道系统。

图 2－1　电解海水防污装置

氯化钠为海水中主要盐类，含量约为 2.7%，其次是氯化镁，为 0.38% 左右。电解海水防污就是利用电极电解海水产生有效氯，有效氯是强氧化剂，它可以击晕或杀死海洋污损生物的幼虫和孢子，从而达到防污的目的。

电解海水时，在电解槽内主要发生下列电化学反应：

阳极反应：

$$2Cl^- - 2e \longrightarrow Cl_2$$

阴极反应：

$$2H_2O + 2e \longrightarrow 2OH^- + H_2 \uparrow$$

阳极产物与阴极产物反应：

$$Cl_2 + 2OH^- \longrightarrow ClO^- + Cl^- + H_2O$$

$$Cl_2 + H_2O \longrightarrow HClO + HCl$$

反应中产生的 HClO、ClO^-、Cl_2都称为有效氯，它们都可以击晕或杀死海洋污损生物的幼虫和孢子，防止海洋生物的附着和生长。

2）电解铜 - 铝阳极防污技术

海水中电解铜 - 铝防污是将铜、铝合金作为阳极，被保护的设备系统作为阴极，通过电解反应获得具有毒性的离子。电解铜阳极得到的铜离子具有毒性，与海水形成有毒的环境。电解铝阳极产生 Al^{3+}，与阴极产生的 OH^-形成 $Al(OH)_3$。$Al(OH)_3$包封着释放出来的铜离子，随海水流动，从被保护系统中通过。$Al(OH)_3$絮凝结构使它具有很高的吸附性，可大量吸附铜离子，抑制海洋生物生长。为了达到有效的防污效果，阳极的消耗用量至少为 2mg/(L·h)，铜阳极的寿命应与船舶坞修间隔一致，并在坞修期更换。

铜铝阳极系统在海水中电解时，作为阴极的钢质管道内表面，生成致密的钙镁覆盖层，而且电解生成的 $Al(OH)_3$胶体会随海水流动，在管道内壁形成一层保护膜。钙镁覆盖层和 $Al(OH)_3$胶体阻滞氧的扩散，增加浓差极化，减缓腐蚀速度，这样可以达到防污、防腐蚀的目的。

电解铜 - 铝阳极防污装置（图 2 - 2）由电解槽、铜铝电极、控制器等组成。此种装置可应用于石油平台的海水处理系统、消防系统、海水冷却系统及电缆防护管线等。

图 2 - 2　电解铜 - 铝阳极防污装置

3)电解氯-铜防污技术

电解氯-铜防污技术是采用析氯活性阳极和铜阳极,电解产生 HClO、ClO^- 和铜离子等,其防污效果更好,所需要的有效氯浓度较低。使用经验表明,它对环境不会造成污染。

电解海水制氯防污的使用范围较广,可广泛应用于船舶、海上平台、海滨电厂的海水冷却系统。电解海水制氯防污所需有效氯浓度较大,一次性投资和耗电量较大;铜-铝系统既能防污又能防腐蚀,且装置简单,管理方便,用电量少,但只能应用于处理海水量较小的船舶和海上平台,并且对水质的要求较高。电解氯-铜防污技术以氯气和铜两种物质做防污剂,其浓度比单独使用时要小得多,装置较简单,一次性投资和运行费用都较低,对环境污染小,可应用于船舶、海上平台、滨海电厂和滨海化工厂,是目前国际上应用较多的防污技术之一。

3. 涂层防污技术

涂层防污技术主要利用涂层营造不利于污损生物附着的表面进行防污,通常包括缓慢释放有毒性防污剂和构建污损生物附着不牢而易于脱除的无毒表面两种类型。含防污剂型涂层经历了由毒性较高的有机锡向无锡自抛光涂层发展的历程,低附着力无毒防污表面材料则由低表面能型逐渐向仿生多特性耦合型发展。

涂刷防污涂层是船舶和海上人工设施较为经济有效的防污措施。在涂装防污涂料时(图2-3),需要根据船体材质对船体基体表面作相应处理或涂装配套防锈涂料。对于防污涂层,要求具有:①与中间连接涂层和每道防污涂层之间有良好的附着力;②至少一个坞修间隔期内具有能防止海洋生物附着的效能;③防污剂释放型涂层应能连续不断地向海水中渗出防污剂;④良好的耐海水冲击性,在长期浸水条件下不起泡、不脱落。

图2-3　远洋船舶喷涂防污涂料

各类船舶由于使用要求不同，对船底防污涂料的性能要求也不一样。大型油船等由于航行时间大大多于在港口停泊的时间，而且航行船速较高，因此防止藤壶之类的污损生物不是大的问题，但是要求能一直保持船底的平整和光滑，以节省燃油消耗和保持航速，所以，一般应采用具有长期防污性能和自抛光性能的高性能防污涂料。对于在港口停泊时间较长、航行时航速较高的军船来讲，要求防污涂料在船只长期停泊港口期间能发挥出很好的防污能力，并在高速航行中能耐水流的冲刷，因此对船底防污涂料的要求更高。

我国的近海运输和海洋渔业目前还在大量使用木质渔船。木船的主要污损生物是蛀船虫与食木成虫，它们对木船的危害不仅仅是附着在船体表面，增加船体负荷和降低船速，更严重的是蛀船虫与食木成虫一旦钻入木质船板，很快就会将很厚的船板蛀蚀成蜂窝状空洞，大大降低船体强度，以致危及船舶安全。木船多为中小型船只，维修周期一般为半年到一年，通常使用成本低、防污期效短的防污涂料。

2.1.2 物理法防污技术

1. 超声波防污技术

通常情况下，将频率高于20kHz的声波称为超声波。超声波防污（图2-4）是一种公认的没有环境污染的理想技术，在工业中已使用多年，并已开始在海洋船舶上推广应用。它利用数字传感器控制模块将短超声波脉冲信号程序发送到超声波换能器，产生超声波。超声波使船舶水下区域在微观水平上移动水分子，破坏藻类细胞壁，抑制污损生物幼虫附着，从而达到防污的目的。超声波防污可以根据对象物表面生物附着的状况来改变频率。低频时，利用空穴产生的冲击波将附着物清除，并产生超声波空化效应。实验表明，可有效杀死海洋生物的超声波频率为22kHz，超声波强度为0.3~0.5W/cm^2[6]。高频时，通过水的振荡冲击来达到防污的目的。考虑到超声波随着传播距离的增加而衰减，通常情况下超声波传感器安装距离间隔为3~4m，一个超声波控制箱可以控制30~36个超声波传感器。日本在码头上开展了管路超声波防污试验，通过15kHz和50kHz的连续波激励和29kHz的切换激励方式抑制生物附着。英国、澳大利亚等国目前均推出了船舶防污用超声波设备。

2. 臭氧防污技术

臭氧是一种氧化性非常强但不稳定的氧化剂，在海水中分解可直接释放出单原子氧，具有强大的氧化消毒功效。臭氧由于分子小，能迅速扩散并渗透到海水中的细菌、芽孢、病毒中，强力有效地氧化分解细菌、病毒、藻类的各种组织物质。例如，在外径为25.4mm、壁厚为0.5mm的钛合金冷凝管中注入臭氧后，所附着海洋生物明显减少，臭氧可抑制90%以上的海洋生物附着[7-8]。

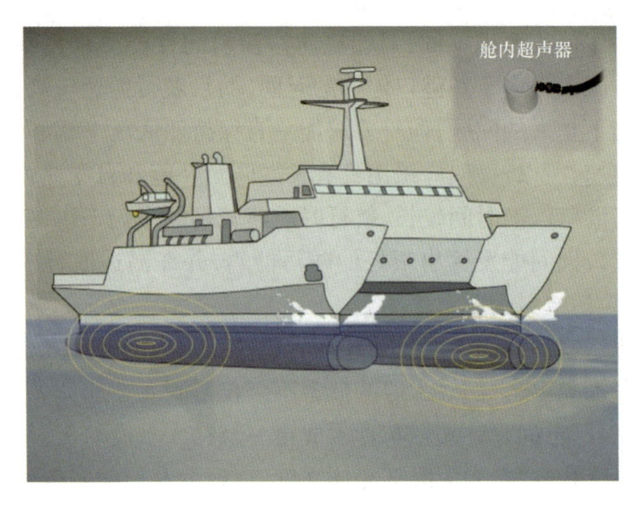

图2－4　超声波防污示意图

3. 紫外线法

波长240～260nm尤其是253.7nm的紫外线对水中生物和病原体具有较强杀灭作用，能够破坏微生物机体细胞中的脱氧核糖核酸（DNA）或核糖核酸（RNA）的分子结构，造成生长性细胞死亡和（或）再生性细胞死亡，达到杀菌消毒的效果。因此，利用紫外线照射被保护材料表面可以起到防止海洋生物附着的效果[9－10]。该方法应用的主要问题是：沿岸水中因含有大量的悬浮物，会阻挡紫外线对生物的照射而降低防污效果；此外，紫外线处理能耗较大。

4. 加热法

当人为地使水温升到高于海洋生物的环境水温时，可使海洋生物死亡。研究表明，将牡蛎放入海水中，加热至46℃，保持一定时间，可将牡蛎杀死[10]。海葵在37℃，藤壶、贻贝在41℃，会短时间内死亡。刘茵琪等[10]在钛合金构件内通入温度为80～100℃的热水，发现构件表面的海洋生物会死亡，但仍然难以剥落。由于这种方法需要对海水加热，耗费较大的能源，仅适用于在海水淡化等装置中使用。

5. 高速水流冲刷法

当水流速度达到一定程度时，可以阻止大型污损生物的附着。向内径为24.4mm的钛管通入不同速度的海水，研究贻贝和藤壶在钛管内表面的附着情况。研究表明，当海水流速为1m/s时，管壁内有一些贻贝和藤壶附着；当海水流速为1.5m/s时，管壁内有贻贝附着；当海水流速升高至2.0m/s时，管壁内已经没有贻贝附着。由于海洋生物的复杂性及海域的宽广性，流速与海洋生物的关系会发生一定的变化，但流速越高，海洋生物附着越少的趋势是不变的。

6. 微泡法

微泡是指直径小于50μm的微小气泡。普通气泡会在水中急速上升，并在水面破裂,而微泡的特征是上升缓慢,然后消失,内部气体会在水中溶解。微泡内部气体可以是空气、N_2、CO_2等[11],而在诸种气泡中,CO_2微泡对海洋生物的作用最为明显。这是因为CO_2对动物具有麻醉效果,CO_2和碳酸水(溶入CO_2的水)可对藤壶幼虫的附着阶段起到抑制作用。在海水中注入CO_2会改变海水的pH值,对铜合金产生较大影响,使其腐蚀速度提升10倍,但是,对耐蚀性很强的钛合金来说,CO_2对其没有影响[12]。

2.2　海洋防污涂料发展历史

防污涂料的作用是在一定的有效期内提供一个无生物附着的涂层表面。在不同的时期,根据防污涂料中树脂的性能、有无防污剂、防污剂释放方式的不同,导致了不同的防污涂料具有不同的防污原理和防污效果。

2.2.1　防污涂料发展简史

防污涂料的历史(表2-1)可以追溯到公元前5世纪左右。据历史文献报道,在公元前5世纪人们就开始用含砷、硫和油的物质来防止船蛆污损。公元前3世纪到15世纪,桐油、沥青、树脂和动物脂成为保护船只的主要材料。1625年,William Beale提出了第一个防污涂料发明专利,此防污涂料由水泥、铜化合物和铁粉组成。1670年,Philip Howard和Francis Watson提出了由焦油、树脂和蜂蜡组成防污涂料的专利。1791年,William Murdock发明了由清漆、硫酸铁、锌粉末、砷等构成的防污涂层。在1860年前,有关防污涂料的专利已经达到300多项。1860年,James Mclnness以硫酸铜作为防污剂,结合金属皂化物制成了防污涂料,意大利则开发出了由松香和铜化合物组成的Italian Moravian防污涂料。在当时这两种涂料的防污性能较为理想,但因是“热塑涂料”,其应用受到限制。1863年,James Tarr和Augustus Wonson发明了由氧化铜和焦油组成的防污涂料,其防污效果较好。1885年,Zuisho Hotta申请了日本第一个防污涂料专利,这种防污涂料由大漆、铁粉末、红铅、柿子鞣酸等组分组成。这个时期的防污涂料常以铜、砷和汞作防污剂,松节油、石脑油和苯作黏结剂,亚麻油、紫胶、焦油和其他各种树脂作基料。1926年,美国海军开发出了用焦油或松香作为黏结剂,铜或汞的氧化物作为防污剂的热塑防污涂料。这种热塑防污涂料在施工时需要加热,并且价格昂贵、使用寿命短,所以它的应用受到很大限制。20世纪50年代,氧化亚铜成为主要防污剂,沥青树脂、乙烯树脂和氯化橡胶等合成树脂成为主要基料[13]。1954年,Van der Kerk和Luijten发现三丁基锡类毒料具有广谱杀灭海洋附着生物的能力。实海测试表明,这类有机锡化合物的防污能力比氧化亚铜强10~20倍。20世纪70年代前的防污涂料采用沥青、松香树脂、乙烯、丙烯酸酯等作基料，以氧化亚铜为主要防污剂，使用寿命一般就只有半年到2年。从20世纪70年代开始，推出有机锡高聚物自抛光防污涂料，它们的有效寿命可达5年。现代防污涂料自此开始，并先后发展出了无锡防污涂料、污损释放型防污涂料、仿生防污涂料等类型。

表2-1 防污涂料发展史[14]

时间	发展情况
古代	约公元前700年，腓尼基人用铅皮包覆帆船船底，保护木材效果较好。 中国古代海船就以结构坚固、耐波性好、抗风浪能力强而著称。对航海的木船保护在宋代已广泛采用桐油和颜料的油漆材料，防污方法有：定期上岸，清除污物；烟熏火烤，杀死船蛆；船底涂白灰，称"白底船"，具有防海蛆功效；采用短期在淡水中停泊，以改变海洋污损生物的生活环境，杀死生物等
20世纪19世纪前	1691年，英国海军成功引进采用铜皮包覆木船的方法，防海蛆效果良好，其他国家相继采用。 1737年，Lee等人发明了用沥青、焦油和硫磺等组成的涂覆物，在英国使用，证明其具有2年以上的防污效果
1860—1900年	随着铁船的产生和发展，美国海军和许多西方国家的远洋船舶多采用铜皮包覆铁船的方法防污，但铁船的腐蚀严重问题已不亚于防污问题，需要非常仔细地用木块在铁船和铜皮之间隔绝。由于铜皮抗海水磨蚀性能有限，每年需要更换部分铜皮，并且建议船速不超过15kn(1kn=(1852/3600)m/s)。 防止铁船的腐蚀问题，促进了防污涂料的发明，到1871年底，在英国申请的防止船舶腐蚀和污损的专利已超过200件。在实际使用的千百种防污涂料中，实际有效的是以砷、铜和汞化合物为毒料，树脂为热熔性热塑型涂料和溶解性冷塑型涂料为主
1900—1980年	第二次世界大战和战后经济发展阶段，为争夺海上霸权，刺激了造船工业的发展，船舶防污涂料的研究和防污方法的研究也迅速发展。一直到20世纪70年代，铜和铜化合物(主要是红色的氧化亚铜)是防污涂料的主要防污剂，其他防污增效剂有氧化汞和有机金属化合物，如铅、汞、砷、锌和锡。防污涂料的类型以溶解型和接触型为主。 20世纪60年代中期，以有机锡高聚物为代表的自抛光型防污涂料技术的发明，标志着防污涂料技术的新高度。其广泛应用为航运事业带来了巨大的经济效益。有机锡和铜盐等对海洋环境的影响一直促进新型无毒防污涂层和防污方法的研究，包括低表面能防污涂层、导电防污涂层、生物型防污涂层和其他无毒防污涂层
1980—2003年	取代有机锡自抛光型防污涂料的产品，其他新型防污涂料技术和产品的研究已成为必然趋势，各类无锡防污涂料产品已陆续推向市场
2003年以后	无锡防污涂料：以合成树脂为主要基料、以氧化亚铜和有机杀生物剂为主要防污剂的防污涂料已成为船舶防污涂料市场的主流；其他低毒和无毒防污涂料，如低表面能防污涂料、无机防污涂料等进一步发展

2.2.2　我国船舶防污涂料发展历程

1949 年前,我国涂料工业基础落后,没有专用的船舶涂料,以进口为主,并多采用美国和英国进口的油漆。船舶防污涂料以沥青系为主。1949 年后,船舶和海洋防污涂料的发展可以分成以下几个阶段[15]。

1. 起步阶段

从 1949 年到 20 世纪 60 年代初,国内只有上海开林造漆厂生产船舶涂料。在船舶防污涂料产品上,曾按照 20 世纪 30—40 年代美国海军技术规范试生产沥青系船底防污涂料,但不能符合海军舰船的技术要求。于是开始了自主研制船舶防锈防污涂料的工作。1955 年,上海开林造漆厂研制成功沥青船底防污涂料,其防污性能已接近英国红手牌船底涂料,超过苏制 HNBK 油性系船底涂料。以后又陆续研制出热带防污涂料、木船防污涂料。大连油漆厂、广州制漆厂、青岛油漆厂、宁波油漆厂和天津油漆厂在该技术基础上发展了各自的船底涂料体系。1963 年,中国科学院有机化学研究所和国防科委七院九所(中国船舶集团有限公司第七二五研究所,以下简称“七二五所”)共同研制成功有机锡防污剂,用于船底防污涂层。

2. 会战阶段

为了解决我国海军舰船面临的严重海水腐蚀和污损附着的问题,在 1966 年 4 月,由化工部、海军后勤部和六机部领导,集中全国所有的船舶涂料研究、生产、使用部门的技术力量成立了跨行业、跨地区和跨部门的攻关会战组,历经 15 年,研制成功一系列船底防污涂料,不仅基本满足了海军舰船对船底防污的需求,而且使我国的船舶涂料体系进入了世界先进行列。它们包括 2 ~ 3 年防污期效的沥青系船底防污涂料、过氯乙烯系船底防污涂料,5 年防污期效的氧化亚铜与有机锡复合沥青系、丙烯酸系防污涂料。从 20 世纪 80 年代以来,世界上船舶涂料先进国家和厂商成功研制有机锡高聚物和自抛光型船底防污涂料。七二五所、广州涂料研究所和福建师范大学分别研制的有机锡自抛光型防污涂料通过鉴定并在船艇上得以应用,实船测试已达 3 年期效。在 20 世纪 90 年代中期,七二五所研制的低锡自抛光型防污涂料和无锡自抛光型防污涂料达到了 3 年的实船测试效果。

3. 引进和发展阶段

为了适应我国造船和修船的需要,上海开林造漆厂首先在 1985 年引进英国国际油漆公司的船舶涂料先进技术,提高了船舶涂料的技术水平和产品质量。近 20 年来,几乎所有国际上著名的船舶涂料生产厂家都在中国找到了合作伙伴或独资开厂,如英国 International Paint、丹麦 Hempal、美国 Ameron、荷兰 Sigma、挪威 Jotun、日本关西等,使我国国内生产的防污涂料水平已接近和达到目前国际先进水平,不仅能满足国内各种类型的船舶、海洋设施防污涂料的需要,而且可以为我国出口的远洋船舶提供完整的船舶配套涂料体系。

2.3 海洋防污涂料种类与现状

随着防污树脂、防污剂的发展和防污剂对海洋生态环境的影响,海洋防污涂料经历了基体不溶到基体可溶,有毒、低毒到无毒的发展过程,先后出现了树脂基体不溶型防污涂料、有机锡自抛光型防污涂料、无锡自抛光型防污涂料、污损释放型防污涂料和仿生防污涂料等类型,逐步向长效、对环境友好的方向发展。

2.3.1 有机锡防污涂料

三丁基锡(TBT)高效防污剂出现后,引起了人们广泛的关注。20 世纪 70 年代末,TBT 被成功地引入到大分子中,制成了被誉为"特效武器"的纯有机锡聚合物自抛光型防污涂料。自抛光型防污涂料的成膜物是由甲基丙烯酸三丁基锡酯与其他丙烯酸类单体聚合而成的有机锡高聚物,同时它也是防污剂。由于该类聚合物的物理力学性能优异,使防污涂料的漆膜具有良好的物理力学性能。在海水中,涂层表面聚合物线性主链上的有机锡丙烯酸酯发生水解,释放出 TBT(图 2-5)。同时聚合物主链因水解产生的亲水性基团使其具有水溶性,当亲水基团数量达到临界值时,聚合物主链便渐渐自消溶于海水中,又暴露出新的表面。这种自抛光型防污涂料防污效果好,使用有效期长达 5 年,因此一问世就获得了迅猛的发展。进入 20 世纪 80 年代,世界船舶所用的防污涂料主要是 TBT-SPC。据英国 IP 公司统计,全世界有 60% ~70% 的船舶使用 TBT-SPC。我国新建商船也是以此涂料为主[16]。然而,Alzieu 等[17]于 1980 年首次报道了 TBT 在防污涂料中的使用与其对港湾生物的损害之间的联系,发现养殖的太平洋牡蛎受到了防污涂料中 TBT 的影响:产卵减少,发育不良,壳体畸变和性别变异。之后,TBT 引起牡蛎壳体畸变等现象在英国、美国、日本、韩国等国家也有发现。

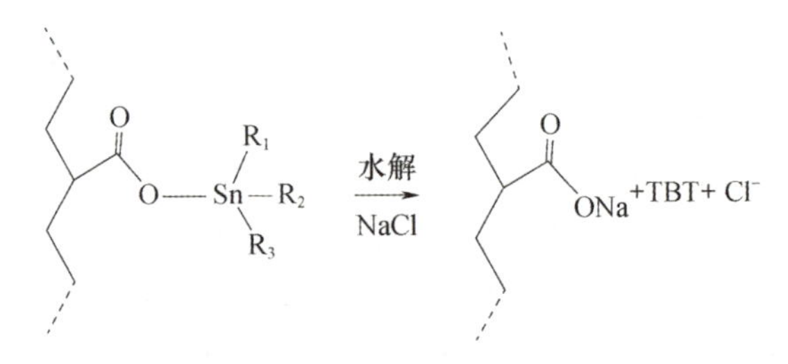

图 2-5 有锡自抛光防污涂料在海水中的水解历程

由于防污涂料中的有机锡严重危害了海洋生态环境和海洋养殖业，1990年，国际海事组织海洋环境保护委员会（IMO－MEPC）发布了一系列有关TBT－SPC的使用规定，规定所有TBT防污涂料的释放速率最大不超过4μg/(cm^2·d)[18]。1998年11月，第42届MEPC会议一致通过草案，该草案把使用TBT的最终期限定为2003年1月1日，而在2008年1月1日之后，将禁止在船壳上出现TBT[19]。

2.3.2　无锡防污涂料

根据所采用树脂在海水中的溶解性，可分为树脂基体不溶型防污涂料和树脂基体可溶型防污涂料，所采用的防污剂主要为氧化亚铜以及其他铜类、小分子有机物类辅助防污剂。

氧化亚铜在海水中的溶解度为5.4μg/mL，在海水作用下可发生如下反应：

$$Cu_2O \longrightarrow CuCl_2^- \rightleftharpoons CuCl_3^{2-}$$

$$Cu^+ \xrightarrow{O_2} Cu^{2+} \xrightarrow{OH^-,HCO_3^-} Cu_2(OH)_2CO_3$$

氧化亚铜通过凝固污损生物体内蛋白质产生毒杀作用，对绝大多数的动物类海洋生物和植物类海洋生物均具有防污活性。一般认为，铜离子的临界渗出率为10μg/(cm^2·d)时对藤壶有效，10～20μg/(cm^2·d)时对水螅、水母有效，20～50μg/(cm^2·d)时对藻类有效，40μg/(cm^2·d)时对细菌黏膜有效[20]。

其他常用的防污剂有4,5－二氯－2－正辛基－4－异噻唑啉－3－酮（DCOIT）、吡啶三苯基硼烷（PTPB）、吡啶硫酮铜（CuPT）、吡啶硫酮锌（ZnPT）、*N*－环丙基－*N*′－(1,1－二甲基乙基)－6－(甲基硫代)－1,3,5－三嗪－2,4－二胺（Irgarol 1051）、2－(对－氯苯基)－3－氰基－4－溴基－5－三氟甲基－吡咯（Econea）等。PTPB对动物类污损海洋生物和硅藻具有良好的防污效果；Econea对无脊椎污损海洋生物具有广谱、优异的防污活性；DCOIT对细菌、真菌、藻类和海洋无脊椎动物具有良好的防污活性；CuPT、ZnPT对软质污损海洋生物具有良好的防污活性；Irgarol 1051主要用作防藻剂。

防污剂与海水接触并以离子或分子的形式在涂层表面形成有毒的溶液“薄层”，该薄层通过排斥或杀死意图附着在涂层表面的污损生物幼虫或孢子达到防污目的。薄层内的防污物质主要通过扩散的方式向外输送，其输送方向与水流方向垂直。另外薄层的厚度与水流速度密切相关，在静止海水条件下，薄层厚度约为100μm。防污涂层的防污性能，如防污有效性、防污期等，与防污剂的渗出速率有着紧密的关系，如何控制和调节毒料以合理的速度释放是取得理想防污效果的关键。一般来说，通过改变防污涂层内的可溶物（如松香、可溶树脂等）的用量和改变涂层的颜料体积比可调控防污剂的渗出速率。

1. 树脂基体不溶型防污涂料

树脂基体不溶型防污涂料成膜物主要是不溶于海水的合成树脂，主要有乙烯基聚合物、环氧树脂、聚丙烯酸酯、氯化橡胶和煤焦沥青等。在该类防污涂料中，防污性填料的使用量往往超过临界填料体积含量。根据不溶性树脂、防污剂及辅助组分添加量等的不同，该类防污涂料又分为接触型防污涂料和扩散型防污涂料。

1）接触型防污涂料

接触型防污涂料的成膜物主要为乙烯基树脂，防污剂主要为 Cu_2O（氧化亚铜）。由于接触型防污涂料的成膜物为不溶性树脂，对防污剂的封闭性强，为使氧化亚铜能够不断渗出，必须使氧化亚铜颗粒紧密排列呈连续接触状，依靠海水的摩擦与溶解不断释放。防污剂渗出后在残留的漆膜内形成孔隙或通道，从而使内层的氧化亚铜持续地从空隙中释放到漆膜表面。为使氧化亚铜呈紧密排列状态，其体积分数可达 70% 以上，属于高填充型涂层[21]。该类防污涂料对于成膜物的黏结性能和成膜后的机械强度要求较高，其防污期效可达 3 年以上。

2）扩散型防污涂料

相对于接触型防污涂料，扩散型防污涂料通过在不溶性树脂中添加可溶性树脂（如松香），改善了防污剂的扩散与渗出能力。在该类防污涂料中，Cu_2O 的添加质量分数为 40% 左右，另外还需要添加 ZnO 等辅助防污组分。

树脂基体不溶型防污涂层下水后，表面填料逐渐溶解、释放，不溶性树脂基体逐渐在涂层表面形成一个过渡层。根据菲克扩散定律，过渡层厚度的增加导致防污剂扩散速度成指数衰减[22]。因此，树脂基体不溶型防污涂料需要添加大量防污剂。为提高防污涂料的防污期效与防污性能，优化涂料体系的颜基比、优选防污助剂、调整防污剂渗出到涂层表面的有效浓度等至关重要。

2. 树脂基体可溶型防污涂料

树脂基体可溶型防污涂料的成膜物在海水中可逐渐溶解或水解，不断形成新的防污表面，从而保持良好的防污性能。依据树脂的类型与水解机理，该类涂料经历了从传统溶解型防污涂料向自抛光型防污涂料发展的历程。

1）溶解型防污涂料

传统溶解型防污涂料多采用松香树脂及其衍生物、改性聚乙烯醇树脂等作为可溶性成膜物，松香及其衍生物的含量一般占整个树脂基体的 50% 以上，以氧化亚铜为主防污剂，以 DDT（滴滴涕）、无水硫酸铜等为辅助防污剂。

溶解型防污涂料往往一开始具有很高的渗出率，随着时间的推移，渗出率不断下降，一定时间后有可能失去防污能力。导致这种缺陷的原因主要有三方面：一是溶解型防污涂料的成膜物中仍含有不溶性树脂组分，长期浸海后表面形成皂化层，影响到内层松香的进一步溶解；二是该涂层以氧化亚铜为主防污剂，Cu^{+}在海水中被氧化成为Cu^{2+}，并进一步生成碱式碳酸铜，碱式碳酸铜的溶解度为0.5μg/mL，比氧化亚铜的溶解度低得多，其沉积在防污涂料表面，使渗出率降低；三是松香性质松脆，容易被氧化，很难提供长期稳定的溶解抛光效果。

溶解型防污涂料因采用不同的可溶解树脂体系，防污期效差异较大。沥青系溶解型防污涂料，一般防污期效为8~10个月，也有的可达18~24个月。如果采用高性能的改性树脂和增塑剂，控制松香的溶解速度和防污剂的渗出率在相对较长的时间内保持稳定，并使用新型的广谱防污剂，防污期效最长可达30个月。一般来说，该型防污涂料的防污期效低于3年。

2）自抛光型防污涂料

由于传统溶解型防污涂料存在诸多缺点，随着防污涂料技术的发展，自抛光型防污涂料（SPC）逐渐成为主流的树脂基体可溶型防污涂料。相对于早期传统树脂基体溶解型防污涂料，自抛光型防污涂料具有诸多优点：

（1）聚合物为高分子合成树脂，树脂与防污剂之间存在有机结合；

（2）聚合物链段在海水微碱性环境中逐步水解并释放出防污剂，由于过渡层厚度稳定，防污剂释放速率相对稳定；

（3）通过调节树脂的组分配比，可调控防污涂层的自抛光速度；

（4）涂层表面通过自抛光可产生基于羧基、羟基、酰胺基团的平滑亲水膜，具有一定的减阻作用。

鉴于有机锡防污涂料危害海洋生态环境的事实，各国均积极研究无锡自抛光型防污涂料，并先后出现了多种涂料类型。目前，应用较为广泛的自抛光型防污涂料是以有机铜/锌丙烯酸盐类、有机硅丙烯酸酯类共聚物为自抛光共聚物的无锡自抛光型防污涂料。该类无锡自抛光型防污涂料仍以氧化亚铜为主要防污剂，通过对聚合物组成的控制，可以较准确地调节聚合物溶解速度，从而达到高效、长期、可控的防污效果，使用寿命可达5年左右。市场上大型远洋商船大多使用无锡自抛光型防污涂料。

无锡自抛光树脂是该类防污涂料的关键组成部分，赋予涂料良好水解、防污特性。无锡自抛光树脂不断发展，形成了多个新型种类。

（1）聚合物链上带有防污作用基团的无锡自抛光树脂。

此类树脂以丙烯酸类树脂为主，聚合物链上带有防污作用的基团，以防污基团的水解来发挥防污作用。防污剂与树脂间主要以配合物、离子对作用及希夫（Schiff）碱基团的形式结合到一起，使其在海水中引起此类基团的水解从而释放出防污剂并达到自抛光的目的。

日本公开专利JP2000297118A[23]合成出了图2-6所示的三苯基硼与4-乙烯

吡啶配合物结构的聚合物,该聚合物可与其他自抛光树脂一起用于海洋防污涂料的成膜物,所起的作用与松香相似。

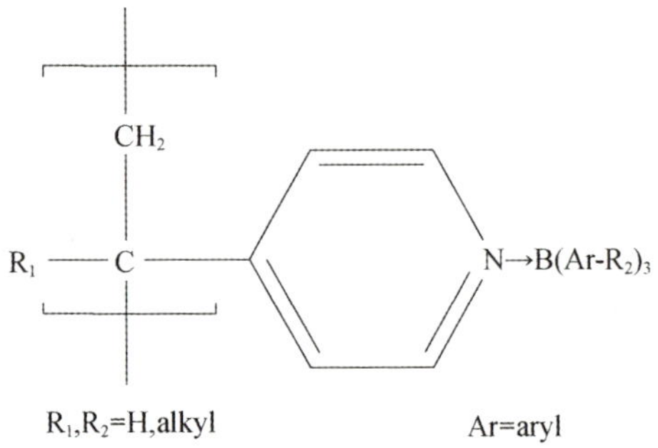

CH_2

R_1 — C — N→$B(Ar\text{-}R_2)_3$

R_1,R_2=H,alkyl　　Ar=aryl

图2-6　三苯基硼与4-乙烯吡啶配合物

瑞典的Paul Handa等[24]认识到使海洋防污涂料具有长期持续恒定释放防污剂的能力变得日益重要。一个有效方法就是把防污剂强力地吸附到低转移性能的材料上,如高分子量的聚合物。因此他们把防污剂Medetomidine吸附到硫化聚苯乙烯-聚(乙烯缠绕丁烯)-聚苯乙烯(SDPS)上,产生Medetomidine-SDPS离子对作用,其作用机理如图2-7所示。在对二甲苯中,防污剂与树脂的离子对作用很强,几乎是不可逆的;而在海水中则相对较弱,表现出较大程度的可逆性。所以该树脂在海水中可逐渐水解持续释放防污剂。

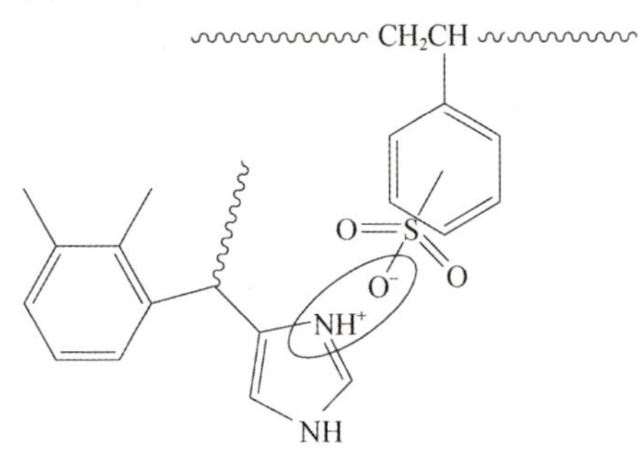

图2-7　防污剂与聚合物间的离子吸附

Shigeru等[25]则报道了利用季铵盐的抗菌性,按图2-8所示方法合成了可抑制海洋生物附着的丙烯酸-季铵盐树脂,并对不同链长烷基对应树脂的防污性能进行了对比,同时对树脂热性能进行了研究。

另外,美国的Nakamura等[26-27]合成了一种采用醛基键合的可水解树脂。具体是采用具有较多第一氨基团的烯类单体聚合物与芳香醛或具有6个碳原子以上的脂肪醛反应得到一种含有Schiff碱结构的高分子聚合物。含有第一氨基团的烯

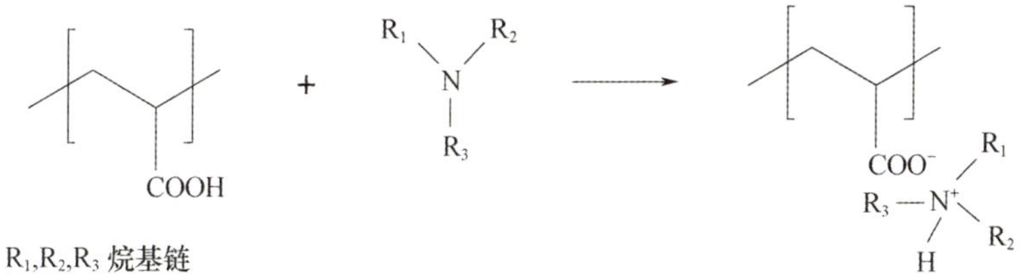

图2-8　丙烯酸-季铵盐树脂结构

类单体主要有乙烯胺、丙烯胺、2-氨基丙烯酸乙酯等;芳香醛主要有安息香醛、邻辛基安息香醛、香草醛、胡椒醛等;脂肪醛主要有油醛、硬脂醛、月桂醛、癸醛、己醛等。此种防污树脂分子量为2000~100000,树脂中Schiff碱基团的摩尔分数为0.01~1.5mol/100g。它依赖Schiff碱基团在海水中的水解逐渐释放出醛类物质而展示出防污活性。

Yamamori等[28]也采用此种方法通过对氨基苯乙烯或*N*-乙烯基丙烯酰胺与对辛基苯甲醛或对己基苯甲醛反应生成Schiff碱,然后与丙烯酸酯或甲基丙烯酸酯单体共聚得到可用于海洋防污涂料的悬挂Schiff碱官能团的树脂。

(2)聚丙烯酸铜、锌或硅自抛光树脂。

目前应用最广泛的TF-SPC是以聚丙烯酸铜树脂、聚丙烯酸锌树脂、聚丙烯酸硅酯树脂为基料的防污涂料,此类树脂水解机理如图2-9、图2-10所示。

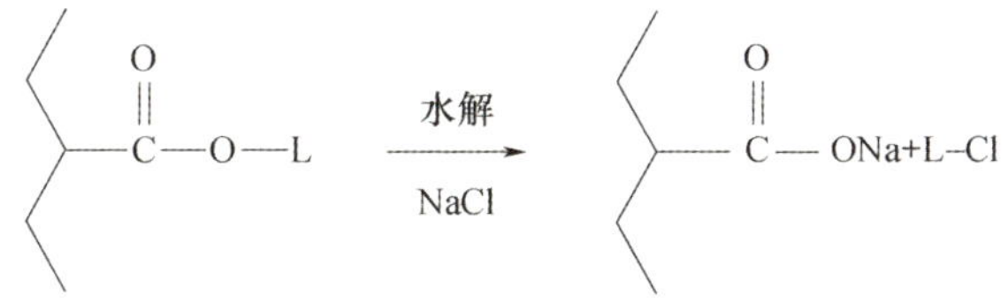

注:L为—Cu—R、—Zn—R等。

图2-9　聚丙烯酸铜树脂、聚丙烯酸锌树脂的水解机理

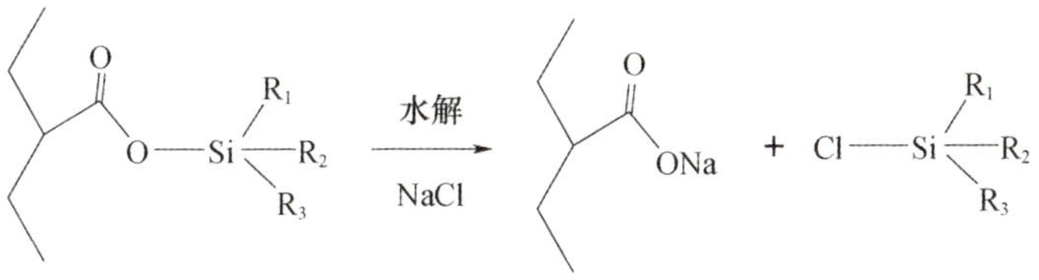

图2-10　聚丙烯酸硅酯树脂的水解机理

美国在自抛光型防污涂料用丙烯酸铜或锌树脂方面的研究较早。Matsuda等[29]采用丙烯酸与丙烯酸酯类、乙烯类、丙烯酰胺等单体共聚得到具有酸性侧基

的树脂基料。此树脂基料与多价金属如铜、锌、钴、锰等及有机酸如一元羧酸、苯磺酸等共同反应,使树脂的羧酸侧基、有机酸与金属结合后合成可水解的含金属树脂。他们采用此树脂与氧化亚铜、丹宁等防污剂复配制备相应的防污涂料。

Sugihara 等[30]则首先将锌、铜、镁的氧化物、氢氧化物、氯化物等在乙醇、水组成的混合溶剂中与(甲基)丙烯酸反应得到含金属单体的溶解混合物,然后将此单体混合物与其他活性不饱和单体共聚得到可水解的含金属树脂。树脂分子量为1000~20000。

日本油脂公司发明了一种有机硅聚合物水解型防污涂料。其成膜物为侧链上含有水解性甲硅烷酯的疏水性聚合物,在海水中可逐渐水解释放无毒的硅类化合物。用此树脂和防污剂氧化亚铜组成的防污涂料经35个月浅海静态浸泡试验和实船测试验证,具有良好的防污性能[31]。

Yoshiro Matsubara 等[32]对侧链含有有机硅基团的丙烯酸酯树脂、甲基丙烯酸酯树脂、马来酸酯树脂以及富马酸(酐)树脂进行了研究,研究发现,仅仅在侧链有一个有机硅基团修饰的树脂存在以下问题:①在评价可水解防污涂料最重要的测试——在海水中以16kn的速度旋转测试中不能表现出可侵蚀性,即树脂厚度不能减薄;②在浅海静态浸泡试验中,涂层膜不能表现出满意的防污性能;③涂层膜易破碎,与底材附着性能差,可在海水中剥离。在其专利中,他们采用含有机硅基团单体及含半缩醛酯基团组成的共聚物为水解抛光材料,则解决了以上不足。

枝化聚合物中的枝化结构是一种非常有用的结构,有诸多的优点,如可调节树脂玻璃化转变温度、弹性、在有机溶剂中的溶解性、在聚合物混合体系中的可混合性等。通过在树脂中添加枝化聚合物、松香、线性甲硅烷酯共聚物等可提高涂料的物理性能和自抛光性能。最近几年来,新的聚合科技和工艺可获得枝化、高枝化或窄分子量分布的纯化聚合物[33]。

国内也有多家海洋防污研究机构从事自抛光型防污涂料用丙烯酸铜或锌树脂的研究。中国海洋大学的于良民等[34]也研究了含锌或铜的丙烯酸树脂的制备方法。区别于美国研究者直接将有机酸、多价金属、含羧基侧基的聚合物共同反应制备丙烯酸铜或锌树脂或者先合成出含金属的可聚合单体再进一步共聚合成丙烯酸铜或锌树脂的方法,他们首先合成出有机酸的锌或铜的碱式盐(如碱式苯甲酸铜),再合成出含羧基的丙烯酸树脂,使有机酸的锌或铜的碱式盐与含羧基的丙烯酸树脂反应得到含锌或铜的丙烯酸树脂。

(3)侧链悬挂具有抗菌活性结构的功能树脂。

在树脂中引入具有抗菌活性结构的化合物,除了使树脂具有成膜物的一切功能外,还可使树脂本身具有防污性能。所引进的化合物本身无毒或低毒,降解后对环境无污染,这对防污涂料树脂及新型环境友好防污涂料的发展具有积极意义。

美国专利 US005472993A[35]通过将异噻唑啉酮衍生物与丙烯酸衍生物反应合成含异噻唑啉酮衍生结构的丙烯酰胺类化合物,然后将含可聚合双键的化合物与丙烯酸、丙烯酸酯类单体共聚,得到侧链悬挂异噻唑啉酮衍生结构的功能树脂。如图 2－11 所示即为此类树脂中的一种结构。

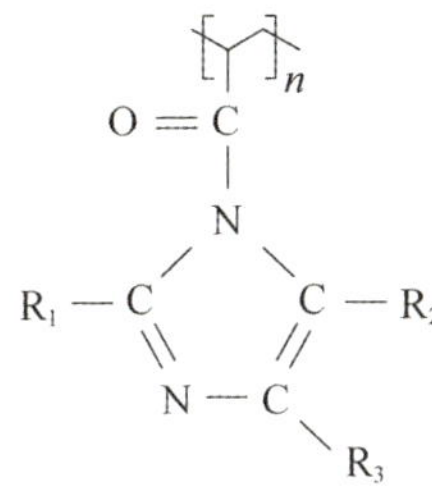

图 2－11　侧链悬挂异噻唑啉酮衍生物的聚丙烯酸酯树脂

中国公开专利 CN1624017A[36]合成出了一种侧链悬挂胡椒环的丙烯酰胺树脂。制备时首先由胡椒环与 *N*－羟甲基丙烯酰胺或 *N*－羟甲基－α－甲基丙烯酰胺在酸性催化剂存在下发生 F－C 反应制得丙烯酰胺衍生物,后者再与甲基丙烯酸酯、丙烯酸酯共聚反应得到有侧链悬挂胡椒环的丙烯酰胺树脂。由该侧链悬挂胡椒环的丙烯酰胺树脂溶液、增塑剂、填充料和防污剂等制备的海洋防污涂料具有良好的防污性能。

大连交通大学的陈美玲等[37]发明了一种用呋喃改性的丙烯酸树脂及用该树脂制备的防污涂料。其呋喃改性丙烯酸树脂基本由甲基丙烯酸甲酯、丙烯酸丁酯、α 呋喃丙烯酸等共聚而得;防污涂料则基本由呋喃改性丙烯酸树脂、防污剂、纳米 TiO_2、颜填料、混合溶剂等混合研磨而成。与现有的防污涂料相比,其防污涂料引入了具有防污活性的呋喃改性树脂,并引入了具有杀菌作用的纳米 TiO_2,使得防污效果更持久,且对水域环境不会造成危害。

另外,于良民等[38－39]合成了含吲哚官能团的丙烯酸锌或铜的树脂及含辣椒素官能团的丙烯酸锌或铜的树脂。其制备方法为先制备出含吲哚官能团或辣椒素官能团的单体,再合成同时含有吲哚官能团或辣椒素官能团与羧基的丙烯酸树脂,最后使该丙烯酸树脂与氢氧化锌或氢氧化铜反应得到含吲哚官能团或辣椒素官能团的丙烯酸锌或铜的树脂。用这种树脂制备的海洋防污涂料,在海水中,涂层表面聚合物线性主链上的有机锌或铜的丙烯酸酯发生水解,释放出有机锌或铜,而水解后的聚合物主链上还含有具有高效防污活性的吲哚官能团或辣椒素官能团,使水解后的聚合物链仍具有杀菌活性,因此该涂料能有效地防止海洋生物在网具、舰船及海岸设施等表面上附着,防污性能好。

由于氧化亚铜在海港中逐渐积聚,对海洋环境和生态同样存在严重的危害,因此近年来在科研人员的不断努力下,无锡无铜型自抛光防污涂料得到发展。新开发的防污剂如吡啶三苯基硼烷、Econea 等具有广谱的防污活性,有望成为制备无铜防污涂料的理想选择。

2.3.3 污损释放型防污涂料

污损释放型防污涂料的发展初期主要为低表面能防污涂料,而低表面能防污涂料主要以有机氟、有机硅树脂防污涂料为主。20 世纪 60 年代有人用低表面能硫化硅橡胶作为成膜树脂,加有毒料制备防污涂料,20 世纪 70 年代不再加毒料,希望利用其自身的低表面能性质防污[40]。从经济和技术角度考虑,比较可行的低表面能防污涂料树脂主要分为有机硅和有机氟两类。氟碳树脂防污涂料和有机硅弹性体防污涂料有着完全不同的防污机理,前者以降低表面能为主要出发点,后者要求弹性模量最低同时兼顾适当的表面能,逐渐发展形成污损释放型防污涂料。

1. 污损释放型防污涂料作用机理

污损释放型防污涂料不含防污剂,主要依赖材料的不黏性与污损释放性防污。污损释放型防污涂料的总体思想就是将污损生物与材料表面间的能量最小化,从而在航行时或简单地机械清理时可以容易地移除。该类涂料的防污性能受到材料表面能、弹性模量、涂层厚度、粗糙度等多重因素影响。

研究表明,在 $23 \sim 25mJ/m^2$ 范围内,低表面能与污损生物的黏结强度相对较低,有利于污损生物的脱除。弹性模量也是该类涂料的一项重要的参数。污损海洋生物从涂层表面脱落所需的临界脱附力与材料的弹性模量及表面能乘积的 1/2 次方成正比。涂层弹性模量越小,其表面临界脱附力越低。另外,硬质污损生物(如藤壶)从涂层表面脱附时,主要有剥除、面内剪切、面外剪切 3 种模式,其中剥除模式脱附时所需的能量较低。低弹性模量涂层可促使污损生物以剥除的方式脱附,从而提高污损释放性能。涂层厚度也显著影响污损生物的脱附,总体来说,污损生物从较厚涂层表面剥离时所需力量较小。

污损生物与材料表面间的界面能对污损生物的附着与生长具有显著影响。研究表明,可以通过抑制以下 4 种作用机制来提高涂料的污损释放性能。①化学键合作用:通过创建非极性、非反应性功能基团表面和构象移动式表面来阻止表面偶极键、离子键或共价键作用,从而阻止污损生物功能基团与底材发生反应。②静电相互作用与物理吸附:确保涂层表面不存在杂环原子、极性基团和离子性基团,减弱表面电荷与范德瓦耳斯力,阻止材料表面与污损有机物或其分泌的生物黏附物质之间的相互作用。③机械联锁作用:如果材料表面粗糙多孔,生物黏附物质即使在缺少化学相容性或者没有润湿材料表面的条件下也可渗入孔隙并与之锁合。因此，可以通过创建尽量光滑、无孔隙的表面来阻止生物黏附物质的锁合作用。④扩散作用：污损生物黏附物质可以引起材料表面分子迁移从而形成暂时性微孔，进而黏附物质渗入。这种扩散作用可以通过在材料表面组装导向的、紧密堆积的功能基团来阻止，并进一步通过铰链这些功能基团来阻止海洋生物黏附物质的重排与渗入。

2. 污损释放型防污涂料主要类型

1）低表面能污损释放型防污涂料

氟碳聚合物由于极低的表面能及一系列优异的性能，是有吸引力的、易脱落型涂料基料的选择对象。含氟聚合物当满足下列5个条件时即可达到优良的防污效果：①表面非常光滑；②表面只有氟化基团，在降低表面能方面，CF_3基团比CF_2基团有效，CF_2基团又比CF基团有效；③在涂料本体中有足够的氟含量，以保证涂层表面的氟含量；④氟化基团应足够大，以保证覆盖住极性基团及偶极子；⑤表面应是交联的，使氟原子固定，以抵抗海洋黏附物的重排及渗透，并在海洋环境下保持稳定。美国海军研究实验室（NRL）[41]经过近20年的研究，开发了一种氟化聚氨酯涂料。将该涂料涂在小型电动船上进行试验，结果表明，其有效期可达8年。

有机硅树脂低表面能涂料包括有机硅－聚氨酯类、有机硅－环氧树脂类、有机硅－丙烯酸酯类、有机硅－聚醚类、有机硅－聚酰胺类以及其他类型[42]。最新研究发现[43-44]，当有机硅低表面能树脂满足下述条件时，防污效能可以得到发挥：①有机硅树脂应具有线性的、弹性的、流动性的骨架，且骨架上应具有足够的表面活性侧基以降低表面能；②有机硅树脂在海洋环境中应相对稳定，能抵抗水解；因为水解能引起涂层消磨，使表面粗糙，它不像自抛光涂料可使表面再生。1972年，美国授权了硅氧烷系防污涂料第一个专利，该涂料的防污有效期达2～3年，适用于海洋养殖场、近海结构、管系和电站的防污处理。田军等[45]通过对几种无毒防污涂层表面能的测量计算，探讨了涂层表面能各分量对附着生物的影响。他们发现聚四氟乙烯材料和含有机硅氧烷材料上，具有较低的表面能色散分量，使藤壶的附着延迟，影响了藤壶固着发育的程度，污损程度低。

2）有机硅弹性体污损释放型防污涂料

聚二甲基硅氧烷（PDMS）不但具有较低的表面能，还具有较低的弹性模量，可改变污损生物的剥落、脱离方式，因此自PDMS出现后，受到了足够的重视，并在有机硅低表面能涂料的基础上发展形成有机硅污损释放型防污涂料。例如，汪敬如等[46]利用互穿网络聚合物的方法，对有机硅氧烷进行改性，获得了一种既保持了有机硅化合物的低表面能特性，又使其强度得到了显著提高的涂料。该涂料由端羟基聚二甲基硅氧烷和聚氨酯（PU）及各自的固化剂、促进剂和溶剂等组成，为双组分涂料。固化后的涂层呈乳白色的弹性体,其强度是原来的3倍,表面能比纯有机硅的略有提高。Wallace等[47]研制了一种硅橡胶系低表面能防污涂料,该涂料由带有功能性羟基的聚二有机硅氧烷及交联剂组成。Masato等[48]用具有低表面能的不溶于水的分子链段和水溶性分子链段开发了一种嵌段共聚物。其中不溶于水、起锚固作用的是苯乙烯或聚甲基丙烯酸酯,水溶性分子链段为聚甲氧基三乙烯乙二醇丙烯酸酯(PMTGA),嵌段共聚物在空气中进行自构象后呈现很低的表面能。

目前商业化的有机硅弹性体污损释放型防污涂料主要由污损释放面漆和中间黏合漆两部分组成,其中污损释放面漆主要由有机硅弹性体及增强光滑性能的油性添加物构成,中间黏合漆主要起到牢固黏合面漆与环氧防腐底漆的作用。以有机硅弹性体为代表的污损释放型防污涂料具有较好的防污性能,防污有效期达5~10年[49]。但有机硅型污损释放涂层同样存在许多缺点:①价格高;②在一定的航速下,方可有效脱除污损生物,且对生物膜的防污效果较差;③防污涂料与基底黏附力较差,需要涂覆中间过渡层;④力学性能较差,易撕裂等;⑤重涂性较差,修复困难。

基于对污损释放性能的不断追求,污损释放型防污涂料的研究部门不仅着眼于材料的低表面能和低弹性模量特性,还进一步地关注材料表面的亲水性、表面形貌特性等,发展了一系列新型污损释放材料。例如,Jotun公司基于“纳米分子弹簧”的Sealion Repulse涂料,通过在涂层表面形成纳米尺寸的“须”,构筑表面三维结构,形成低表面能纳米抗附着技术,据称防污有效期可达10年;在美国海军研究署的支持下,北达科他州立大学合成出了以超支化聚醚多元醇聚氨酯为主体的亲水疏水双性结构污损释放基体树脂;Gudipati[50]等则通过交联超支化含氟聚合物和聚乙二醇,制备了具有双亲性网络结构的聚合物,该聚合物对海藻孢子具有良好的脱附性能。

2.3.4 仿生防污涂料

1. 仿生防污原理

人们经常观察到许多海洋生物(如鲨鱼、鲸鱼、海豚、海绵、海星和珊瑚等)表皮(图2-12)或某些特殊部位没有被其他生物种类寄生聚居,这是因为在自然界中生物自身存在着各不相同但极为有效的防污机制,这些生物防污机制主要包括下述几个方面。

1)化学作用机制

(1)生物通过代谢,表皮产生具有高效防污活性的天然产物,抑制或趋避污损生物附着。

图2-12　部分表皮具有防污作用的海洋生物

(2)生物表皮可产生特殊物质,如基于芬顿反应产生氧自由基,从而具有显著防污作用。

(3)生物表皮微生物产生具有防污作用的生物酶,如防污蛋白酶,可分解污损生物黏附物质,达到防污目的。

(4)生物表皮细胞具有极性、非极性特征基团,产生两性分子表面,抑制污损生物附着。

2)物理作用机制

(1)生物表皮具有特殊微纳米结构,减少污损生物附着面积,降低附着强度。

(2)生物表皮具有低表面能特征,降低附着强度。

(3)生物表皮可定期机械清理,清除污损生物。

3)生理作用机制

(1)生物表皮自身分泌具有特殊抗菌作用和流变特性的黏液,抑制污损生物附着。

(2)生物定期蜕皮,脱除污损生物。

(3)生物定期海淡水洄游,杀死污损生物。

总体来说,生物本身的防污机制复杂多样,一种生物可能同时兼具多种防污机制,这些生物防污机制为仿生防污材料的研究提供了依据。

2. 仿生防污涂料分类

目前,仿生防污涂料的研究和开发主要集中于两种思路:①寻找并利用合适的生物防污剂,在不破坏环境的前提下通过生物防污剂的趋避作用、拮抗作用等防止生物附着;②通过设计特殊的表面和本体材料特性来模仿具有防污功能的生物特征,使污损海洋生物在材料表面的附着强度尽可能低,从而使之不易附着或附着不牢,最终达到防止海洋生物污损的目的。因此仿生防污涂料主要分为基于生物防污剂的仿生防污涂料和仿生表面防污涂料两大类。

生物防污剂是指生物体基于化学防御和自身净化的化学生态作用而表现出抗污损活性的天然产物[51]，主要是生物体的次级代谢产物、生物酶等具有一定活性和功能的物质成分。从2004年11月10日起，关于禁用持续性有机物的斯德哥尔摩公约对我国生效，要求在2010年彻底淘汰含有DDT等毒性物质的防污剂。2010年10月1日，中国船级社(CCS)发布并正式生效的《绿色船舶规范》中明确提出，船舶的防污涂料系统应不含生物杀灭剂。研究生物防污剂的目的在于开发新型低毒和无毒的防污剂，从而开发对环境友好的防污涂料。仿生表面防污涂料是指以生物表皮防污机制为依据，通过仿生学原理模拟生物表皮的微纳米结构(图2-13)、黏液分泌功能等构建的不利于污损生物黏附和附着的防污涂料，该类防污涂料是环境友好型防污涂料研究的热点。基于生物防污剂、防污活性酶的仿生防污涂料和仿生表面防污涂料将在后续章节中详细介绍。

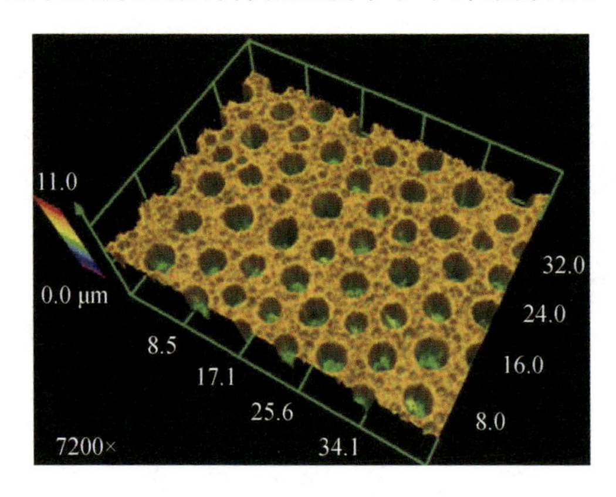

图2-13　仿生微纳米结构防污涂料

参考文献

[1] 黄宗国,蔡如星. 海洋污损生物及其防除[M]. 北京:海洋出版社,1984.

[2] 邓舜扬. 海洋防污与防腐蚀[M]. 北京:海洋出版社,1987.

[3] 钱逢麟,竺玉书. 涂料助剂[M]. 北京:化学工业出版社,1990.

[4] 张桂芳. 电解海水防污技术[J]. 材料开发与应用,1989(06):1-4.

[5] 金晓鸿. 海洋污损生物防除技术和发展(Ⅰ)——船底防污及电解海水防污技术[J]. 材料开发与应用,2005,20(05):44-46.

[6] MARI F,KENICHI A,YUUICHI I,et al. Development of anti-Biofouling methods for gate facilities[J]. IHI Engineering Review,2016,49(1):46-50.

[7] 李争显,王浩楠,赵文. 钛合金表面海生物污损及防护技术的研究现状和发展趋势[J]. 钛

工业进展,2015,32(06):1 -7.
[8] OZAWA T. Ozone injection method for anti - marinebiofouling[J]. Bulletin of the Society of Sea Water Science Japan,1996,50(5):312 -321.
[9] KAWABE A. Development of antifouling technologies for heat exchanger[J]. Sessile Organisms, 2004,21(2):55 -84.
[10] 刘茵琪,邵世单,杜磊,等. 钛合金表面海生物附着试验研究[C]//中国有色金属工业协会钛锆铪分会. 钛锆铪分会2008年年会论文集. 北京:中国有色金属工业协会钛锆铪分会,2008.
[11] KOTA S. Prevention of biofouling on the bottom of ships by air micro - bubbles[J]. Journal of the Marine Engineering Society in Japan,2012,47(5):675 -678.
[12] NAKAMURA H. Development of anti - bio - fouling technology with no pollution by carbonicacid[J]. Mitsubishi Heavy Industries Technical Review,2000,37(3):166 -169.
[13] 沈松林. 长效自抛防污漆:201610725360.7[P]. 2016 -12 -14.
[14] 金晓鸿. 海洋污损生物防除技术和发展(Ⅲ)——世界防污技术的历史和发展[J]. 材料开发与应用,2006,21(01):44 -46.
[15] 金晓鸿. 海洋污损生物防除技术和发展(Ⅳ)——中国船舶防污漆技术的发展过程[J]. 材料开发与应用,2006,21(02):44 -46.
[16] 王华进,王贤明,管朝祥,等. 海洋防污涂料的发展[J]. 涂料工业,2000,30(03):35 -38,45.
[17] ALZIEU C,THIBAUD Y,HERAL M,et al. Évaluation des risques dus à l'emploi des peintures anti - salisures dans les zones conchylicoles[J]. Rev. Trav. Inst. Pêches Marit. ,1981,44(4):301 -349.
[18] YEBRA D M,KIIL S,DAM - JOHANSEN K. Antifouling technology - past,present and future steps towards efficient and environmentally friendly antifouling coatings[J]. Progress in Organic Coatings,2004,50(2):75 -104.
[19] CHAMP MA. The status of the treaty to ban TBT in marine antifouling paints and alternatives[C]. Hawaii:24th UJNR(US/Japan)Marine Facilities Panel Meeting,2001.
[20] 王科,肖玲,于雪艳,等. 防污剂对海洋环境的影响探讨[J]. 中国涂料,2010,25(08):24 -30.
[21] 刘登良. 海洋涂料与涂装技术[M]. 北京:化学工业出版社,2002.
[22] FINNIE A A,WILLIAMS D N. Paint and Coatings Technology for the Control of Marine Fouling[M]. New Jersey:Wiley - Blackwell,2010.
[23] BANNO T,NAKAMURA T,UMENO M. Trial borane - heterocyclic amine compound, triaryl borane - heterocyclic amine - based (co) polymer, manufacture and application thereof: JP2000297118A[P]. 2000 -10 -24.
[24] HANDA P,FANT C,NYDÉN M,et al. Antifouling agent release from marine coatings - ion pair formation/dissolution for controlled release[J]. Progress in Organic Coatings,2006,57(4):376 -382.
[25] SHIGERU K,MASATAKA O,KOJI K. Stain - proofing coating resin composition:JP04022566[P]. 1993 -08 -24.

[26] ISAO N,NAOKI Y. Hydrolyzable resin containing aldehyde bounded thereto and self – polishing antifouling paint:US19980029826[P]. 1999 –6 –22.

[27] ISAO N,NAOKI Y. Resin containing amine bonded thereto and antifouling paint:EP19960929558[P]. 2004 –10 –20.

[28] YAMAMORI N,OHSUGI H,EGUCHI Y,et al. A hydrolyzable resin composition and an antifouling coating composition containing the same:EP0204456A1[P]. 1991 –10 –09.

[29] MATSUDA M,KITAKUNI J,HIGO K,et al. Hydrolyzable metal – containing resin and antifouling paint composition:CA2193375A[P]. 2006 –11 –07.

[30] SUGIHARA MITSUNORI,IKEGAMI YUKIHIRO,HOTTA KAZUHIKO,et al. Metal – containing monomer dissolved mixture,metal – containing resin and antifouling paint composition:HK1043601(A1)[P]. 2007 –02 –02.

[31] 舛岗茂. 有机硅聚合物水解型船底防污涂料[J]. 有机硅材料及应用,1994(03):27 –28.

[32] MATSUBARA Y,ITOH M,ISHIDOYA M,et al. Coating Composition:US5767171A[P]. 1998 –06 –16.

[33] DAHLING,MARIT. Branched polymer and antifouling coating composition comprising the polymer:EP20080774605[P]. 2012 –05 –23.

[34] 于良民,张志明,徐焕志,等. 一种含锌或铜的丙烯酸树脂的制备方法:CN1544488A[P]. 2004 –11 –10.

[35] KIM B S,SEO C K,YOU C J. Anti – fouling paint:US005472993A[P]. 1995 –12 –05.

[36] 徐焕志,于良民,张志明,等. 一种侧链悬挂胡椒环的丙烯酰胺树脂及其制备方法和应用:CN1624017A[P]. 2005 –06 –08.

[37] 陈美玲,高宏,李善文. 呋喃改性丙烯酸树脂及用该树脂制备的防污涂料:CN101033281A[P]. 2007 –09 –12.

[38] 于良民,张志明,李昌诚,等. 含吲哚官能团的丙烯酸锌或铜的树脂及其制备方法和应用:CN1709921A[P]. 2005 –12 –21.

[39] 于良民,张志明,李昌诚,等. 含辣素官能团的丙烯酸锌或铜的树脂及其制备方法和应用:CN1709925A[P]. 2005 –12 –21.

[40] 边蕴静. 低表面能防污涂料的防污特性理论分析[J]. 中国涂料,2000(05):36 –39.

[41] Lindner E. A low surface free energy approach in the control of marine biofouling[J]. Biofouling,1992,6(2):193 –205.

[42] 李永清,郑淑贞. 有机硅低表面能海洋防污涂料的合成及应用研究[J]. 化工新型材料,2003,31(7):1 –4.

[43] BRADY R F,BONAFEDE S J,SCHMIDT D L. Self – assembled water – borne fluoropolymer coatings for marine fouling resistance[J]. Surface Coatings International,1999,82(12):582 –585.

[44] BRADY R F. Properties which influence marine fouling resistance in polymers containing silicon and fluorine[J]. Progress in Organic Coatings,1999,35(1 –4):31 –35.

[45] 田军,薛群基. 低表面能涂层材料降低海洋生物污损的研究[J]. 环境科学,1997,18(2):

40 - 42.

[46] 汪敬如,袁水娇. 低表面能防污涂料研究[C]//洛阳船舶材料研究所. 材料科学与工程学术交流会论文汇编. 洛阳:洛阳船舶材料研究所,1996:361 - 365.

[47] WALLACE S W,RALPH B R,JOHN W M. Antifouling coating compositions:AU8180091D[P]. 1992 - 01 - 23.

[48] MASATO K,KIYOSHI N,YOICHI Y. Non - toxic antifouling coating composition:US66282191A[P]. 1993 - 06 - 08.

[49] LEJARS M, MARGAILLAN A, BRESSY C. Fouling release coatings: a nontoxic alternative to biocidal[J]. Chemical Reviews,2012,112(8):4347 - 4390.

[50] GUDIPATI C,FINLAY J,CALLOW J,et al. The antifouling and fouling - release performance of hyperbranched fluoropolymer(HBFP) - poly(ethylene glycol)(PEG) composite coatings evaluated by adsorption of biomacromolecules and the green fouling alga *Ulva*[J]. Langmuir,2005,21(7):3044 - 3053.

[51] RALSTON E,SWAIN G. Bioinspiration - the solution for biofouling control[J]. Bioinsp. Biomim.,2009(4):1 - 9.

第3章 天然产物防污活性物质

防污剂是决定防污涂料防污性能的重要因素。传统防污剂通常来源于现有的化合物,如氧化亚铜、滴滴涕等,随着环境保护要求的提高和先进防污技术的发展,开发高效对环境友好的防污剂不但是当前的迫切需求,而且也是未来相当长一段时间内的需求。国内外的研究者一直努力寻找新型高效防污化合物。其中,利用生物提取技术筛选新型防污剂是重要途径之一,即从海洋生物和陆生生物中提取分离具有对海洋附着生物起抑制作用的物质作为防污剂,并添加到涂料中,以得到防污期效长且对环境无毒害的防污涂料。

3.1 天然产物防污活性物质的来源

大多生物表面具有抵御其他生物附着的天然机制,表面不会被污损生物附着,例如生物自身产生的次级代谢产物等物质,在低浓度下具有防污活性,可以有效防除污损生物而不引起严重的环境问题。因此,这些天然防污物质成为环境友好型防污剂开发的重要来源[1]。从天然产物中获取天然防污剂,以替代对环境有害的防污剂,成为防污领域的重要发展方向。

3.1.1 天然产物来源的防污活性物质

1. 天然产物

天然产物是指生物体内的组成成分或代谢产物,主要包括蛋白质、多肽、氨基酸、核酸、酶类、糖类、生物碱、挥发油、黄酮、萜类、抗生素类等天然存在的化学成分。天然产物的来源广泛,凡是从生物体中获取的均可称为天然产物,来源包括动物、植物、微生物等,根据来源环境来分,又分为陆生来源和海洋来源。

目前,发现的大部分新型天然产物主要来源于微生物,特别是海洋微生物。海洋细菌、放线菌和真菌是海洋新天然产物的主要来源，其中，海洋真菌由于其遗传背景复杂、代谢产物种类多、产量高，成为海洋微生物新天然产物的主要来源，约占64%。研究最多的真菌是曲霉 *Aspergillus* 和青霉 *Penicillium*，分别占海洋真菌新天然产物的31%和22%，放线菌中研究最多的链霉菌 *Streptomyces* 和拟诺卡氏菌 *Nocardiopsis*，分别占放线菌新天然产物的60%和15%，海洋细菌中研究最多的是芽孢杆菌 *Bacillus*、弧菌 *Vibrio* 和交替假单胞菌 *Pseudoalteromonas*，各占海洋细菌新天然产物的44%、18%和15%。营养相对丰富的海底沉积物、红树林植物、海绵和海藻是产生新化合物的海洋微生物的主要栖息地或宿主，由其获得的天然产物分别占39%、18%、12%和10%（图3－1）[2]。

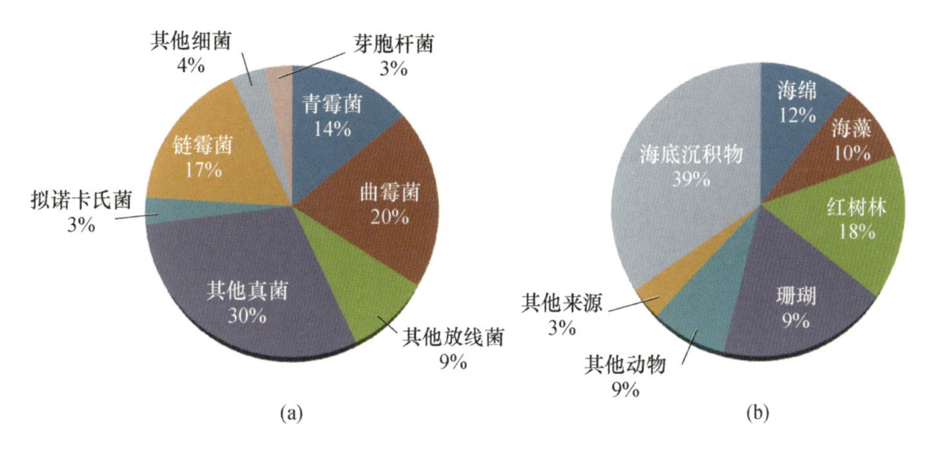

图3－1　微生物天然产物的来源及分类

（a）微生物来源；（b）环境来源。

2. 天然防污活性物质

天然防污活性物质是一类可抑制海洋污损生物附着、生长、繁殖的天然产物，主要来自海洋生物（植物、动物和微生物），也可在陆生植物中获得[3]。已发现的天然防污活性物质基本分为5类：萜类、含氮化合物、酚类、甾体、其他化合物，主要来自海绵、珊瑚、藻类、海洋微生物、陆生植物。这些活性物质通常可用作麻醉剂、抗菌剂、生长抑制剂、杀虫剂、拒食素等，通常无毒或低毒，并且在海洋环境中能够生物降解，对环境友好、安全，更重要的是，一些具有高防污活性的化合物及衍生物可以通过化学合成，进而为防污活性物质开发提供了重要的支撑。

自20世纪80年代以来，国外已从海洋细菌、海藻、珊瑚、海绵等海洋生物中分离提取得到大量具有防污能力的天然防污活性物质，确定了它们的化学结构式，并在实验室和实海对其防污活性进行了鉴定和筛选，也通过基因工程和化学合成方法进行了天然防污活性物质的制备或修饰研究。目前,海洋天然产物中提取到的活性物质的比例大致如图 3 -2 所示,其中,侧生动物占的比例最大,超过 1/3,其次是藻类,占 19.5%,再次是腔肠动物,占到 17.95%[4],随着更多的天然防污活性物质被发现,这些数据将会改变,例如,近年来从真菌等微生物中发现的防污活性物质就有不断增加的趋势。

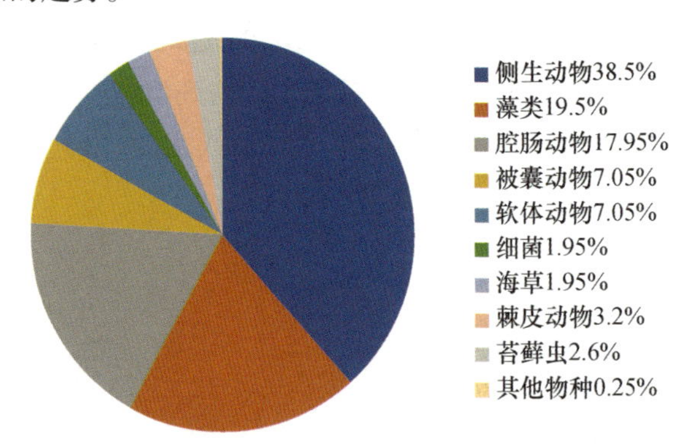

图 3 -2　防污活性物质在海洋生物中的占比情况

3.1.2　防污活性物质筛选源的选取

1. 微生物源防污活性物质的选取

海洋生物生存在高盐海水环境,形成了有别于陆生生物的、独特的新陈代谢途径、生存繁殖方式、适应机制,从而代谢产生结构独特的、具有多种生物活性的次级代谢产物。海洋天然产物在药物开发中占据重要的位置。海洋无脊椎动物、海藻和微生物是海洋天然产物的三大来源,而在新功能化合物开发中,海洋微生物被认为是最有前景的,并且在越来越多的无脊椎动物中发现的结构新颖的化合物,被证实其真正的来源是与其共附生的微生物,因此,近年来海洋微生物引起科学家们的广泛关注,成为活性天然产物的重要来源之一。海洋细菌、放线菌和真菌来源的天然产物的数量迅猛增长。这些化合物具有高度的化学多样性(结构类型包括生物碱、聚酮、甾体、萜类、大环内酯、肽类、脂肪酸、酰胺等)和生物活性多样性(包括抗病毒、抗菌、抗炎、抗肿瘤和抗污损等多种活性)。

相比较而言,海洋细菌、真菌等微生物更容易大规模培养,并且生长快,可快速产生防污物质,是重点考虑选取的对象。更为重要的是,同种细菌的不同菌株能产生不同化合物,同种菌株在不同培养条件下也能产生不同化合物,从而从微生物中筛选防污活性物质更具有多样性[5],而且通过优化反应条件进一步提高微生物的产量，这些都使微生物源防污活性物质更有优势和发展潜力。

2. 植物源防污活性物质的选取

植物体中含有丰富的活性物质，有些活性物质满足植物生长的需求，有些活性物质则起到保护自身的作用，如防虫、抗菌、抗病毒等，因此，从植物中筛选和提取防污活性物质是发现新型防污活性物质的重要途径。来自植物的天然防污物质受到广泛关注，主要包括海洋植物和陆生植物。海洋植物长期生长在海洋环境，自身具有抵抗污损生物的能力，再结合来源地广泛可获取性，因此，选取时重点考虑表面没有污损生物附着的大型植物，如大叶藻、褐藻、红藻等。陆生植物一般分布广泛、资源丰富、生物量大，可满足大量提取和分离的来源需求。陆生植物中的天然防污活性物质通常具有广谱性，可同时防除细菌、藻类、藤壶等污损生物[6]。另外要考虑这些天然防污活性物质来自陆域植物，长期使用也不会对海域的污损生物产生抗性。对陆生植物来源的选取，通常先考虑已知具有杀菌、驱虫、药用等活性的陆生植物，如中药材植物、产生物碱植物等，这样从中获得防污活性物质的可能性更大。

3. 动物源防污活性物质的选取

动物源的天然防污物质则主要以海洋动物为主，根据环境适应性原理，海洋动物长期生活在海洋环境，进化出了防污机制，因此，重点选取可获得性较多的小型动物为提取源，特别是已知活性物质丰富、伴生微生物种类多的动物种类，如侧生动物类等。

3.1.3　防污活性物质的防污机理

目前发现的防污活性物质主要包括脂质、甾体、萜类、多酚、吲哚类、生物碱及含氮类化合物，经过对典型污损生物的测试实验，已证明其具有很好的防污活性。利用组织学法、行为反应法、基因表达法、蛋白表达法、比较蛋白质组学法、比较转录物组学法、微阵列法、信号转导路线法和体外试验等[7]方法，研究了天然防污活性物质对海洋污损生物黏附过程的影响。发现的天然防污活性物质的作用机理也有很多种，包括影响蛋白表达、诱导氧化、阻断神经传导、表面修饰、阻断生物膜、阻断黏合剂分泌和致死因子毒性作用等。总体来看，天然防污活性物质的抗海洋生物黏附的机理主要为两种：阻止物质正常进入细胞，阻止物质正常流出细胞，前者影响细胞的正常功能，从而抑制生物黏附，后者使细胞丧失黏附的物质基础，从而使生物无法黏附。

1. 阻止物质正常进入细胞

物质进入细胞需要通过各种通道，如离子通道是各种无机离子跨膜被动运输的通路,是维持细胞生命过程的基础。阻断离子通道可使细胞失去功能,例如,从地中海海绵中提取的3-烷基吡啶盐可以有效防除细菌、真菌、微型藻类和藤壶的污损,原因是3-烷基吡啶盐相当于表面活性剂,引起细胞膜脂质损坏,导致细胞溶解而丧失功能[8]。从海绵提取的溴化物等阻止藤壶幼虫附着,原因可能是阻断了钙离子通道,改变了细胞内的钙离子水平,不但对细胞电兴奋性造成了影响,而且还使细胞失去了浓度调节功能[9]。

阻止物质进入细胞的另一个体现是群体感应的抑制。群体感应是细胞对可自发产生并释放的特定信号分子的感应,通过感知其浓度变化,可调节微生物的群体行为。通过阻止信号分子进入细胞,可使其特异性调控作用丧失,从而阻止细胞生命活动的正常进行。例如,红藻中提取的高丝氨酸内酯可以阻断细菌的群体感应,降低细胞活性[10]。天然活性物质*N*-3-氧十二烷基-*L*-高丝氨酸内酯,能够阻止微生物的信号分子进入细胞,阻断信息交流,从而降低细菌和硅藻细胞的密度,阻止污损生物膜的形成[11]。

2. 阻止物质正常流出细胞

污损生物附着依靠黏附物质,部分天然防污活性物质可影响生物黏附物质的合成、释放或聚合、固化,从而实现良好的防污活性。如果阻断物质流出细胞就可以抑制生物黏附过程。很多微生物能释放一些多糖、蛋白等,这些物质使污损生物难以附着。例如,微生物可以阻止贻贝释放酚氧化酶,进而使基底蛋白无法聚合,而基底蛋白聚合对贻贝稳固地黏附到基质底层有很重要的作用,通过阻止酚氧化酶的释放,可抑制贻贝的附着[12]。从海洋链霉菌提取的丁烯羟酸内酯可降解黏附聚合物的蛋白成分,其作用于贻贝附着蛋白分子结构中的某些位点,使蛋白黏附剂分解,从而使黏附物质无法正常流出细胞。

同样,在污损生物附着过程中,释放的酶有着很重要的作用。例如,真菌提取物中的呋喃环通过作用于结构蛋白、线粒体肽酶、脂质和脂肪酸代谢所需的酶,可影响苔藓虫幼虫中蛋白的表达和磷酸化,阻止黏附蛋白的正常释放,从而抑制幼虫附着[13]。

3.2 天然产物防污活性物质的制备

生物体内天然产物的成分十分复杂且有些物质含量甚微,在提取活性物质的过程中,要求活性成分不能被破坏。目前发展了许多温和、高效、快速的分离提取方法,为天然防污活性物质的研究提供了强有力的技术支持。天然产物防污活性物质的制备和筛选流程如图3-3所示。

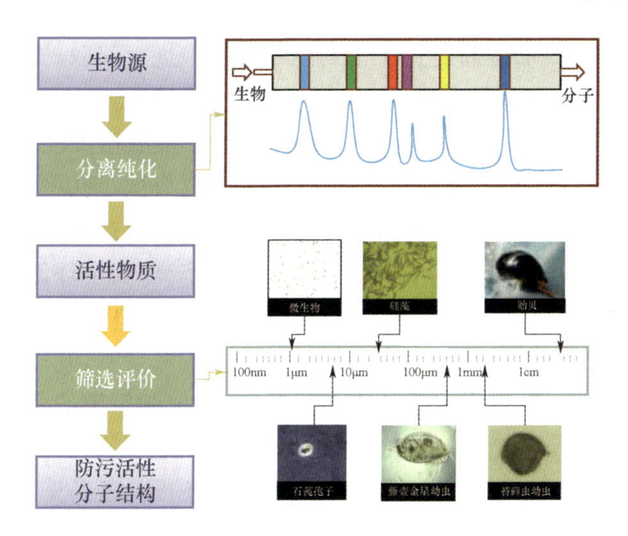

图3-3　天然产物防污活性物质的制备和筛选流程

3.2.1　天然产物防污活性物质的提取

1. 溶剂萃取法

获取生物中防污活性成分，最常用的方法是溶剂萃取法。当对有效成分的性质一无所知的时候，通常可采用不同溶剂，由低极性到高极性分步提取。一般按以下次序提取：①石油醚、汽油或苯（所提取的物质是脂溶性大的化合物，如油脂和蜡、叶绿素、精油及甾体、三萜等中性物质等）；②乙醚（提取树脂及一些极性基团少的化合物，如甾体、某些生物碱、有机酸、黄酮体及香豆素苷元等）；③氯仿或乙酸乙酯（提取生物碱及许多中性成分）；④丙酮、乙醇或甲醇（提取极性化合物，如生物碱的盐、苷类、鞣质等）；⑤水（提取水溶性化合物，如氨基酸、糖类、无机盐等）。这样一般各类成分都能被提取出来，在确定哪一部分提取物具有防污活性后，再进一步分离。如 Erwan 等[14]分别用水、乙酸、三氯甲烷、二氯甲烷、乙醚、乙酸乙酯、乙醇、己烷、甲醇对带形蜈蚣藻和海黍子马尾藻两种藻类进行提取，然后对每种提取物进行活性检测，结果发现，带形蜈蚣藻 *Grateloupia turuturu* 的二氯甲烷提取物和海黍子马尾藻的三氯甲烷提取物具有较好的防污活性。Palagiano 等[15]利用溶剂萃取法从采自墨西哥北部近岸区的海星 *Henricia downeyae* 中得到7种已知的和13种新型的甾类糖苷，并且发现乙醇提取部分具有抑制细菌、真菌生长和阻止藤壶、苔藓虫幼虫附着的性能。

2. 微波萃取技术

微波萃取技术是指利用极性分子可迅速吸收微波能量的性质，将样品放在不吸收微波的样品杯中,加溶剂后置于密封的萃取罐中进行萃取。植物的有效成分往往包埋在细胞壁或液泡内,细胞壁主要是由纤维素构成,具有一定的硬度,是防污活性成分提取的主要屏障。通过微波辐照,水分子吸收微波能量而产生大量的热,液态水汽化产生压力,将细胞膜和细胞壁冲破,形成微小孔洞。从而使细胞外液体易于进入细胞内,溶解并释放细胞内物质。微波萃取技术已广泛应用于多种活性物质的提取中,因其具有速度快、时间短、提取率高、安全环保等优点,使得该技术将获得更大的发展前景。如利用微波辅助提取辣椒中辣椒素,并用 HPLC(高效液相色谱)法进行辣椒中辣椒素的含量测定。结果表明,在 50% 乙醇中提取 4min,在料液比为 1∶40 的提取条件下,可很好地提取辣椒中的辣椒素,辣椒素的提取率为 92.15%,提取过程方便、快速,提取率大大提高[16]。利用微波辅助技术也可从番椒中提取出辣椒素[17]。采用微波加热法还可从茶叶中提取具有防污性能的茶多酚,通过考察提取温度、提取时间等条件对浸取率的影响,发现与传统水浸取相比,微波加热法省时、省能源,可以防止茶叶中有效成分的破坏和损失[18]。

3. 超临界流体萃取技术

超临界流体是指处于临界温度和临界压力以上的既非气态又非液态的物质。当气体处于超临界状态时,成为性质介于液体和气体之间的单一相态,扩散系数为液体的 10~100 倍,克服了液相色谱法的分子扩散速度低、分离时间长的缺点,又克服了气相色谱法的溶解度小、分散的范围窄的缺点,对物料有较好的渗透性和较强的溶解能力。因此,通过控制体系的温度和压力,使各种组分按它们在超临界流体中的溶解度大小先后提取出来。最常用的超临界流体为 CO_2,是萃取小分子、低极性、亲脂性物质的理想溶剂。如利用超临界 CO_2 萃取技术从微拟球藻中提取多种不饱和脂肪酸防污活性物质,提取过程高效、快速、溶剂消耗少[19]。在辣椒素提取时也可采用超临界流体萃取,先用 95% 食用乙醇作提取剂浸提,所得提取液经过滤、回收溶剂浓缩至红色油脂状(辣椒油精,得率 10%)。控制 CO_2 萃取压力 15MPa,温度 55℃,CO_2 标准体积流量控制在 200L/h,萃取物在广口瓶中分离,时间 7h,得淡黄色油状物,比色法测定辣椒碱含量 2.7%[20]。

3.2.2 天然产物防污活性物质的分离

1. 色谱法

在天然防污活性物质分离过程中,最常用的是色谱法。色谱法是基于混合物各组分在两相(固定相和流动相)之间的不均匀分配进行分离的一种方法。由于混合物中各组分对两相的亲和力有差异,它们穿过固定相的流动速度(或在固定相中的滞留时间)就有不同,从而得到分离。按固定相类和分离原理,色谱法可分为吸附色谱、分配色谱、离子交换色谱、凝胶色谱、亲和色谱等。动物提取物的分离方面,如将海绵的二氯甲烷提取物进行硅胶柱层析后,再经反式高效液相色谱高度分离后,得到了具有较强抑制藤壶附着的多氯聚合物[21]。植物提取物的分离方面,如将孔石莼的乙酸乙酯粗提取物进行硅胶柱层析后,得到了对硅藻和贻贝的抑制效果都非常好的 UPAFS - A52 部分[22]。

2. 高速逆流色谱技术

高速逆流色谱是一种基于液 - 液多级逆流萃取建立的色谱体系,它利用溶质在两相互不相溶的溶剂系统中分配系数的不同,从而实现分离。互不相溶的两相溶剂组成溶剂系统,依靠轻巧的聚四氟乙烯蛇形管的方向性及特定的高速行星式旋转所产生的离心场作用,将两相溶剂固定于管中,分别充当固定相和流动相,由于样品中各溶质组分在两相中的分配能力不同,故其在蛇形管中的移动速度也不同,因而使样品组分得到分离,而且其分离效果较好。高速逆流色谱是一种有独特优势的液相分配色谱技术,其溶剂系统更换灵活,能实现从微克量级的分离分析到克量级的分离制备,可用于防污活性粗提物的去除杂质和单个产物的精制。如利用 GS - 10A2 型高速逆流色谱,一次进样 100mg 乙酸乙酯粗提物,同样选择乙酸乙酯 - 正己烷 - 甲醇 - 水(体积比为 3∶1∶1∶6)作为溶剂,上相为固定相,下相为流动相,仪器转速达 800r/min,流动相流速为 1.5mL/min,成功地将红茶茶黄素提取物中的四种主要茶黄素单体分离纯化成 3 个部分,分别是茶黄素、茶黄素双没食子酸酯、两种茶黄素单没食子酸酯的混合物[23]。

3. 分子蒸馏技术

分子蒸馏技术是一种新型的用于液 - 液分离或精制的新技术,是根据液体分子受热运动加剧,逸出后平均自由程度不同来实现物质的分离,可在远离沸点下操作。同时由于操作温度低、质量稳定、受热时间短、分离效率高等特点,适合热敏性、高沸点物质的分离,因此可用来分离生物中热敏性、高沸点天然防污活性成分。如利用分子蒸馏技术提取了生姜中防止贻贝附着的 3 种异构物生姜酚[24]。利用分子蒸馏技术还对超临界 CO_2 萃取所得的干姜油进行了分离纯化,结果显示,姜油中的萜类和姜辣素类组分中姜烯酚类化合物的含量达到了 86% 以上,6 - 姜酚的含量达到了 60% 左右,分离出萜类成分中的姜烯和丁香烯的含量分别达到了 55% 和 20% 以上[25]。

4. 膜分离技术

膜分离技术的分离介质为天然或人工合成的选择性透过膜,包括微滤(MF,不小于 0.1μm)、超滤(UF,10 ~ 100nm)、纳滤(NF,1 ~ 10nm)、反渗透(RO,不大于 1nm)等各种分离膜。膜分离具有节能、高效等特点,特别适用于热敏性生物活性物质的分离和纯化。而纳滤是介于超滤与反渗透之间的膜过滤过程,其膜大多为荷电膜,能对小分子有机物起抵制作用,同时使无机离子透过,已得到很好应用。

如在对具有防污活性的儿茶精分离时，在不同溶剂中使用多种纳滤膜萃取绿茶中的生物活性成分多酚类的儿茶精，采用 G－10 和 G－20 纳滤膜，乙醇浓度为 80%，对儿茶精具有高通透性，儿茶精能无阻碍地滤过，分离效果好[26]。

3.2.3 天然产物防污活性物质的结构鉴定

应用现代仪器测定方法，可以用极少量的样品，快速准确地得到天然防污活性物质的分子量、分子式以及分子中原子的排布方式等确切的数据和线索，为后续防污活性物质的合成和应用提供了依据。现代仪器测定方法除了传统的质谱（MS）、紫外光谱（UV）、红外光谱（IR）和核磁共振谱（NMR）等波谱方法外，随着波谱学、色谱学技术的发展，更多的是将波谱色谱技术联用来快速地确定物质的分子式和分子结构，如气相色谱－质谱联用（GC－MS）、液相色谱－质谱联用（LC－MS）、高效液相－核磁共振谱联用（HPLC－NMR）、毛细管电泳－核磁共振谱联用（CE－NMR）、液相色谱－质谱/质谱联用（LC－MS/MS）、液相色谱－核磁－质谱联用（LC－NMR－MS）、毛细管电泳－质谱联用（CE－MS）等，其中将高效液相色谱（HPLC）与 NMR、MS、IR、UV 等多种光谱技术联用，形成一个综合分析系统，将更加有利于复杂的天然防污粗提物中微量成分的研究[27-28]。

3.3 防污活性物质的性能评价方法

材料防污性能的评价方法在第 9 章有专门的详述，本部分只针对防污活性物质的测试评价方法进行简单介绍。

3.3.1 防污活性物质防污活性测试方法

由于防污活性物质的作用对象是海洋污损生物，因此，进行防污活性物质的筛选，需要以海洋污损生物作为靶标生物。通常选取海洋污损细菌、污损藻类和大型污损生物进行培养，然后进行抑制性能实验。不同的污损生物所采取的方法不同。针对海洋污损细菌，利用平板打孔法进行防污活性物质的抑菌实验，量取并记录有关抑菌圈的直径，确定每种待测物最小抑菌浓度，评价抑菌活性；针对污损藻类，采用溶液抑制法，即在无菌操作下，将配好的不同浓度梯度的防污活性物质溶液分别加入到污损型硅藻培养液中，观察硅藻生长情况，进而评价防污活性物质对硅藻的抑制情况，从而判断防污活性的高低，及最小抑制浓度；针对大型污损生物，包括藤壶、贻贝幼虫，采取附着抑制法，实验在多孔培养板中进行，将不同浓度梯度的待测物质加入到幼虫培养液中，观察幼虫的生长状况，观察记录幼虫行为和死亡率并判定防污性能。

天然产物防污活性物质常用的防污活性评价方法，如 K－B 纸片扩散法（disk diffusion method）、最小抑菌浓度（MIC）和最小杀菌浓度（MBC）的测定，主要测定海洋天然防污活性物质对细菌和真菌的抑制作用；以及翡翠贻贝足部收缩实验、白脊藤壶金星幼虫附着抑制实验，主要测定海洋天然防污活性物质对海洋动物等的抑制作用[29－40]。具体方法详见第 9 章。

3.3.2　防污活性物质环保性测试方法

防污活性物质的环保性要求是技术发展的必然要求，有其历史原因。船舶防污自古有之[41]，这种涂料通常在树脂中加入有毒物质如氧化亚铜、砷、氧化汞等，能够很有效地防污。第二次世界大战后，石油基树脂的出现及砷、汞有机物所引发的健康与安全问题，使得铜基涂料应用最为广泛。在 20 世纪 50 年代末 60 年代初，一种含有三丁基锡（TBT）化合物的涂料被证明防污效果非常好。特别是应用于自抛光型涂料时效果特别显著，防污效果达到 5 年以上，从而 TBT 涂料迅速得到广泛应用。然而，不幸的是，TBT 的使用带来严重后果。最初，法国的牡蛎养殖者报告说贝壳的畸形致使其产品失去了价值。经查，是由水中的 TBT 造成的。据估计，仅在法国的 Arcachon 海湾，由 TBT 引起牡蛎产量减少而造成的收益损失就达 1.47 亿美元[42]。其他软体动物的野生数量也受到了影响[43]，雌性疣荔枝螺出现雄性特征，造成性畸变[44]。其他海产腹足类性畸变现象在北海也被发现[45]。

传统防污涂料通常采用有毒物质，大量的毒料释放到海洋环境中。一方面，对海洋鱼类等非污损生物可能造成毒害作用；另一方面，在水、海泥及生物体中累积，造成生态环境的长期危害，进入食物链还会危及人类。随后，限制 TBT 使用的法规纷纷出台，联合国所属国际海事组织为加强海洋环境保护，通过了《国际控制船舶有害防污底系统公约》，到 2008 年 1 月 1 日，在所有船舶上完全废除 TBT 涂料。到目前为止，涂料生产商和化学品公司已开发了多种新型防污活性物质，对提高防污涂料的环境友好性起到了作用。

为解决防污涂料的环保性问题，对无污染防污涂料提出以下要求：在一定的浓度下，对污损生物很有效，而对非污损生物无效；在环境中半衰期短，并能分解，以防止在食物链中或淤泥中积累；生产经济性好，对自然生态平衡无危害；在涂覆和清除时对施工人员无危害；对大气和水无污染，对人体健康无危害。因此，有必要进行防污活性物质的环保性评价，分别针对上述两个方面：一是对鱼类等非污损生物进行毒性评价；二是进行环境降解性评价。前者按照鱼类急性毒性测试标准方法进行测试评价，不作详述；后者按照化合物在海洋环境中的降解测试方法进行测试评价。

防污活性物质主要为有机化合物，有一部分防污活性物质是能够被水或微生物迅速降解的。然而也有很多化合物,如有机锡,由于其化学结构和特性与天然有机物不同,目前还没有发现能够有效分解这类化合物的微生物体系,因而使这类化合物表现出难于被微生物降解的特性。由此造成了这些化合物在环境中长期滞留,其中,有机锡、滴滴涕等毒性大,可能有致癌、致突变、致畸变等作用,形成了对人类健康的威胁。围绕着这一环境问题进行的新型防污活性物质研究工作中,可生物降解性研究是重要的一个方面。这一研究的目的:①评价各类化合物的可生物降解性,预测化合物在环境中的滞留情况;②开发更有效的生物降解材料,把这类化合物在环境中的滞留减到最小。

难于生物降解是相对于易生物降解而言的,如果一种化合物在自然环境中在任意长的时间内保持它固有的性质和状态,则认为它是难于生物降解。形成化合物难于生物降解的原因有内因和外因两方面。内因为化合物本身的化学组成和结构,使其具有抗降解性,外因是指存在阻止降解的环境因素,包括物理条件(如温度、化合物的可接近性等)、化学条件(如 pH 值)、氧化还原电位、化合物浓度,其他化合物分子的协同或拮抗效应等、生物条件(如适合生物存在的条件,适合的微生物及与遗传信息的结合,足够的适应时间等)。从环境因素的角度看,难降解性并不是化合物的固有特性,而是环境状态表现的结果,改变了环境状态,本来难降解的化合物可能变得易于降解。

防污活性物质评价可用的测试方法有摇瓶法(《化学品海水中的生物降解性　摇瓶法试验》(GB/T 21815.1—2008))。将含受试物的无机培养基溶液或悬浮液接种微生物以后,以受试物质作为唯一的有机碳源,在黑暗或散射光条件下好氧培养。通过空白对照组来校正接种微生物内源呼吸引起的误差。其试验结果并不指示有机物的快速生物降解性,只是为了获取其在海洋环境中的生物降解性的信息。试验结果降解性低,并不一定意味受试物在海洋环境中不可生物降解,而是说明需要更多的工作来说明其降解性。

培养基中加入适量的受试物(质量浓度 5 ~ 40mg/L)与采自海水的接种物,当浓度分析灵敏度较高,或受试物具有抑制作用时,可适当降低受试物浓度。在温度为 15 ~ 20℃、黑暗或散射光及有氧条件下搅动培养,定期采样测定浓度以确定降解率。为了试验的客观性,若要模拟周围环境情况,试验可以在超出推荐范围的温度下进行。推荐的试验持续时间最长为 60 天。在某些情况下,可通过特定的化学分析方法测定受试物浓度,以确定初级降解性。

3.4　天然产物防污活性物质的研究进展

目前,人们已对多种海洋植物、海洋动物、海洋微生物、陆生生物进行了研究,并获得了一系列具有防污活性的天然产物,包括有机酸、无机酸、内酯、萜类、酚类、甾醇类和吲哚类等天然化合物。这些天然防污物质来源于自然界,具有抵御其他生物附着的机制,如次级代谢产物等,可对污损生物产生麻醉、排斥和防黏附的作用,低浓度下具有活性,并能很快地被降解,对人体及其他有机体无害,可望替代对环境有害物质。因此,世界众多研究者开展了大量天然产物防污活性物质的研究,下面按天然产物的来源列举一些研究进展。

3.4.1 微生物源防污活性物质

海洋中的微生物主要为细菌和真菌。海洋微生物培养周期短、容易培养、易产出活性物质,是天然防污活性物质的重要来源。例如枝孢属真菌,提取到的防污活性物质能够减少苔藓虫幼虫的附着,并表现出抗菌性[46]。从深海沉淀物中分离出的海洋链霉菌,得到 5 种带 2 - 呋喃环的提取物,具有很强的防污活性[47]。类单胞菌属、假单胞菌属和弧菌属的胞外多聚糖也可抑制生物污损,可在细胞膜形成初期发挥防污性能[48]。从海洋动物的共生菌中寻找防污活性物质也是主要途径。如海星的共生菌,已发现 12 种海星体表所共生的微生物群落具有明显抑制藻类、藤壶、苔藓虫、海鞘等附着的作用[49]。

1. 细菌源天然产物防污活性物质

附着在海水中物体表面上的微生物会分泌多种代谢产物,这些物质经过生物化学作用,会对污损生物浮游幼虫的附着行为产生影响。Holmstrom 从被囊动物成体中分离到一株染色后为深绿色的 G^- 菌,称为 D_2 菌株。D_2 菌株能够产生两种组分,其中,低分子量($<500Da$)的化合物对幼虫附着具有强烈抑制作用;高分子量物质对藤壶幼虫和一些海洋细菌也有一定抑制作用[50]。J. Guenther 等[49]对选自不同季节、不同地理位置的多种海星进行研究,结果发现,12 种海星体表所共生的微生物群落具有明显的抑制藻类、藤壶、苔藓虫、海鞘等附着的作用。Kon - ya 等[51]从海绵 *Halichondria okadai* 上分离得到一种细菌 *Alteromonas* sp. ,并从这种细菌的培养基中提取了具有抑制网纹藤壶活性的泛酶 - 8。Wang 等[52]的研究表明,从海洋细菌 *Pseudovibrio denitrificans* UST4 - 50 的次级代谢产物中分离得到 8 个双吲哚生物碱化合物(1 ~8),如图 3 - 4 所示。并对其进行了抗污损活性评价,结果表明,除化合物 3 外,其余 7 个化合物均表现出中等至强的抗污损活性,LC_{50}/EC_{50}值也表现出了较低的毒性。浅海静态浸泡试验 5 个月的结果显示,化合物 1(EC_{50} = 3.27μg/mL,LC_{50} >203.15μg/mL)的抗污损效应可与阳性对照商品防污剂 Sea - Nine 211™相当。Gao 等[53]从海洋生物膜中分离出两种细菌菌株,即 *K. sedentarius* QDG - B506 和 *B. cereus* QDG - B509,研究发现,细菌发酵液可对中肋骨条藻和藤壶幼虫的生长发挥抑制作用,通过改变 pH 值和液 - 液萃取,确定最佳提取条件为

pH =2 和 100% 石油醚。*K. sedentarius* 粗提物对硅藻 *Skeletonema costatum* 的 EC_{50}值为 236.7μg/mL ± 14.08μg/mL，而 *B. cereus* 的 EC_{50}值为 290.6μg/mL ± 27.11μg/mL。经过分离纯化后，两种提取物的防污活性显著增加：*K. sedentarius* 和 *B. cereus* 提取物对 *S. costatum* 的 EC_{50}分别为 86.4μg/mL ± 3.71μg/mL 和 92.6μg/mL ± 1.47μg/mL。最后，GC – MS 用于化合物的结构解析的数据表明，两种细菌菌株产生的防污化合物为肉豆蔻酸、棕榈酸和十八烷酸。Ramasubburayan 等[54]在印度 Pichavaram 红树林总共分离出 14 种不同的细菌菌株（MAB1 ~ 14），其中，MAB6 显示出显著的生长抑制活性，其乙酸乙酯粗提物对细菌菌株的最小抑制浓度（MIC）范围为 25 ~ 50μg/mL，而最小杀菌浓度范围为 50 ~ 100μg/mL。该粗提物还可有效地抑制污损生物的生长，MIC 范围分别为 50 ~ 100μg/mL。使用 *Artemia franciscana* 幼虫的抗污损实验显示 LC_{50}值为 264.89μg/mL。此外，在毒性测定中，对 *Perna indica* 贻贝 LC_{50}值为 156.32μg/mL，EC_{50}值为 63.46μg/mL，有效浓度下呈现 100% 存活率，推断出该提取物的无毒性质。

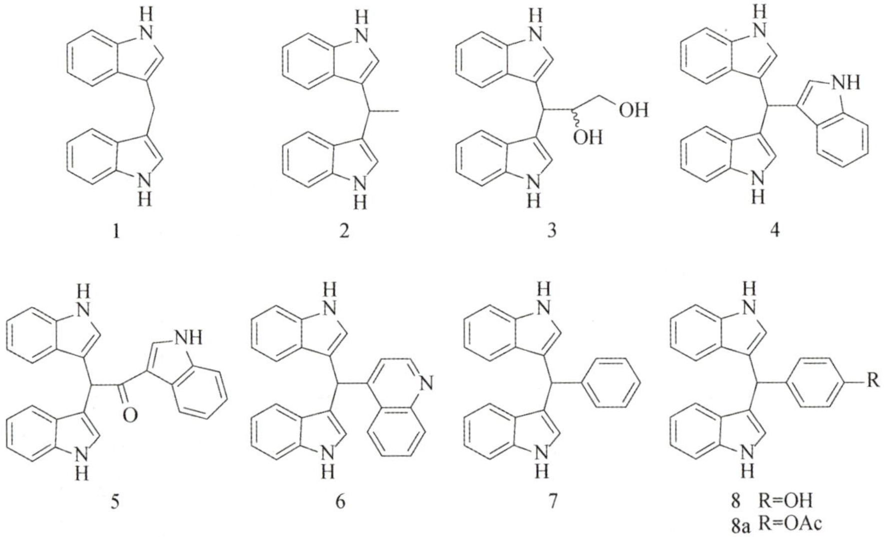

图 3 – 4　细菌源吲哚生物碱天然产物防污活性物质的化学结构

2. 真菌源天然产物防污活性物质

对中国南海中的真菌进行研究，发现 25 种真菌含有防污活性物质，包括 35 种已知化合物和 42 种新型化合物，其中部分化合物具有较强的抗细菌、抗真菌、抗微型藻类、抗大型藻类等的活性[29]。Chen 等[55]对柳珊瑚来源的海洋真菌 *Eurotium* sp. 的次级代谢产物进行了深入研究，分离得到 6 种吲哚生物碱类化合物（9 ~ 14），如图 3 – 5 所示。其中，化合物 10 和 11 显示出强的抗藤壶幼虫附着活性（EC_{50}值分别为 15.0μg/mL 和 17.5μg/mL)，所有化合物对斑马鱼胚胎均没有致畸毒性。Zhang 等共回收并鉴定了来自特呈岛红树林的属于 57 个菌群的 176 个菌株，对 57 个代表性菌株进行了三种海洋细菌(*Loktanella hongkongensis*，*Micrococcus luteus* 和 *Pseudoalteromonas piscida*)和两种海洋生物(苔藓虫 *Bugula neritina* 和藤壶 *Balanus amphitrite*)的抗污损活性测试。大约 40% 的菌株提取物显示出明显的防污活性，其中 17 种菌株显示出强烈或广泛的防污活性，表明这些菌株可作为新型防污代谢物的潜在来源进行进一步研究[56]。Zhang 等[57]调查研究了来自南海的软珊瑚 *Cladiella krempfi* 和 *Sarcophyton tortuosum* 中真菌的生物多样性和防污活性，约 50% 的代表性菌株显示出不同的防污活性，其中菌株 SCAU132 和 SCAU133 对苔藓虫 *Bugula neritina* 表现出非常强的防污活性，这表明它们可以为进一步研究新型防污代谢物的分离提供潜在的资源。

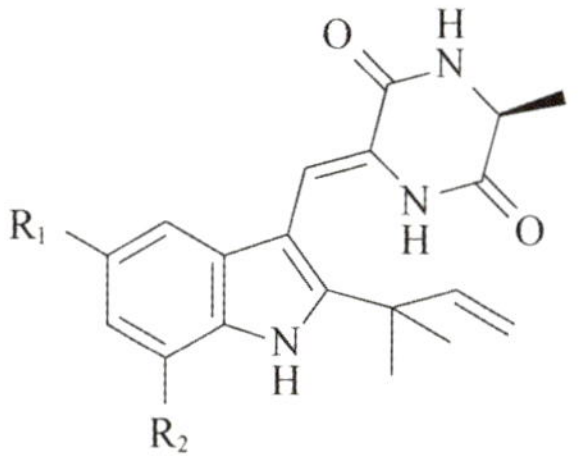

9~11 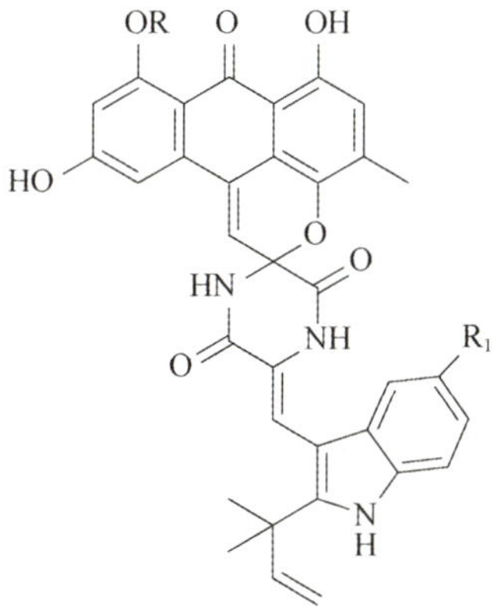　　12~14

图 3-5　真菌源吲哚生物碱类天然产物防污活性物质的化学结构

9—$R_1 = CH_2—CH(OH)—C(OH)(CH_3)_2$，$R_2 = H$；10—$R_1 = R_2 = H$；

11—$R_1 = R_2 = CH_2—CH = C(CH_3)_2$；12—$R = R_1 = H$；13—$R = CH_3$，$R_1 = H$；

14—$R = CH_3$，$R_1 = CH_2—CH = C(CH_3)_2$。

3.4.2　植物源防污活性物质

在长期的研究过程中，人们发现，海洋中的一些藻类表面常常保持洁净，不被污损，被认为是这些海洋藻类可以释放出代谢产物，直接抑制其他生物或其幼体附着。常见的海洋藻类有红藻、褐藻、绿藻、蓝藻、硅藻、甲藻、金藻等。目前，人们已经对多种海洋藻类(主要为红藻、褐藻、绿藻)进行了研究，获得了一系列具有防污活性的天然产物提取物，主要包括脂质、甾体、萜类、多酚、吲哚类、生物碱及含氮类化合物等。海洋植物中筛选出天然防污活性物质的主要是红藻和褐藻。例如红藻的带形蜈蚣藻的二氯甲烷提取物、褐藻的海黍子马尾藻的三氯甲烷提取物均具有较强的防污能力[14]，红藻中的防污成分包括二萜烯、乙酰苷和三萜烯等物质，对抗典型的海洋生物如细菌、浮游植物、大型藻类的孢子均有防除能力。其他藻类也有发现天然防污活性物质。例如绿藻孔石莼的水溶性抽提液对赤潮异弯藻、中肋骨条藻和塔玛亚历山大藻生长的抑制作用[58]。海草大叶藻中的 p - 肉桂酸硫酸酯对海洋细菌和藤壶的附着有抑制作用，并且对周围生物和环境无毒[59]。海草针叶藻的甲醇提取物，浓度为 25μg/mL 时，能够抑制贻贝的生长，而且对贻贝无毒，也证明了海草针叶藻提取物可以作为绿色防污活性物质的来源[60]。海洋植物中防污活性物质数量有限，如从法国布列塔尼半岛沿岸选取的 30 种海藻，仅 20% 的提取物有活性，而提取物有很高的抑制水平的比例更少[33]。

1. 红藻

红藻是海洋中广泛存在的一种植物，其体内含有丰富的倍半萜烯、二萜烯、三萜烯、乙酰苷等化合物[61]，是天然防污活性物质的重要来源之一。G. M. Konig 等[62]从钝形凹顶藻 *Laurencia rigida* 的二氯甲烷提取物中得到了 8 种倍半萜烯化合物，如图 3 -6 所示，并且发现各化合物对不同污损生物的抑制活性存在差异，其中，化合物 19、20 能够较强地抑制细菌、藻类附着，而化合物 16、17 并不能明显地抑制真菌附着，化合物 15、16、19、22 对藻类的抑制能力较弱。同时，在化合物 21、22 的藤壶金星幼虫、苔藓虫幼虫的抑制实验中发现，两种化合物在较低浓度时均可阻止苔藓虫幼虫的附着。Claire Hellio 等[63]利用甲醇 - 氯仿 - 水（12：5：3）的混合溶液，从带形蜈蚣藻 *Grateloupia turuturu* 中提取到了红藻糖苷（23）（EC_{50} < 1μg/mL）和羟基乙磺酸（24），其中红藻糖苷（EC_{50} < 1μg/mL）可以较强抑制藤壶金星幼虫附着，而藤壶幼虫毒性测试显示，红藻糖苷对藤壶幼虫无毒杀作用，而羟基乙磺酸可以较强地杀死藤壶幼虫。Erwan Plouguerne 等[64]分别以正己烷、二氯甲烷、乙醚、乙酸乙酯、乙醇、丙酮、氯仿、甲醇、蒸馏水作为提取剂，也从带形蜈蚣藻中获得了不同的提取物，防污活性检测显示，带形蜈蚣藻的正己烷提取物、二氯甲烷提取物、乙醚提取物对 4 种微藻显示出较强的抑制能力。R. De Nys 等[64]从栉齿藻 *Delisea pulchra* 中分离纯化得到一系列次级代谢产物卤代呋喃酮混合物，能够有效抑制纹藤壶、大型藻石莼和海洋细菌 SW8 的附着。同时研究表明，栉齿藻的粗提物具有广谱的防污作用，能同时抑制多种污损生物的附着，而分离提纯后得到的每一种化合物单体都只能有效抑制一种污损生物，而对其他种类无明显效果。因此，在防污活性物质研制开发的过程中，可以综合考虑使用几种具有不同防污活性的化合物，以提高防污广谱性。

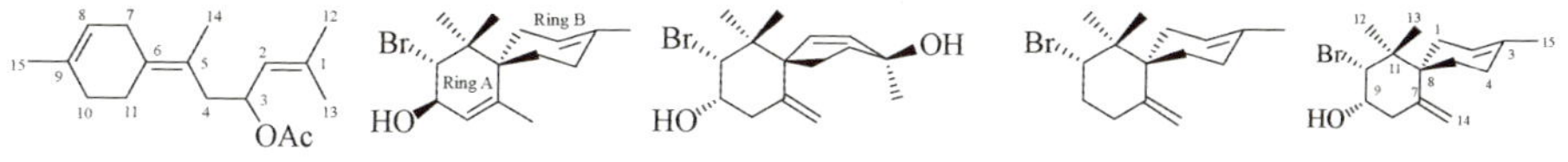

图3－6　红藻源天然产物防污活性物质

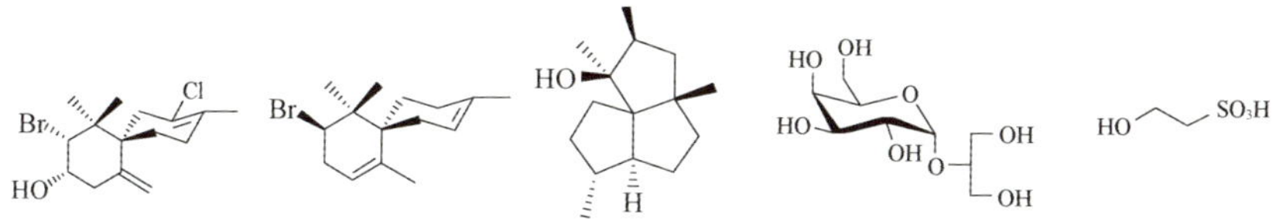

2. 褐藻

许多海洋褐藻中也含有天然防污活性物质。褐藻多酚是从褐藻中获得的主要活性物质。Siless 等[65]成功从褐藻网地藻 *Dictyota dichotoma* 中分离出二萜类化合物,利用淡水贻贝 *Limnoperna fortunei* 进行了防污活性研究,结果显示,pachydictyol A 具有防污活性。至于其他二萜类化合物,dictyoxide 也具有相当大的活性,而 dictyol C和 dictyotadiol 的活性相对低些。结果表明,来源于天然产物的化合物中,只有特定的一部分结构具有成为天然环境友好型防污活性物质的潜在候选。Wisespongpand等[66]发现圈扇藻 *Zonaria diesingiana* 提取的3种不同酰基侧链的间苯三酚具有明显的抗菌效果。Todd 等[59]对海草大叶藻进行了研究,从海草大叶藻中分离到 *p*－肉桂酸硫酸酯,能有效抑制海洋细菌和纹藤壶附着。此外,他们还发现,人工合成的酚酸硫酸酯类似物与天然产物相比,具有相似的防污活性,但不含有硫酸基的化合物不具有防污作用。Yannick Viano 等[67]利用氯仿/甲醇(1:1)混合溶液从地中海网地藻 *Dictyota* sp. 中得到活性物质,并经多步分离纯化,得到了4种新型环形二萜烯和几种已知代谢物。防污活性评价显示,化合物25～30(图3－7)具有抑制海洋细菌生物膜 *Pseudoalteromonas* sp. D41 黏附的性能。Gerald Culioli 等[68]从岩衣藻 *Halidrys siliquosa* 的有机提取物(氯仿/甲醇混合溶剂)中分离得到了9种四烯基喹啉类似物,防污测试显示,活性成分化合物31～33能够有效地抑制4种细菌生长(最小抑制浓度 MIC <2.5μg/mL)和藤壶金星幼虫的附着(EC_{50} <5μg/mL),并且毒性测试证明这几种活性化合物毒性较低(LC_{50} >100μg/mL)。Redouane Mokrini 等[69]从囊叶藻 *Cystoseira baccata* 中分离得到了7种新型倍半萜烯和几种衍生物,防污评价显示,化合物34～36能够抑制微藻和大型藻附着生长(最小抑制浓度 MIC 均为1μg/mL),其影响贻贝酚氧化酶的活性,但对海胆幼虫、牡蛎并没有毒性现象(LC_{50} >100μg/mL)。Marechal 等[70]研究了不同月份的双叉藻 *Bifurcaria bifurcate* 天然提取物对纹藤壶金星幼虫附着的影响,发现在相同浓度下,5、6 月的提取物较其他时期能更有效地干扰藤壶幼虫的附着,这可能与当地污损生物附着量的季节变化有关。

25
26
27
28
29
30
31
32
33
34
35
36

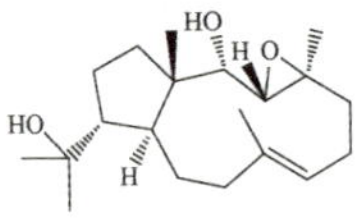

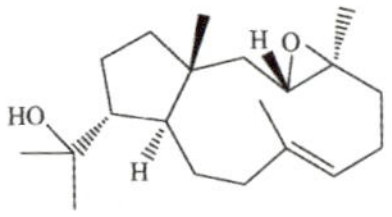

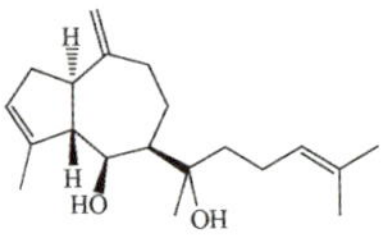

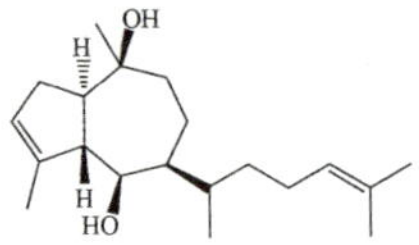

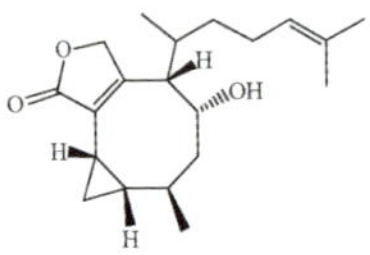

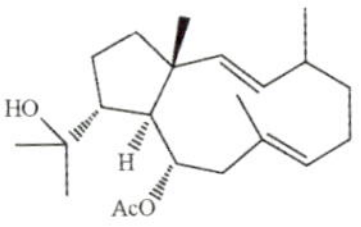

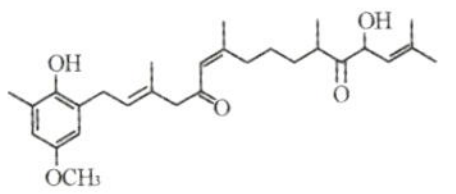

图 3-7　褐藻源天然产物防污活性物质

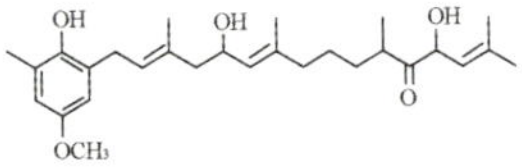

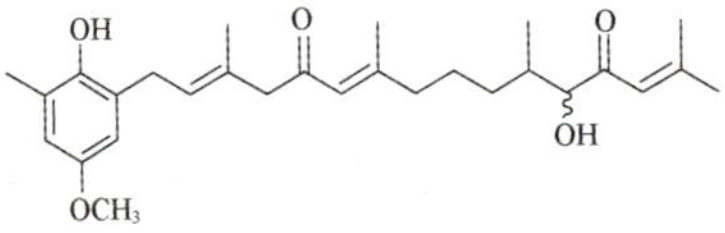

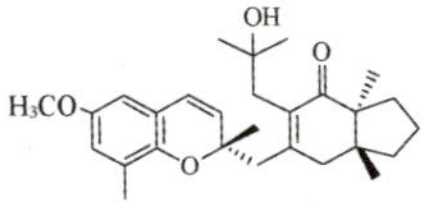

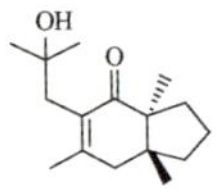

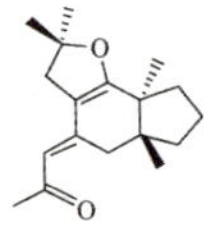

近年来,Siless 等[65]成功从褐藻网地藻 *Dictyota dichotoma* 中分离出二萜类化合物 pachydictyol A(37),如图 3-8 所示。利用淡水贻贝 *Limnoperna fortunei* 进行了防除性能测试,结果显示化合物 37 具有较好的防污活性。至于其他二萜类化合物,dictyoxide(38)也具有相当大的活性,而 dictyol C(39)和 dictyotadiol(40)的活性相当低。这些结果表明,37 和 38 很有可能成为天然、无毒和生态友好型防污活性物质。

37: pachydictyol A
38: dictyoxide
39: dictyol C
40: dictyotadiol

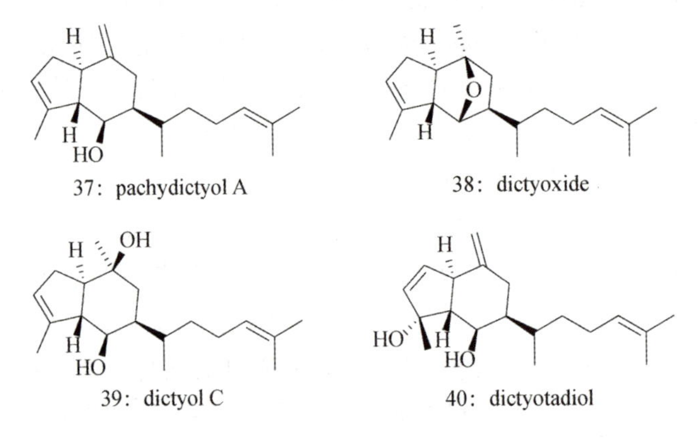

图 3-8　褐藻源二萜类天然产物防污活性物质

3. 绿藻

从海洋绿藻中提取活性物质进行防污，也广为报道。Harder 等[71]利用反式固相提取法，从绿藻石莼中提取到具有抑制水螅虫附着和变形的水性化合物，并经超滤、气相色谱分离纯化，初步确定具有防污活性的化合物主要是多聚糖、蛋白质和复合糖。Vangelis Smyrniotopoulos 等[72]从蕨藻 *Caulerpa prolifera* 中分离得到了能够抑制海洋细菌、微藻的 16 种二级代谢产物，并且发现乙炔基倍半萜烯酯在 1μg/mL 浓度时，对海洋微藻的生长繁殖具有显著的抑制作用，并借助光谱分析得到这些物质的化学结构。郑纪勇等[73]研究发现，孔石莼 *Ulva pertusa* 乙酸乙酯粗提取物对海洋底栖硅藻、贻贝的附着抑制率均达到 95% 以上。进一步柱层析分离后得到的提取物能完全抑制底栖硅藻的附着和贻贝足丝的附着。南春容等[58]研究结果表明，孔石莼水溶性抽提液对多种赤潮藻种的生长皆表现出明显的抑制效应，当孔石莼水溶性抽提液的浓度达 2.0g/L 时，赤潮异弯藻和中肋骨条藻被完全杀死，塔玛亚历山大藻的生长受到强烈抑制，此研究表明，利用孔石莼的克生作用进行有害藻类的生物防治显示了广阔前景。Suresh 等[74]对海草（如 *Padina tetrastromatica*、*Caulerpa taxifolia* 和 *Amphiroa fragilissima*）的甲醇、二氯甲烷和己烷提取物进行了抗菌和抗污损活性评价发现，*Padina tetrastromatica* 的甲醇提取物对测试细菌和硅藻的最小抑制浓度（MIC）分别为 10μg/mL 和 1μg/mL，对翡翠贻贝 *Perna viridis* 附着的抑制浓度 EC_{50} 值为 25.51μg/mL ± 0.03μg/mL，LC_{50} 值为 280.22μg/mL ± 0.12μg/mL。经过分离和鉴定，粗浸膏中的主要成分为脂肪酸，可能是其具有防污活性的原因。Salama 等[75]从红海的 Rabigh 海岸采集了 3 种大型藻类（*Chaetomorpha linum*、*T. ornata* 和 *S. polycystum*），利用藤壶 *Amphibalanus amphitrite* 幼虫进行了防污活性评估，实验结果表明，所有三种藻类的甲醇提取物都抑制了培养皿上的幼虫沉降；在 3 个月的浅海静态浸泡试验中，*T. ornata* 和 *S. polycystum* 的提取物显著降低了尼龙网板上的生物污垢生长。GC－MS 分析显示，粗提物中存在脂肪酸、植物甾醇和萜类化合物以及一些其他化合物。这些结果表明，存在于大型藻类粗提物中的生物活性代谢物，可作为潜在天然产物防污活性物质，值得进行深入研究。

4. 陆生植物

许多陆生植物中含有天然防污物质，如单宁酸是一种广泛分布于陆生植物中，并具有较强防污活性的多酚类化合物。Stupak 等[76]发现了 3 种可以麻醉并能抑制纹藤壶繁殖的单宁酸。Perez 等[6]从白坚木中得到具有抑制藤壶和软体动物附着的单宁酸和单宁酸铝。辣椒素是辣椒等辛辣植物中结构为香草基酰胺类生物，具有防止海洋生物附着生长的功能。Angarano 等[77]发现辣椒素具有较强抑制贻贝附着的性能，其 EC_{50} 值为 13.7μg/mL，且对贻贝和水生物几乎无毒害作用。陈俊德[78]从红树植物角果木根部提取了具有较强抑制白脊藤壶、金星幼虫附着的二萜类化合物。利用辣椒素作为天然防污活性物质已广为人知,辣椒素对各种动物有排斥作用,防污能力与辣椒素的含量有关。辣椒素不仅能够掺入涂料,而且可以与各种聚合物材料(包括硅酮树脂等)进行分子结合。

3.4.3 动物源防污活性物质

研究发现,海洋中的许多动物如珊瑚、海绵、贻贝、海鞘等自身就能代谢出具有防污性能的物质。提取防污活性成分的海洋动物主要为侧生动物的海绵和腔肠动物的珊瑚。虽然海洋动物有很多种类,但并不是所有种类都能提取到防污活性物质,且不同种类所得到的天然物质的活性也存在较大差异。

1. 珊瑚

珊瑚是重要的防污活性物质的来源。如从大西洋的八放珊瑚、柳珊瑚以及日本海珊瑚中均可获得防污活性物质,其中的 3 种二萜类物质和 4 种开环甾族化合物,都有抑制藤壶幼虫附着的作用。Targett 等[79]从珊瑚中提取的龙虾肌碱和水性提取物,可以作为防污涂料的防污活性物质防止海洋硅藻的附着。Standing 等[80]对亚热带柳珊瑚 *Leptogorgia Vir - gulata* 进行了研究,从亚热带柳珊瑚的软组织中获得两类物质,其中一类仅对纹藤壶幼虫附着有一定影响,而另一类可显著抑制纹藤壶幼虫的附着。Y. Tomono 等[81]对日本软珊瑚 *Dendronephthya* 进行了研究,从中分离得到了 4 种开环甾族化合物,都能有效抑制纹藤壶的附着,其 EC_{50}值为 2.2μg/mL。近年来,Cano 等[82]从南极柳珊瑚 *Acanthogorgia laxa* 中分离出 3 个化合物(41 ~43),如图 3 -9 所示。在实验室中,化合物 41 和 42 的防污活性用卤虫 *Artemia salina* 幼虫进行了测定,并且还通过浅海浸泡进行了 45 天的现场试验,结果表明,化合物 41 和 42 对多种生物显示出良好的防污效力。

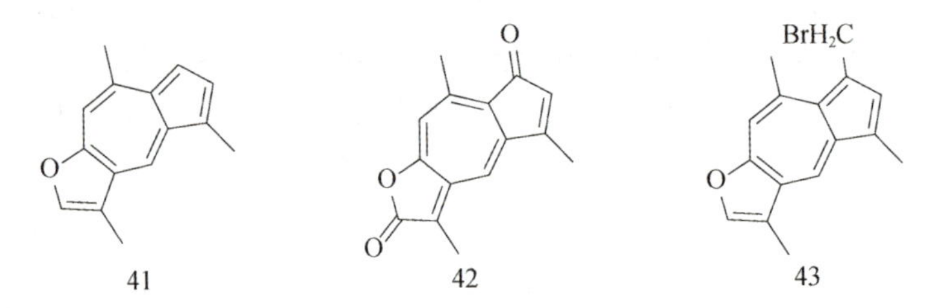

图 3 -9　珊瑚源天然产物防污活性物质

2. 海绵

海绵提取物主要有硫酸化甾醇、萜类、溴化产物和脂肪酸等多种次级代谢产物。印度马纳尔海湾的 36 种海绵,只有两种海绵具有很高的抑制污损细菌和藤壶幼虫附着的防污活性,另有两种海绵只有很高的抗菌活性,而一种海绵只对藤壶幼虫附着有高效的抑制作用[39]。中国海的棘头体海绵中也筛选分离出3种具有防污活性的类固醇,其防污活性也存在差异,对污损生物的抑制浓度 EC_{50} 值分别为8.2μg/mL、23.5μg/mL、31.6μg/mL[40]。Hanssen 等[83]从北极海绵体 *Stryphnusfortis* 中分离出一种溴酪氨酸衍生物,对海洋细菌、微藻及宏观污损生物藤壶和贻贝的附着具有抑制作用,对藤壶的半数抑制浓度为3.0μg/mL。Hellio Claire 等[84]对地中海5种海绵(*Ircinia oros*、*I. spinosula*、*Cacospongia scalaris*、*Dysidea* sp.、*Hippospongia communis*)的多种提取物和次级代谢物进行生物活性研究,结果发现,*Dysidea* sp. 的乙醇提取物和次级代谢物含乙酰基和八异戊二烯基的对苯二酚、二氢糠酸海绵硬蛋白可以较好地抑制藤壳幼虫的附着,具有很好的生物防污活性。T. Hattori 等[85]从海绵 *Aplysilla glacialis* 中分离得到的1-甲基腺嘌呤可阻止海洋细菌 *Fla-vobactetium* sp.、*Acinetobacter* sp. 和两种 *Vibrio* sp. 的生长,同时,从海绵 *Haliclona koremella* 中获得的一种神经酰胺可防止大型藻石莼的附着。Y. Sera 等[86]从海洋海绵 *Dydidea herbacea* 中分离得到了一种能有效防止贻贝 *Mytilus edulis galloprovincialis* 附着的呋喃倍半萜烯。Goto 等[87]从海绵 *Phyllospongia papyracea* 中获得了可以防止纹藤壶附着的呋喃萜,他还发现海绵的脂肪酸代谢物具有防污作用。近年来,为了进行海洋生物的防污活性研究,Al-Sofyani 等[88]从 Jeddah 海岸的 Obhur 湾收集了3种海绵(*Hyrtios* sp.、*Stylissa* sp. 和 *Haliclona* sp.)和1种被囊类动物,并对其甲醇提取物进行了针对不同污损细菌和 *Balanus amphitrite* II 期幼虫的实验评估。实验结果显示,海绵提取物对 *Bacillus* sp.、*Vibrio* sp. 和 *Alteromonas* sp. 的防污效果明显,*Hyrtios* sp. 和 *Stylissa* sp. 的甲醇提取物更显示出优于其他生物的抗 *B. amphitrite* 幼虫附着的活性。傅里叶变换红外光谱显示,其化合物中包含的主要官能团是对砜、亚砜、氰酸盐和酮。

3. 其他动物

海洋其他动物中也被发现存在防污活性物质,如 Kang 等观察发现在贻贝 *Mytilus edulis* 新形成的壳表面污损情况较轻,由此展开研究。Kang 等[89]对贻贝表壳层提取物利用 *Porphyra suborbiculata* 孢子进行的抗污损活性评价,显示其表壳层提取物对孢子的附着率和萌发率分别下降至36.8%和3.3%,基于这些结果,贻贝表壳层提取物可能成为环保的防污材料,防止多种海洋污损生物的附着。从棘皮动物中也发现了少量防污活性物质,如南安达曼海的冠状海胆,其乙醇提取物能抑制污损硅藻的附着[90]。还从裸鳃亚目动物 *Phyllidia pustulosa* 中得到了一种异氰倍半萜醇,发现其能强烈抑制纹藤壶幼虫的附着,EC_{50} 值为0.17μg/mL,致死率小于5%[91]。Bers 等[92]研究发现,紫贻贝的外壳角质膜提取物对藤壶幼虫、海洋细菌、硅藻的附着都具有一定的抑制作用。Davis 等[93]从海鞘 *Eudistoma olivaceum* 中获得的两种可溶性生物碱对多室苔藓虫幼虫也有明显的抑制作用。

3.5 天然产物防污活性物质的应用技术

3.5.1 防污活性物质控制释放技术

防污活性物质是海洋防污涂层起到防除污损生物作用的主要成分，其从涂层中迁移释放到涂层表面，使表面达到一定的药物浓度，作用于试探附着的海洋生物，从而达到抑制生物附着的目的。因此，控制防污活性物质的释放至关重要，使其达到抑制污损生物的有效浓度，同时又不产生过度释放而缩短防污期效，如何控制防污活性物质的长效释放是关键。防污活性物质的控制释放是提高环境友好防污活性物质利用率和延长涂料防污期效的一个重要途径。因此，发展防污活性物质控释材料及技术，达到防污活性物质能以恒定速率释放，在起到防污效果前提下实现防污活性物质最少量释放的目的，从而提高防污活性物质利用率，延长防污涂料使用寿命，这对保护海洋生态环境、节约维护成本、提高经济效益具有十分重要的意义。

利用可控释放技术控制释放速度和释放量，最初是用在制药上，以提高药效。目前，世界各国特别是美国、日本，已把可控释放技术应用到防污涂料的研究中，美国的海军研究实验室从20世纪90年代初期开始一直在进行防污涂料的控制释放研究，他们使用镀铜微管作为控制释放的载体，对四环素等物质进行了包埋，同时还对其他防污活性物质进行了包埋，将其使用到防污漆中。

1. 管状控释材料

微管材料内部中空，可以用于包埋防污活性物质，如天然矿石粉埃洛石（Halloysite），碳纳米管即为此类材料。埃洛石是1∶1二八面体硅铝酸盐，结构和化学组成与高岭土非常相似。埃洛石与高岭土有相似的化学组成，化学式可以表示为$Al_2Si_2O_5(OH)_4 \cdot nH_2O$，（$n$为0时表示脱水HNT，$n$为2时表示水化HNT）。最常见的形貌是管状结构，这是由于铝氧八面体层与硅氧四面体层之间的空间位错，促使片状晶体卷曲成管，即埃洛石纳米管（Halloysite nanotubes，HNT）。采用电荷自洽密度泛函紧束缚（SCC-DFTB）方法计算了单壁HNT的结构模型，见图3-10。单壁HNT性能稳定，内壁带正电荷，管外壁带微弱的负电。管内壁是铝氧八面体层，外壁是硅氧四面体层，内表面基团是Al—OH，外表面是O—Si—O基团，Al—OH的存在使得该纳米管可与许多物质链接在一起。HNT的中空管状结构形态完整且不封端，无卷曲破裂或套管现象，为天然多孔纳米晶体材料。

HNT纳米管的内表面不均匀，存在宽窄周期变化的区域，具有独特的结构特点，如表面羟基的亲水性，表面可有机功能化，在极性溶剂中易分散。通过透射电镜观察可以看到明显的长管状,见图3-10,管径约50nm,管长约400nm,长径比约为8。HNT具有独特的表面化学性质,通过氢键作用、电荷转移链接成的网络、独特的结晶行为等使涂层力学性能提高。

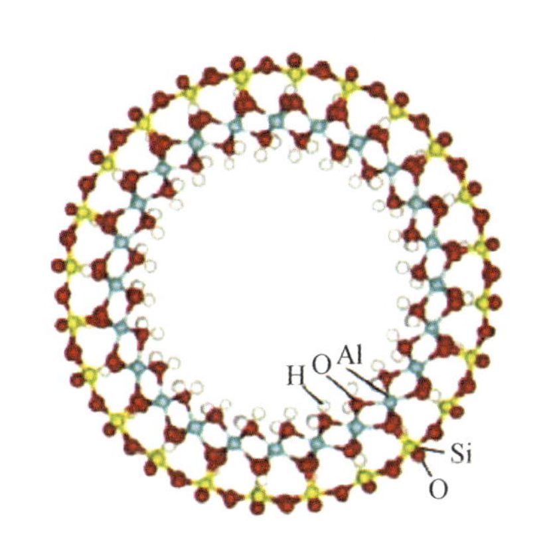

图3-10　单壁HNT的结构模拟图及透射电镜照片

HNT管状纳米材料价廉易得,且具有优异的性能,成为国际材料领域的研究热点。为了将目标生物大分子或药物分子储存并靶向运输,并防止药物发生化学或酶降解,降低溶出率,延缓作用时长,将药物分子包裹在微米或纳米颗粒系统中是行之有效的方法。在众多的纳米材料中,黏土矿粒子分散度在亚微米级,具有较大表面积和较高的包容量。HNT作为一种微囊法储存的天然工具,可以控制释放亲水性和亲油性药物分子等。作为理想的载体,可以载入药物等化学物质,实现药物、生物活性分子或其他添加剂的缓释或控释;类似微管胶囊的形式,封装油漆的添加剂、润滑油添加剂、除草剂、驱虫剂、食品添加剂和化妆品、缓蚀剂等,达到控制释放或持续释放的目的。

HNT中的微管结构同样可以作为防污活性物质的容器,一方面增加防污活性物质从涂层中释放的路径,另一方面增加防污活性物质与树脂间的相容性。微管包埋防污活性物质后的扫描电镜观察如图3-11所示,可以看出,包埋后管内外均有防污活性物质,微管中灰白色部分是填充的防污活性物质。由于防污活性物质和溶剂不能透过HNT微管壁,只能通过微管的开口端进出,而开口端大小(即微管的内径)不变,即扩散的截面积不变,因此,可实现对防污活性物质的缓慢释放与控制。影响防污活性物质从微管向外释放的主要因素是微管的毛细吸附作用或微孔扩散作用和渗透作用。其中,微孔扩散作用主要由微管本身的多孔性决定,而渗透作用主要受防污活性物质和周围介质的相互作用力的影响。

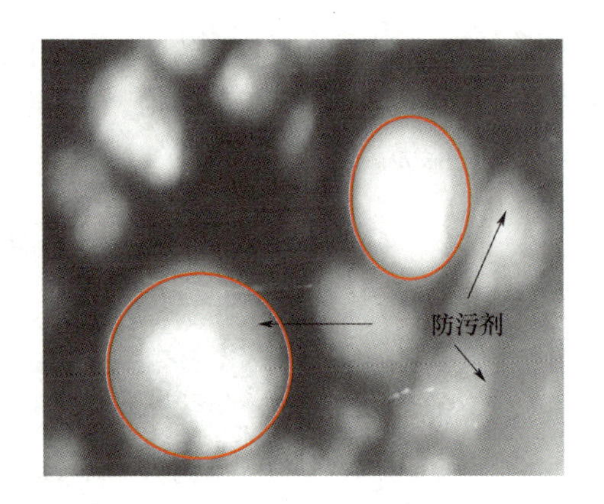

图 3-11 微管包埋防污活性物质后的扫描电镜照片

HNT 微管包埋防污活性物质后,若要实现应用,需要加入到涂料中,制备成防污涂层,以便应用于海洋环境中的结构物,进而起到防护作用。因此,防污活性物质被 HNT 微管包埋制备成复合体只是第一步,后续将其加入树脂体系中,作为防污涂料的基本成膜体系,制备成涂料。在涂料中的防污活性物质释放曲线如图 3-12 所示,浸泡初期,未经 HNT 包埋缓蚀控制的涂层中防污活性物质释放较快,特别是在开始的几天,释放率达到 100μg/(cm^2·d)以上,一周后释放才趋于平稳;而经 HNT 包埋的涂层没有出现暴释现象,很快趋于稳定,达到低释放阶段,释放率稳定在 5μg/(cm^2·d),证实了微孔结构物吸附防污活性物质后起到了一定的阻滞作用,防止了防污活性物质的快速释出,不但减少了不必要的过度释放,而且还增加了释放时间,使更多的防污活性物质在后续更长时间内稳定地释放出来,对延长防污期效有重要作用。

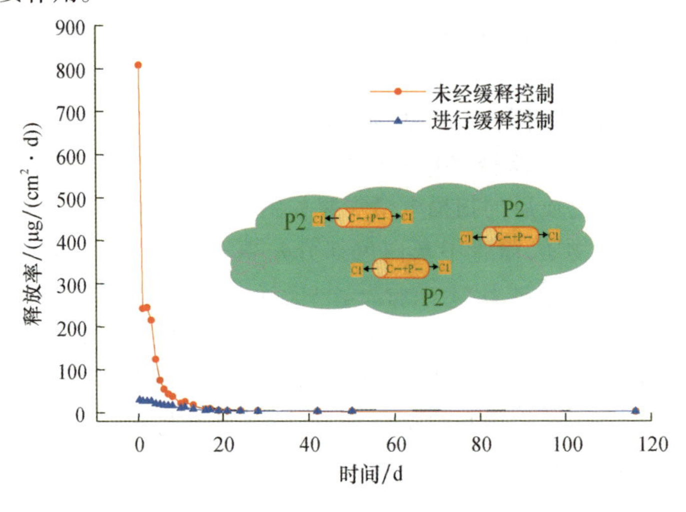

图 3-12 防污剂释放率曲线

2. 壳聚糖温敏控释材料

污损生物的附着量与温度间存在较强的联系，充分利用生物附着量与海水环境温度之间的关系，采用新型温度敏感材料作为防污活性物质载体，利用该载体的开孔、膨胀变形、挤压等使防污活性物质随温度变化而逐渐改变释放量，随温度的逐渐升高，载体孔口逐渐变大，载体收缩，将载体内防污活性物质不断挤出。温度降低，载体孔口变小，载体膨胀，防污活性物质释放量降低，从而达到防污活性物质可控释放的目的，延长其使用寿命，如图3-13所示。

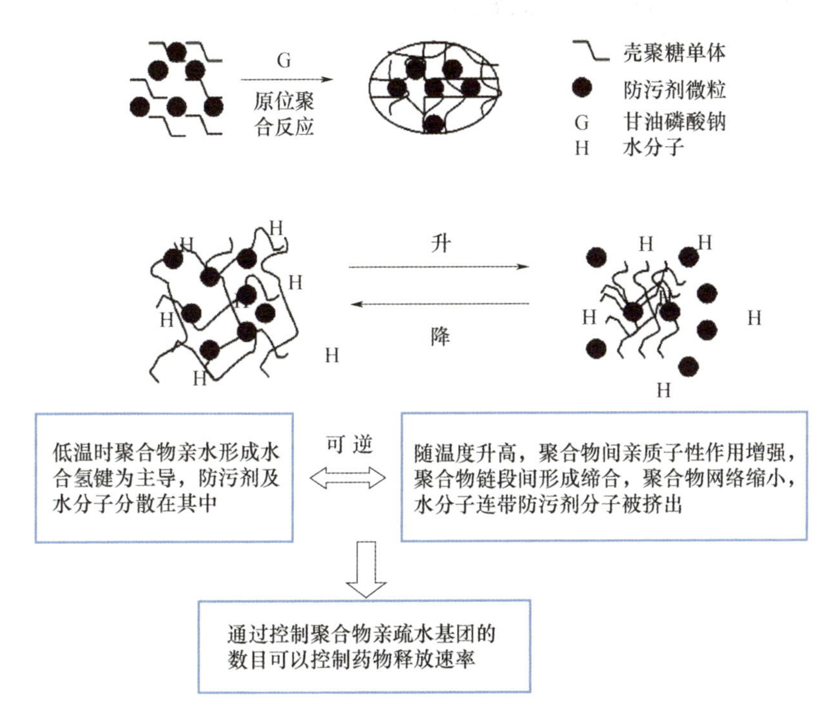

图3-13 温敏控释系统的形成及对药物的控制释放示意图

从温敏凝胶材料的微观形貌图(图3-14(a))可以看出，壳聚糖呈多孔结构，中空部分用于包埋防污活性物质。经释出测试，发现防污活性物质释放浓度随温度升高而增加(图3-14(b))。

3. 水滑石温敏控释材料

水滑石(LDH)又称层状双羟基复合金属氧化物，是一种廉价且易合成的阴离子型插层材料，它是由带正电荷的层板与层间阴离子通过静电力作用有序堆积而成的超分子化合物，可描述为$(M^{II}_{1-x}M^{III}_{x}(OH)_2)(A^{n-})_{x/n}\cdot mH_2O$，其中$A^{n-}$为层间阴离子，$M^{II}$、$M^{II}$分别为二价和三价金属元素，$m$为层间通道内结晶水的数量，$x$为

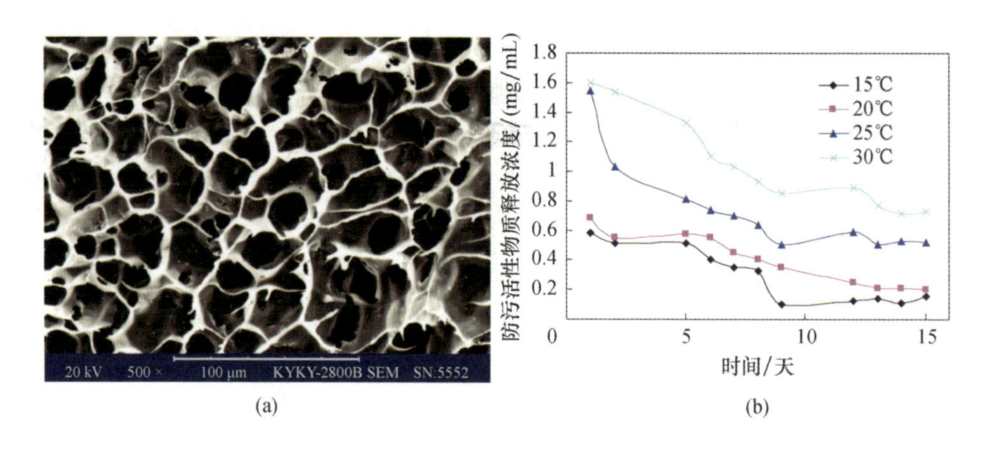

(a)　　　　(b)

图3-14　壳聚糖温敏控释材料形貌和控释测试

(a)壳聚糖扫描电镜微观形貌图;(b)防污活性物质释放浓度曲线。

$M^{Ⅲ}/(M^{Ⅱ}+M^{Ⅲ})$的摩尔比值。近年来,LDH因其组成、结构可设计、可插层组装以及廉价且易于合成等优势,已被广泛应用于药物控释方面的研究。英国学者O′Hare课题组将一系列心血管和抗炎药物(如双氯灭痛、二甲苯氧庚酸、布洛芬、萘普生、2-丙戊酸、4-联苯乙酸)插层到LiAl-LDH层间,证明LDH对药物具有存储和控释作用。国内卫敏课题组报道了将一些药物分子(如泼尼松、缩氨酸、阿司匹林等)插层到MgAl-LDH层间,可以使药物在模拟体液环境中持续缓慢地释放出来,从而实现药物可控释放的目的。这表明,LDH在药物存储、控制释放方面展示出广阔的应用前景。

污损生物在结构表面附着具有季节性的特点。夏季温度高,适宜污损生物繁衍生长,所产生的生物污损较严重;而冬季水温低,污损生物活跃程度较低,所产生的污损也较轻。因此,温度是协调控制防污活性物质释放的最佳触发因素。孙智勇等研究表明,PAS-LDH的释放率都随温度的升高(15~30℃)而增加,但是,MgAl-PAS-LDH对温度响应的敏感程度较ZnAl-PAS-LDH大。进一步计算表明,MgAl-PAS-LDH的释放浓度随温度的增加速率为0.21μg/mL/℃,远大于ZnAl-PAS-LDH随温度的增加速率(0.06μg/mL/℃)。通过制备Mg_2Al-PAS-LDH涂料,研究PAS插层LDH复合材料随温度变化的自适应调控及防污性能。结果表明,随着温度在15℃和25℃交替改变,Mg_2Al-PAS-LDH涂层中PAS的平均释放率分别为11.2μg/(cm^2·d)、24.6μg/(cm^2·d)、13.4μg/(cm^2·d)、25.7μg/(cm^2·d)和12.6μg/(cm^2·d),证明该涂层能够随温度变化对PAS释放率进行自适应调控。然而,涂层防污活性物质的释放量是否能够满足防污需求,采用石莼孢子的黏附实验来评价其防污性能。如图3-15所示,作为对照样品的LDH涂层在25℃时附着孢子的数量较多,说明温度越高石莼孢子越容易在其表面附着;而 Mg_2Al - PAS - LDH 涂层在 15℃和 25℃对石莼孢子附着都具有较好的抑制作用。LDH 材料以其独特的层状结构和层间离子可交换性质,有效地实现了对防污活性物质 PAS 随温度变化的自适应调控,这对减少防污活性物质浪费、提高其利用率、延长防污涂层的使用寿命具有重要意义。

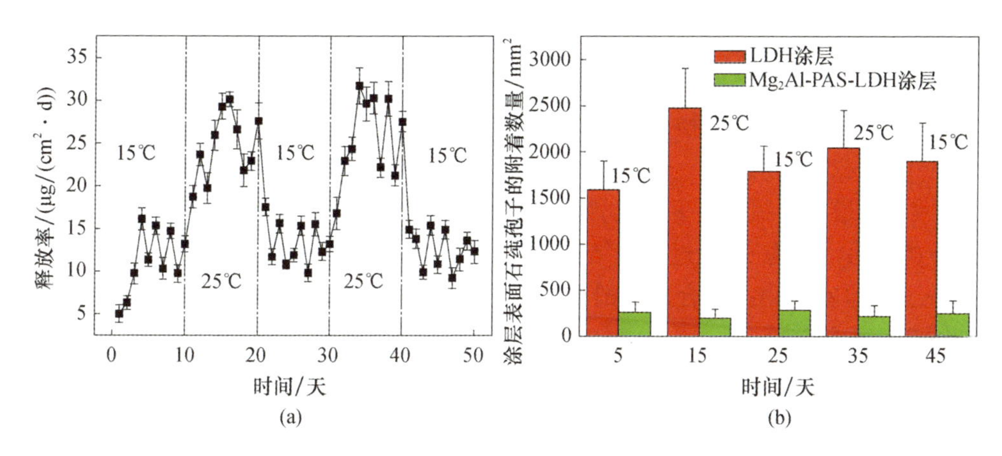

图 3-15　水滑石温敏控涂层中防污活性物质释放率曲线和涂层表面石莼孢子的附着数量

3.5.2　防污活性物质在涂料中的应用

1. 树脂的选择

防污活性物质在应用到涂料中时,需要考虑树脂的匹配性,一般优选现有防污涂料常用的树脂体系,如丙烯酸树脂、氯化橡胶树脂、乙烯树脂、有机硅树脂等。防污活性物质可以直接与树脂混合,也可以加入控释材料后再与涂料混合,或者将其接枝到树脂上实现自抛光方式释放。在新型防污活性物质研究的初期,为更快地评价防污效果,通常采用直接混合的方式,加入到涂料中,制备成溶解型防污涂料。后期在防污活性物质的应用效果得到验证后,可以进一步进行控释和自抛光树脂的匹配性研究。

2. 涂料的制备工艺

含有新型防污活性物质的防污涂料的制备工艺,遵从涂料的一般制备工艺,包括混合 - 研磨分散 - 涂装等工艺过程,在研磨过程中监控涂料细度,以 70μm 以下为宜。涂料制备完成后,经过刷涂、滚涂、喷涂等方式,涂装到基材表面,然后进行表干时间、实干时间、漆膜附着力、耐盐水浸泡等物理性能测试,以及实海(防污性能)测试,为涂料的综合评价提供支撑。

3.6 相关研究案例

3.6.1 酚酰胺类化合物

根据对海洋生物和陆生植物分布环境、生物量的调研，中国船舶七二五所分别从陆生植物和海洋植物中进行了防污活性物质的筛选，重点关注具有一定药性的中药材类植物来源。通过研究发现了牡丹皮、五倍子、孔石莼等来源的防污活性物质，最终研制了基于毛茛科陆生植物提取物和石莼科海洋植物提取物的酚酰胺类防污活性物质，经过分子结构改性、类似物化学合成，已建立批量合成工艺，实现了实验室内小批量合成。酚酰胺类防污活性物质 BAF－725－1 的分子结构如图 3－16 所示。

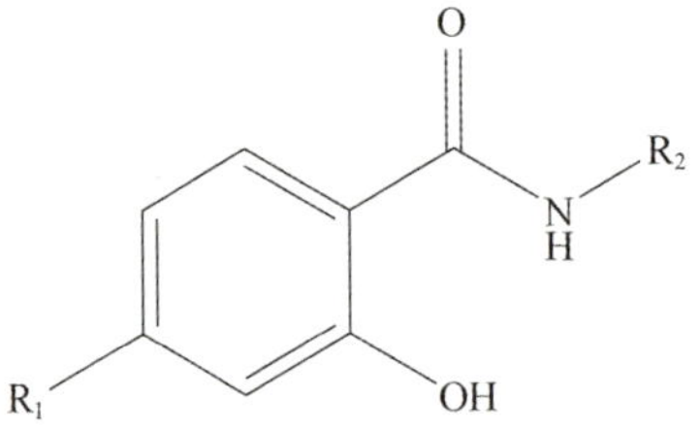

图 3－16 酚酰胺类防污活性物质的分子结构

其具有以下特点：①表观为白色粉末，分散在油漆中，不影响涂料本身的亮度与鲜艳程度，可调成任意颜色；②物化性质稳定，暴露在空气中不易变质，针对有空载和满载状况的船舶（如远洋货轮）而言其抗氧化性好（含氧化亚铜的防污漆会因为空载导致漆面接触空气而被氧化成碱式碳酸铜而失效），无论是在高水线还是低水线均可维持外观一致；③使用范围广泛，可适用于各种材质船壳，而氧化亚铜与铝在海水中发生电化学反应，不适用于铝壳船；④密度小（1.36g/cm^3，氧化亚铜为 6.0g/cm^3），使涂料重量轻，单位重量涂料涂敷面积更大。

防污活性物质 BAF－725－1 对典型污损生物的抑制活性如表 3－1 所列，其对微观生物、大型植物、大型动物等海洋常见污损生物具有明显的抑制活性，从表中可以看出，酚酰胺类防污活性物质 BAF－725－1 对污损生物的半数抑制浓度为 1μg/mL 左右。为测试防污活性物质的实海防污效果，将防污活性物质添加到树脂中制备成防污涂料，设计了丙烯酸树脂体系的配方，根据《防污漆样板浅海浸泡试验方法》（GB/T 5370—2007）的方法制备和涂刷挂板，进行浅海静态浸泡试验，防污效果明显。

表3-1 酚酰胺类防污活性物质 BAF-725-1 对典型污损生物的抑制情况

污损生物种名	污损生物	污损生物类型	表征参数	活性/(μg/mL)
Navicula subminuscula	硅藻	微观污损生物	EC_{50}	1.5
Ulva pertusa	石莼	大型污损植物	EC_{50}	0.5
Amphibalanus amphitrite	藤壶	大型污损动物	EC_{50}	1.06
Mytilus edulis	贻贝	大型污损动物	EC_{50}	0.75

利用贻贝、大菱鲆鱼的毒性试验和海水降解性试验评价了防污活性物质的环保性。①对贻贝 *Mytilus edulis* 半致死浓度 $LD_{50}>50\mu g/mL$，是抑制足丝附着有效浓度 EC_{50} 的 100 倍。②在天然海水环境中可快速降解，半衰期小于 72h，可作为微生物的碳源和氮源。③对海洋鱼类大菱鲆鱼 *Scophthalmus maximus* 48h-LC_{50} 值为 28μg/mL，当浓度小于 20μg/mL 时，72h 仍无死亡。由于防污活性物质对海洋鱼的 LC_{50} 值远大于对污损生物的 EC_{50} 值，则在防除污损生物的有效浓度下，对海洋鱼类不会产生危害，而且综合前面防污活性物质在海水中的降解性数据，防污活性物质在海水中不会长时间累积。因此，该防污活性物质具有良好的环保性和优异的防污活性。

酚酰胺类防污活性物质是在生物体提取和筛选的小分子基础上化学合成的新型材料。由于具有高效环保的特点，对污损生物的附着具有良好的防除效果，对鱼类没有毒性，不会在海洋环境中累积，满足环保防污涂料开发需求，已在环境友好型系列防污涂料的开发中获得应用，试验结果表明，其具有良好的防污性和环保性。防污涂料应用在船体、海水冷却槽表面，显示了良好的防污效果(图3-17)。

图3-17 防污涂料应用照片

3.6.2 辣椒素

辣椒素是天然茄科植物辣椒的提取物，最早于1876年由 Thresh 从辣椒果实中分离出来并命名。1919 年,Nelson 确定了其结构,其化学结构名称为反式 - 8 - 甲基 - N - 香草基 - 6 - 壬烯酰胺,分子式为 $C_{18}H_{27}NO_3$,是一种极度辛辣的香草酰胺类生物碱。辣椒素主要在果实胎座表皮细胞的液泡中形成积累,并通过子房隔膜运输到果肉表皮细胞的液泡中。辣椒碱在果实不同部位的含量不同。胎座及隔膜组织中含量最高,果肉次之,种子最低[94-95]。辣椒素类物质结构如图 3 - 18 所示。

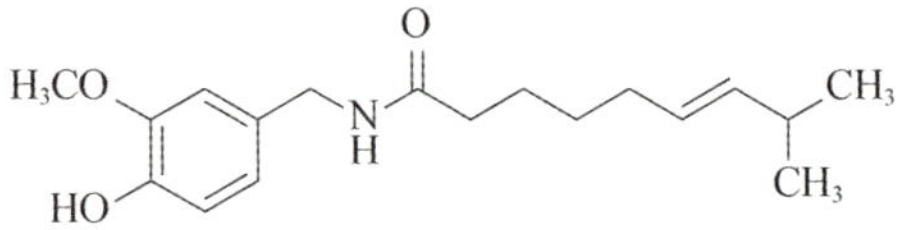

图 3 - 18　辣椒素类物质结构

辣椒素能够有效地抑制海洋细菌在涂层上的附着,辣椒素对舟形底栖硅藻的生长没有明显的影响。辣椒素可以显著抑制细菌附着,使用从伊利湖分离的细菌来评估附着。14 天后,20mg/L 和 40mg/L 辣椒素的生物膜覆盖率分别降低了 93.5% 和 98.5%[96]。4—10 月在网箱养殖生产水域的防污网片浅海试验结果显示,添加辣椒素的防污网片附着面积概率与对照组相比明显降低,含油树脂辣椒素液态溶液作为防污添加剂,辣度为 $3 \times 10^4 \sim 5 \times 10^4$ Scoville[97]。早在 1995 年,美国就有专利报道将辣椒素制成涂料,涂覆于船体外壳,对污损生物的附着具有显著防治效果,还可用于树木、金属、塑料管等的表面[98]。相关专利[99-100]报道了辣椒素及其衍生物在防污涂料和防鼠涂料中的应用。有研究[101-105]表明,通过共混或聚合方法,将辣椒素应用到涂料中,测试其抑菌防污性能,结果表明,辣椒素对大肠杆菌和金黄色葡萄球菌具有很好的抑制生长能力,在抗海洋生物污染及净水方面具有广阔的应用前景[106]。

辣椒素对海洋细菌的生物活性无影响,辣椒素通过驱避作用而不是杀灭作用防止海洋细菌在涂层表面的附着。辣椒素在好氧条件下易于生物降解。鱼类急性毒性试验中,96h - LC_{50} 值为 5.98mg/L。藻类生长抑制测试中,72h - EC_{50} 值为 5.114mg/L,表明有关沉积物的生物风险很低。这说明辣椒素对海洋环境的危害相对较低。辣椒素用作海洋船舶防污涂料的活性物质可能对环境无害[107]。辣椒素对紫贻贝 *Mytilus galloprovincialis* 的 48h - EC_{50} 为 3868μg/L,对 *Paracentrotus lividus* 的 48h - EC_{50} 为 5248μg/L,对 *Tisbe battagliai* 的 48h - LC_{50} 为 1252μg/L。其环境风险低于三丁基锡化合物[108]。

辣椒素及其同系物能够进行生物防污的机理还未研究透彻,目前认为,主要是辣椒素的辣度起到一定的作用,虽说海洋污损生物以及一些低等生物都不具有味觉以及嗅觉神经,但是它们都具有极其敏感的触角和支配触角的网状弥漫性神经节,一定程度上是可以规避这种辣素的。最主要的还是由于辣椒素的分子结构,辣椒素中苯环上的羟基,羟基相邻位置上的基团,基团的大小,基团之间的相互位置,这些因素是海洋生物离开的原因,这也是目前认为的重要原因。这些污损海洋生物一般具有吸盘式的触角,这相当于是一种敏感的化学传感器,具有感受性,它可以将传感物与驱赶剂的防污因子团进行匹配,如果触角感受到配伍适当,就会分泌黏液,若是客体防污因子基团的本性间距大小不符合触角所需配伍信息,这些海洋生物就会选择离开,这就达到了防污的目的[109-110]。

3.6.3 溴代吡咯腈(Econea)

Econea 化学名称为 2-(对氯苯基)-3-氰基-4-溴-5-三氟甲基吡咯,结构式如图 3-19 所示,采用化学合成方法制备。Econea 由高效杀虫杀螨农药而来,原为芳基吡咯类杀虫剂溴虫氰,其以天然产物为先导化合,经过一系列的结构改造和修饰,从而开发出全新结构的防污活性物质。多种微生物产生含吡咯环的抗生素,这些抗生素具有不同程度的抗细菌、抗真菌或杀虫活性。20 世纪 60 年代中期,Arima 等[113]首先发现了来自 *Pseudomonas pyrrocinia* 的芳基吡咯类抗生素吡咯尼林的杀菌活性并鉴定了其化学结构,以此为先导结构发现了芳基吡咯类杀菌剂。

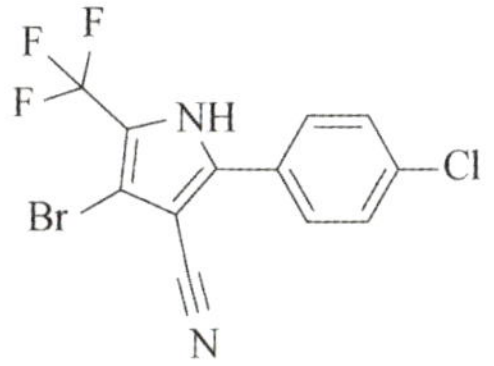

图 3-19 Econea 的结构式

芳基吡咯类化合物属于线粒体内的氧化磷酸化作用的阻隔剂,通过对此通道的作用,导致线粒体无法将二磷酸腺苷(ADP)转化为三磷酸腺苷(ATP)。在正常情况下,ADP 到 ATP 的氧化过程是细胞的能量来源,氧化磷酸化过程的破坏就会导致细胞死亡。有效的氧化磷酸化阻隔剂一般必须具备两个重要特征:一是足够的亲酯性,确保能够穿透线粒体的表层;二是化合物需具有弱酸性,一般认为酸度系数为 4.5 ~ 6.5,方能有效地破坏质子梯度,阻断 ADP 向 ATP 转化。Econea 具备这样的特征,因此对动物型污损生物具有较强的抑制活性。在涂料中的比例为 2% 质量分数时,即可显著抑制藤壶幼虫附着,从涂料中的平均释放速率为(4.3 ± 0.6)$\mu g/(cm^2 \cdot d)$[112],具有较好的实海防污效果。

海水中具有 3h 的水解半衰期[113]。在人造海水中的水解半衰期(DT_{50})在 25℃时约 3h,在 15℃时约 15h[114]。Econea 未显示出对细菌 *Vibrio fisheri* 的毒性抑制作用,被认为具有环保性,目前已经取得美国的 EPA 登记,它也是欧盟 BPD 登记的第 11 种海洋防污剂[115]。

3.6.4 美托咪定(Selektope)

Selektope 化学名称为 5 - [1 - (2,3 - 二甲基苯基)乙基] - 1H - 咪唑盐酸盐，美托咪定，分子结构如图 3 - 20 所示。

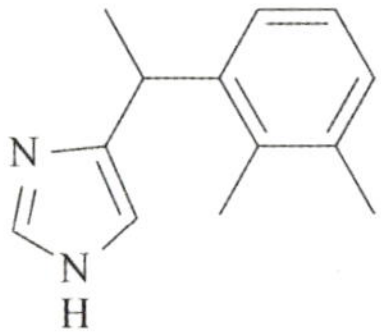

图 3 - 20 Selektope 的分子结构

Selektope 的关键特征之一是含有咪唑环。咪唑是在许多生物活性分子中发现的化学结构，例如内源性化学递质组胺，是氨基酸组氨酸的转化产物。Selektope 的目标物种是藤壶和盘管虫，在极低浓度时就可以抑制藤壶幼虫的附着，藤壶的抑制浓度小于 0.2μg/L[116]。但是，藻类和细菌的敏感性较低，以前有报道称，对微藻类群落光合作用的短期影响仅在高浓度时才发生[117]。将其应用于油轮 12 个月后，污底阻力与对比的基准新船的污底阻力明显降低[118]。实海测试显示，含 Selektope 试样上的藤壶幼虫数量在 2 周后减少了 97%，在 4 周后减少了 96%，在 8 周后减少了 70%。

同时，Selektope 中的咪唑环对于控制其从涂料基质中的释放速率还能起重要作用。咪唑啉可以与金属螯合，并黏附在金属氧化物颗粒上，而金属氧化物颗粒是船用防污漆的常见成分。因此，Selektope 可以与涂料成分结合，防止其过早地从涂层中浸出，使其保持较佳的自抛光速率[119]。Selektope 已获得了欧盟认证，根据欧盟的《生物杀灭剂法规》，从 2016 年 1 月 1 日起被纳入授权范围内，此外还获得了日本和韩国等国家的监督管理认证。

3.6.5 丁烯酸酯(Butenolide)

Butenolide 是丁烯酸内酯类物质，分子结构如图 3 - 21 所示。化合物 Butenolide 是由天然产物结构衍生而来。该小分子可以通过阻断污损生物附着相关信号及代谢通路发挥抗污损活性。

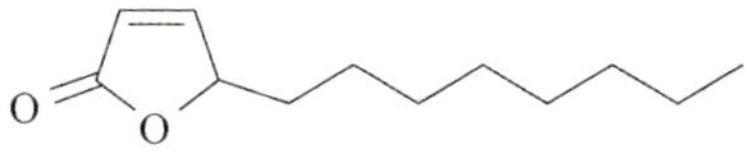

图 3 - 21 Butenolide 的分子结构

天然的内酯结构很多来源于微生物源天然产物,如从海洋链霉菌(UST040711-291)属物种中分离提取到9种内酯类化合物,均能有效抑制藤壶幼虫、苔藓虫和管虫等生长与附着。香港科技大学钱培元教授团队总结内酯结构与防污活性的关系,合成了简单结构、防污活性优异的化合物 Butenolide,目前通过化学合成,Butenolide 只需两步化学反应就能合成。Butenolide 对藤壶幼虫、苔藓虫和多毛类管虫均表现出强烈的抑制作用[120],对藤壶幼虫半有效浓度 EC_{50} 为 0.6μg/mL,华美盘管虫幼虫为 0.02μg/mL,苔藓虫幼虫为 0.2μg/mL;且毒性低,其安全系数 LC_{50}/EC_{50} 均接近或大于100。通过对非目标生物及目标生物的慢性毒性研究测试发现,Butenolide 不但毒性很小,且容易在海水中降解,无环境蓄积风险。Butenolide 对海洋青鳉鱼雄性激素水平仅产生中等程度的影响。而且,Butenolide 诱导的内分泌干扰作用不影响青鳉鱼后代的正常发育[121]。Butenolide 在4℃、25℃和40℃下的半衰期分别为大于64天、30.5天和3.9天,光解半衰期为5.7天,生物降解使 Butenolide 从海水中去除的速度更快,半衰期为0.5天[122]。

Butenolide 混合到基础涂料中,浸泡在海水中3个月后,与相同面板的外部区域相比,这些处理区域的污垢少得多,仅5%的 Butenolide 涂料就能保护物体表面不被污损生物附着长达12个月[119]。

参考文献

[1] 李赫,蔺存国,陶琨,等. 海洋防污涂层和防污技术[M]. 北京:机械工业出版社,2017.

[2] 赵成英,朱统汉,朱伟明. 2010~2013之海洋微生物新天然产物[J]. 有机化学,2013,33(06):1195-1234.

[3] IOANNIS K K. Antifouling paint biocides[M]. Berlin Heidelberg:Springer Verlag,2006.

[4] CHAMBERS L D,STOKES K R,WALSH F C,et al. Modern approaches to marine antifouling coatings[J]. Surface & Coatings technology,2006,201(6),3642-3652.

[5] DOBRETSOV S,DAHMS H U,QIAN P Y,et al. Inhibition of biofouling by marine microorganisms and their metabolites[J]. Biofouling,2006,22(1):43-54.

[6] PEREZ M,GARCIA M,BLUSTEIN G,et al. Tannin and tannate from the quebracho tree:an eco-friendly alternative for controlling marine biofouling[J]. Biofouling,2007,23(3):151-159.

[7] QIAN P Y,CHEN L G,XU Y. Mini-review:Molecular mechanisms of antifouling compounds[J]. Biofouling,2013,29(4):381-400.

[8] TURK T,FRANGEŽ R,SEPČIĆ K. Mechanisms of toxicity of 3-alkylpyridinium polymers from marine sponge *Reniera sarai*[J]. Marine Drugs,2007,5(4):157-167.

[9] ORTLEPP S,SJÖGREN M,DAHLSTRÖM M,et al. Antifouling activity of bromotyrosine-derived sponge metabolites and synthetic analogues[J]. Marine Biotechnology,2007,9(6):776-785.

[10] LIU H B, KOH K P, KIM J S, et al. The effects of betonicine, floridoside, and isethionic acid from the red alga *Ahnfeltiopsis flabelliformis* on quorum - sensing activity[J]. Biotechnology and Bioprocess Engineering, 2008, 13(4): 458 - 463.
[11] DOBRETSOV S, TEPLITSKI M, BAYER M, et al. Inhibition of marine biofouling by bacterial quorum sensing inhibitors[J]. Biofouling, 2011, 27(8): 893 - 905.
[12] BAYER M, HELLIO C, MARÉCHAL J P, et al. Antifouling bastadin congeners target mussel phenoloxidase and complex copper(II) ions[J]. Marine Biotechnology, 2011, 13(6): 1148 - 1158.
[13] ZHANG Y F, ZHANG H M, HE L S, et al. Butenolide inhibits marine fouling by altering the primary metabolism of three target organisms[J]. ACS Chemical Biology, 2012, 7(6): 1049 - 1058.
[14] ERWAN P, CLARE H, ERIC D, et al. Anti - microfouling activities in extracts of two invasive algae: *Grateloupia turuturu* and *Sargassum muticum*[J]. Botanica Marina, 2008, 51(3): 202 - 208.
[15] PALAGIANO E, ZOLLO F, MINALE L, et al. Isolation of 20 glycosides from the starfish Henricia downeyae, collected in the gulf of Mexico[J]. Journal of Natural Products, 1996, 59(4): 348 - 354.
[16] 刘晓鹏,姜宁. 微波辅助提取辣椒中辣椒素的研究[J]. 江西师范大学学报, 2008, 32(3): 286 - 289.
[17] FATEMEH N, SAMAD N E, MOHAMMAD T, et al. Multivariate optimisation of microwave - assisted extraction of capsaicin from capsicum frutescens L. and quantitative analysis by ^{1}H - NMR[J]. Phytochemical Analysis, 2007, 18(4): 333 - 340.
[18] 张熊禄,陈厚辉,史燃云,等. 微波法从茶叶中提取茶多酚[J]. 林产化工通讯, 2001, 35(5): 20 - 22.
[19] ANDRICHA G, NESTI U, VENTURI F, et al. Supercritical fluid extraction of bioactive lipids from the microalga *Nannochloropsis* sp. [J]. European Journal of Lipid Science and Technology, 2005, 107(6): 381 - 386.
[20] 陈庶来. 干红辣椒的综合开发利用[J]. 江苏理工大学学报, 1997, 18(1): 61 - 64.
[21] GEORGE G, H, GILLES H G, et al. Dysideaprolines A - F and barbaleucamides A - B, novel polychlorinated compounds from a *Dysidea species*[J]. Journal of Natural Products, 2001, 64(9): 1133 - 1138.
[22] 狄兰兰. 孔石莼中防污活性物质的提取与分离[D]. 青岛:中国海洋大学, 2009.
[23] 江和源,程启坤,杜琪珍. 调节 pH 值对 HSCCC 分离茶黄素分离的影响[J]. 茶叶科学, 2003, 23(S1): 88 - 91.
[24] ETOH H, KONDOH T, NODA R, et al. Shogaols from *zingiber officinale* as promising antifouling angents[J]. Bioscience, Riotechnology and Biochemistry, 2002, 66(8): 1748 - 1750.
[25] 王发松,黄世亮. 姜油的分子蒸馏与化学成分分析[J]. 中国医药工业杂志, 2003, 34(3): 125 - 127.
[26] NWUHA V. Novel studies on membrane extraction of bioactive components of green tea in organic solvents: part I[J]. Journal of Food Engineering, 2000, 44(4): 233 - 238.
[27] 席晓光. 质谱在有机化学及天然产物研究中的应用[J]. 沈阳师范学院学报, 1998, 16

(2):43 – 47.

[28] 薛松,胡皆汉,张卫,等. 核磁共振的差谱在天然产物研究中的应用(I)[J]. 波谱学杂志,2003,20(4):379 – 385.

[29] PAN J H,GARETH J,SHE Z G,et al. Review of bioactive compounds from fungi in the South China Sea[J]. Botanica Marina,2008,51(3):179 – 190.

[30] HE W D,LUC V P,JAN B,et al. Antifouling substances of natural origin:Activity of benzoquinone compounds from *Maesa lanceolata* against marine crustaceans[J]. Biofouling,2001,17(3):221 – 226.

[31] BHOSALE S H,NAGLE V L,JAGTAP T G. Antifouling potential of some marine organisms from India against species of *Bacillus* and *Pseudomonas*[J]. Marine Biotechnology,2002,4(2):111 – 118.

[32] KORANTZOPOULOS P,KOLETTIS T M,GALARIS D,et a1. The role of oxidative stress in the pathogenesis and perpetuation of atrial fibrillation[J]. International Journal of Cardiology,2007,115(2):135 – 143.

[33] HELLIO C,DE L B D,DUFOSSé L,et al. Inhibition of marine bacteria by extracts of macroalgae:potential use for environmentally friendly antifouling paints[J]. Marine Environmental Research,2001,52(3):231 – 247.

[34] PRABHAKARAN S,RAJARAM R,BALASUBRAMANIAN V,et a1. Antifouling potentials of extracts from seaweeds,seagrasses and mangroves against primary biofilm forming bacteria[J]. Asian Pacific Journal of Tropical Biomedicine,2012,2(1):s316 – s322.

[35] XIONG H R,QI S H,XU Y,et a1. Antibiotic and antifouling compound production by the marine – derived fungus *Cladosporium* sp. F14[J]. Journal of Hydro – environment Research,2008,2(4):264 – 270.

[36] SAFAEIAN S,HOSSEINI H,ASADOLAH A A P,et al. Antimicrobial activity of marine sponge extracts of offshore zone from Nay Band Bay,Iran[J]. Journal De Mycologie Médicale,2009,19(1):11 – 16.

[37] YUTAKA H,WATARU M. A newly developed bioassay system for antifouling substances using the blue mussel,*Mytilusedulis galloprovincialis*[J]. Journal of Marine Biotechnology,1996,4(3):127 – 130.

[38] 冯丹青,柯才焕,李少菁,等. 生姜提取物的防污活性研究[J]. 厦门大学学报(自然科学版),2007,46(1):135 – 140.

[39] MOL V P L,RAVEENDRAN T V,ABHILASH K R,et a1. Inhibitory effect of Indian sponge extracts on bacterial strains and larval settlement of the barnacle,*Balanus amphitrite*[J]. International Biodeterioration & Biodegradation,2010,64(6):506 – 510.

[40] QIU Y,DENG Z W,XU M J,et a1. New A – nor steroids and their antifouling activity from the Chinese marine sponge *Acanthella cavernosa*[J]. Steroids,2008,73(14):1500 – 1504.

[41] YEBRA D M,KIIL S,DAM – JOHANSEN K. Antifouling technology—past,present and future

steps towards efficient and environmentally friendly antifouling coatings[J]. Progress in Organic Coatings,2004,50(2):75 – 104.

[42] CLAUDE A. Environmental problems caused by TBT in France: Assessment, regulations, prospects[J]. Marine Environmental Research,1991,32(1 – 4):7 – 17.

[43] EVANS S M,LEKSONO T,MCKINNELL P D. Tributyltin pollution:a diminishing problem following legislation limiting the use of TBT – based anti – fouling paints[J]. Marine Pollution Bulletin,1995,30(1):14 – 21.

[44] BRYAN G W,GIBBS P E,HUMMERSTONE L G,et al. The decline of the gastropod *Nucella lapillus* around South – West England:evidence for the effect of tributyltin from antifouling paints[J]. Journal of the Marine Biological Association of the United Kingdom,1986,66(3):611 – 640.

[45] HALLERS – TJABBES C C T,KEFP J F,BOON J P. Imposex in whelks(*Buccinum undatum*) from the open North Sea:Relation to shipping traffic intensities[J]. Marine Pollution Bulletin,1994,28(5):311 – 313.

[46] 郑纪勇,赵守涣,蔺存国. 海洋天然防污活性物质及其抗海洋生物粘附的机理[C]//中国腐蚀与防护学会.2015 第二届海洋材料与腐蚀防护大会论文全集. 北京:中国腐蚀与防护学会,2015:46 – 49,55.

[47] XU Y,HE H,SCHULZ S,et al. Potent antifouling compounds produced by marine *Streptomyces*[J]. Bioresource Technology,2010,101(4):1331 – 1336.

[48] GUEZENNEC J,HERRY J M,KOUZAYHA A,et al. Exopolysaccharides from unusual marine environments inhibit early stages of biofouling[J]. International Biodeterioration & Biodegradation,2012,66(1):1 – 7.

[49] GUENTHER J,WALKER – SMITH G,WAREN A,et al. Fouling – resistant surfaces of tropical sea stars[J]. Biofouling,2007,23(6):413 – 418.

[50] HOLMSTROM C,KJELLEBERG S. The effect of external biological factors on settlement of marine invertebrate and new antifouling technology[J]. Biofouling,1994,8(2):147 – 160.

[51] KON – YA K,SHIMIDZU N,MIKI W,et al. Indole derivatives as potent inhibitors of laval settlement by the barnacle *Balanus Amphitrite*[J]. Bioscience,Biotechnology,and Biochemistry,1994,58(12):2178 – 2181.

[52] WANG K L,XU Y,LU L,et al. Low – toxicity diindol – 3 – ylmethanes as potent antifouling compounds[J]. Marine Biotechnology,2015,17(5):624 – 632.

[53] GAO M,WANG K,SU R,et al. Antifouling potential of bacteria isolated from a marine biofilm[J]. Journal of Ocean University of China,2014,13(5):799 – 804.

[54] RAMASUBBURAYAN R,PRAKASH S,IYAPPARAJ P,et al. Isolation,screening and evaluation of antifouling activity of mangrove associated bacterium,*Bacillus subtilis* subsp. *subtilis* RG[J]. Proceedings of the National Academy of Sciences,India Section B:Biological Sciences,2017,87(3):1015 – 1024.

[55] CHEN M,WANG K L,WANG C Y. Antifouling indole alkaloids of a marine – derived fungus

Eurotium sp. [J]. Chemistry of Natural Compounds,2018,54(1):207 – 209.

[56] ZHANG X Y,FU W,CHEN X,et al. Phylogenetic analysis and antifouling potentials of culturable fungi in mangrove sediments from Techeng Isle, China[J]. World Journal of Microbiology and Biotechnology,2018,34(7):90 – 100.

[57] ZHANG X Y,HAO H L,LAU S C K,et al. Biodiversity and antifouling activity of fungi associated with two soft corals from the South China Sea[J]. Archives of Microbiology,2019,201(6): 757 – 767.

[58] 南春容,张海智,董双林. 孔石莼水溶性抽提液抑制3种海洋赤潮藻的生长[J]. 环境科学学报,2004,24(4):703 – 705.

[59] TODD J S,ZIMMERMAN R C,CREWS P,et al. The antifouling activity of natural and synthetic phenolic acid sulphate eaters[J]. Phytochemistry,1993,34(2):401 – 404.

[60] IYAPPARAJ P,REVATHI P,RAMASUBBURAYAN R,et al. Antifouling activity of the methanolic extract of *Syringodium isoetifolium* and its toxicity relative totributyltin on the ovarian development of brown mussel *Perna indica*[J]. Ecotoxicology and Environmental Safety,2013,89:231 – 238.

[61] LHULLIER C,FALKENBERG M,IOANNOU E,et al. Cytotoxic halogenated metabolites from the Brazilian red alga *Laurencia catarinensis*[J]. Journal of Natural Products,2010,73(1):27 – 32.

[62] KONIG G M,WRIGHT A D. *Laurencia rigida*: chemical investigations of its antifouling dichloromethane extract[J]. Journal of Natural Products,1997,60(10):967 – 970.

[63] HELLIO C,SIMON – COLIN C,CLARE A,et al. Isethionic acid and floridoside isolated from the red alga, *Grateloupia turuturu*, inhibit settlement of *Balanus amphitrite* cyprid larvae[J]. Biofouling,2004,20(3):139 – 145.

[64] NYS R D,STEINBERG P D,WILLEMSEN P,et al. Broad spectrum effects of secondary metabolites from the red alga *Delisea pulchrain* antifouling assays[J]. Biofouling,1995,8(4):259 – 271.

[65] SILESS G E,GARCÍA M,PÉREZ M,et al. Large – scale purification of pachydictyol a from the brown alga *Dictyota dichotoma* obtained from algal wash and evaluation of its antifouling activity against the freshwater mollusk *Limnoperna fortunei*[J]. Journal of Applied Phycology,2018,30(1):629 – 636.

[66] WISESPONGPAND P,KUNIYOSHI M. Bioactive phloroglucinols from the brown alga *Zonaria diesingiana*[J]. Journal of Applied Phycology,2003,15(2 – 3):225 – 228.

[67] VIANO Y,BONHOMME D,CAMPS M,et al. Diterpenoids from the mediterranean brown alga *Dictyota* sp. evaluated as antifouling substances against a marine bacterial biofilm[J]. Journal of Natural Products,2009,72(7):1299 – 1304.

[68] CULIOLI G,ORTALO – MAGNE A,VALLS R,et al. Antifouling activity of meroditerpenoids from the marine brown alga *Halidrys siliquosa*[J]. Journal of Natural Products,2008,71(7): 1121 – 1126.

[69] MOKRINI R,MESAOUD M B,DAOUDI M,et al. Meroditerpenoids and derivatives from the brown alga *Cystoseira baccata* and their antifouling properties[J]. Journal of Natural Products,

2008,71(11):1806 - 1811.

[70] MARECHAL J P,CULIOLI G,HELLIO C,et al. Seasonal variation in antifouling activity of crude extracts of the brown alga *Bifurcaria bifurcate*(Cystoseiraceae) against cyprids of *Balanus amphitriteand* the marine bacteria *Cobetia marina* and *Pseudoalteromonas haloplanktis*[J]. Journal of Experimental Marine Biology and Ecology,2004,313(1):47 - 62.

[71] HARDER T, QIAN P Y. Waterborne Compounds from the Green Seaweed *Ulva reticulata* as Inhibitive Cues for Larval Attachment and Metamorphosis in the Polychaete *Hydroides elegans*[J]. Biofouling,2000,16(2 - 4):205 - 214.

[72] SMYRNIOTOPOULOS V, ABATIS D, TZIVELEKA L A, et al. Acetylene sesquiterpenoid esters from the green alga *Caulerpa prolifera*[J]. Journal of Natural Products,2003,66(1):21 - 24.

[73] ZHENG J Y,LIN C G,DI L L. Natural Antifouling Materials from Marine Plants *Ulva Pertusa*[J]. Advanced Materials Research,2009,79 - 82:1079 - 1082.

[74] SURESH M, IYAPPARAJ P, ANANTHARAMAN P. Antifouling activity of lipidic metabolites derived from *Padina tetrastromatica*[J]. Applied Biochemistry and Biotechnology,2016,179(5):805 - 818.

[75] SALAMA A J,SATHEESH S,BALQADI A A. Antifouling activities of methanolic extracts of three macroalgal species from the Red Sea[J]. Journal of Applied Phycology,2018,30(3):1943 - 1953.

[76] STUPAK M E,GARCIA M T,PEREZ M C. Non - toxic alternative compounds for marine antifouling paints[J]. International Biodeterioration & Biodegradation,2003,52(1):49 - 52.

[77] ANGARANO M B,MCMAHON R F,HAWKINS D L,et al. Exploration of structure - antifouling relationships of capsaicin - like compounds that inhibit zebra mussel(*Dreissena polymorpha*) macrofouling[J]. Biofouling,2007,23(5):295 - 305.

[78] 陈俊德. 红树植物角果木的化学成分及其防污活性研究[D]. 厦门:厦门大学,2008.

[79] TARGETT N M,BISHOP S S,MCCONNELL O J,et al. Antifouling agent against the marine diatom,*Navicula salinicola* Homarine from the gorgonians *Leptogorgia virgulata* and *L. setacea* and analogs[J]. Journal of Chemical Ecology,1983,9(7):817 - 829.

[80] STANDING J D,HOOPER I R,COSTLOW J D. Inhibition and induction of barnacle settlement by natural product present in octocorals[J]. Journal of Chemical Ecology,1984,10(6):823 - 834.

[81] TOMONO Y,HIROTA H,FUSETANI N. Isogosterones A - D,antifouling 13,17 - Secosteroids from an octocoral *Dendronephthya* sp. [J]. Journal of Organic Chemistry,1999,64(7):2272 - 2275.

[82] PATIÑO CANO L P,QUINTANA MANFREDI R,PÉREZ M,et al. Isolation and antifouling activity of azulene derivatives from the Antarctic gorgonian *Acanthogorgia laxa*[J]. Chemistry & Biodiversity,2018,15(1):e1700425.

[83] HANSSEN K, CERVIN G, TREPOS R, et al. The bromotyrosine derivative lanthelline isolated from the arctic marine sponge *Stryphnusfortis* inhibits marine micro - and macrobiofouling[J]. Marine Biotechnology,2014,16(6):684 - 694.

[84] CLAIRE H, MARIA T, JEAN - PHILIPPE M, et al. Inhibitory effects of Mediterranean sponge

extracts and metabolites oil larval settlement of the barnacle *Balanus amphitrite* [J]. Marine Biotechnology,2005,7(4):297 – 305.

[85] HATTORI T, ADACHI K, SHIZURI Y. New ceramide from marine sponge *Haliclona koremella* and related compounds as antifouling substances against macroalgae[J]. Journal of Natural Products,1998,61(6):823 – 826.

[86] SERA Y, ADACHI K, NISHIDA F, et al. A new sesquiterpene as an antifouling substance from a palauan marine sponge, *Dysidea herbacea*[J]. Journal of Natural Products,1999,62(2):395 – 396.

[87] GOTO R, KADO R, MURAMOTO K, et al. Furospongolide: an antilouling substance from the marine sponge *Phyliospongia papyracea* against the barnacle *Balanus amphitrite* [J]. Nippon Suisan Gakkaishi,1993,59(11):1953.

[88] AL – SOFYANI A, MARIMUTHU N, WILSON J J, et al. Antifouling effect of bioactive compounds from selected marine organisms in the Obhur Creek, Red Sea[J]. Journal of Ocean University of China,2016,15(3):465 – 470.

[89] KANG J Y, BANGOURA I, CHO J Y, et al. Antifouling effects of the periostracum on algal spore settlement in the mussel *Mytilus edulis*[J]. Fisheries and Aquatic Sciences,2016,19(1):7 – 12.

[90] PATRO S, ADHAVAN D, JHA S. Fouling diatoms of Andaman waters and their inhibition by spinal extracts of the sea urchin *Diadema setosum*(Leske,1778)[J]. International Biodeterioration & Biodegradation,2012,75:23 – 27.

[91] HIROTA H, OKINO T, YOSHIMURA E, et al. Five new antifouling sesquiterpenes from two marine sponges of the genus *Axinyssa* and the nudibranch *Phyllidia pustulosa*[J]. Tetrahedron,1998,54(46):13971 – 13980.

[92] BERS A V, D'SOUZA F, KLIJNSTRA J W, et al. Chemical defence in mussels: antifouling effect of crude extracts of the periostracum of the blue mussel *Mytilus edulis*[J]. Biofouling,2006,22(4):251 – 259.

[93] DAVIS A R, WRIGHT A E. Inhibition of larval settlement by natural products from the ascidian, *Eudistoma olivaceum*(Van Name)[J]. Journal of Chemical Ecology,1990,16(4):1349 – 1357.

[94] 高强,张占平,齐育红,等. 海洋细菌和舟形底栖硅藻在辣椒素防污涂层上的附着行为与机制[J]. 中国表面工程,2019,32(1):135 – 144.

[95] 王金玲,吕长山,于广建,等. 辣椒碱的研究进展[J]. 黑龙江农业科学,2004(3):36 – 39.

[96] XU Q W, BARRIOS C A, CUTRIGHT T, et al. Assessment of antifouling effectiveness of two natural product antifoulants by attachment study with freshwater bacteria[J]. Environmental Science and Pollution Research International,2005,12(5):278 – 284.

[97] 史航,王鲁民. 含辣椒素防污涂料在海洋网箱网衣中应用研究[J]. 化工新型材料,2004(11):54 – 56.

[98] WATTS J L. Anti – fouling coating composition containing capsaicin: US5397385[P]. 1995 –

03 - 14.

[99] FISCHER K J. Marine organism repellent covering for protection of underwater objects and method of applying same:US5226380[P]. 1997 - 07 - 13.

[100] KENJI N,KIMISATO H,KANJI Y,et al. Coating type animal - repelling composition:JP06219907[P]. 1994 - 08 - 09.

[101] ZHANG L L,XU J,TANG Y Y,et al. A novel long - lasting antifouling membrane modified by bifunctional capsaicin - mimic moieties via in situ polymerization for efficient water purification[J]. Journal of Materials Chemistry A,2016,4(26):10352 - 10362.

[102] WANG J,GAO X L,WANG Q,et al. Enhanced biofouling resistance of polyethersulfone membrane surface modified with capsaicin derivative and itaconic acid[J]. Applied Surface Science, 2015,356:467 - 474.

[103] PENG B X,WANG J L,PENG Z H,et al. Studies on the synthesis,pungency and anti - biofouling performance of capsaicin analogues[J]. Science China Chemistry,2012,55(3):435 - 442.

[104] CONG W W, YU L M. Synthesis and bacteriostatic activity and antifouling capability of benzamide derivatives containing capsaicin[J]. Chemical Research in Chinese Universities, 2011,27(5):803 - 807.

[105] JIA L N,YU L M,LI R,et al. Synthesis and solution behavior of hydrophobically associating polyacrylamide containing capsaicin - like moieties[J]. Journal of Applied Polymer Science, 2013,130(3):1794 - 1804.

[106] 蔡琰. 辣椒素改性丙烯酸树脂的制备、性能表征及应用研究[D]. 广州:华南理工大学,2018.

[107] WANG J B,SHI T,YANG X L,et al. Environmental risk assessment on capsaicin used as active substance for antifouling system on ships[J]. Chemosphere,2014,104:85 - 90.

[108] OLIVEIRA I B,BEIRAS R,THOMAS K V,et al. Acute toxicity of tralopyril,capsaicin and triphenylborane pyridine to marine invertebrates[J]. Ecotoxicology,2014,23(7):1336 - 1344.

[109] 郝松松,孙晓峰,李占明,等. 海洋舰船防污涂料综述[J]. 表面工程与再制造,2017,17(2):29 - 33.

[110] 彭必先,王俊莲,彭争宏,等. 辣椒素同系物合成、辣度及海洋生物防污性能研究[J]. 中国科学,2011,41(10):1646 - 1654.

[111] ARIMA K,IMANAKA H,KOUSAKA M,et al. Studies on pyrrolnitrin,a new antibiotic. I. Isolation and properties of pyrrolnitrin[J]. The Journal of Antibiotics,1965,18(5):201 - 204.

[112] ROBERT A D,JOHN R D,ADRIAN D,et al. Determination of the biocide Econea® in artificial seawater by solid phase extraction and high performance liquid chromatography mass spectrometry[J]. Separations,2017,4(4):34.

[113] THOMAS K V,BROOKS S. The environmental fate and effects of antifouling paint biocides[J]. Biofouling,2010,26(1):73 - 88.

[114] SILVA E R,FERREIRA O,RAMALHO P A,et al. Eco - friendly non - biocide - release coat-

ings for marine biofouling prevention[J]. Science of the Total Environment,2019,650(2):2499 - 2511.

[115] 李慧,杨旭石,廖本仁. 新型海洋防污剂的研究现状及发展趋势[J]. 上海化工,2014,39(8):31 - 34.

[116] DAHLSTRÖM M, MÅRTENSSON L G E, JONSSON P R, et al. Surface active adrenoceptor compounds prevent the settlement of cyprid larvae of *Balanus improvisus*[J]. Biofouling,2000,16(2):191 - 203.

[117] ARRHENIUS A, BACKHAUS T, HILVARSSON A, et al. A novel bioassay for evaluating the efficacy of biocides to inhibit settling and early establishment of marine biofilms[J]. Marine Pollution Bulletin,2014,87(1 - 2):292 - 299.

[118] JLA Selektope 活性剂实船试验成功[J]. 船舶工程,2017,39(4):100.

[119] LINDBLAT L, RAMSDEN R, LONGYEAR J. Biofouling methods[M]. New Jersey: Wiley - Blackwell,2014.

[120] 艾孝青,谢庆宜,潘健森,等,天然产物基海洋防污涂料的研究进展[J]. 涂料工业,2019,49(6):42 - 48,55

[121] CHEN L G, YE R, XU Y, et al. Comparative safety of the antifouling compound butenolide and 4,5 - dichloro - 2 - n - octyl - 4 - isothiazolin - 3 - one(DCOIT) to the marine medaka(*Oryzias melastigma*)[J]. Aquatic Toxicology,2014,149:116 - 125.

[122] CHEN L G, XU Y, WANG W X, et al. Degradation kinetics of a potent antifouling agent, butenolide, under various environmental conditions[J]. Chemosphere,2015,119:1075 - 1083.

第4章

防污活性酶

酶是生物体内活细胞产生的一种具有生物催化功能的生物大分子。它们本身在自然界无所不在，作为蛋白质，它们在工业领域的应用被认为对环境几乎是无害的。研究表明，污损生物黏附物质大体由蛋白质、多糖、糖蛋白等构成，而酶对其可针对性分解；另外，酶也可作用产生过氧化氢、具有防污活性的小分子有机代谢产物等，达到抑制生物附着的作用。与化学作用相比，其具有反应条件温和、效率高、专一性强、副反应少、对环境友好等优点。防污活性酶及其涂层应用技术在海洋生物污损防除中展现出巨大的应用潜力，成为新型环境友好防污材料发展的重要方向之一[1]。本章集中讨论了防污活性酶作用原理、酶基防污技术发展现状、防污活性酶制备与应用技术、防污活性酶防污性能评价方法等。

4.1 防污活性酶作用原理

酶基防污方法可以根据所涉及的防污活性酶的预期作用进行分类，总体来说，可以分为两个大类：直接防污和间接防污。直接防污是指防污活性酶直接作用于污损生物，达到防污目的；间接防污是指通过防污活性酶分解其他底物，产生防污活性物质，从而抑制或杀死污损生物[2]。

4.1.1 防污活性酶直接防污

防污活性酶直接防污可进一步分为杀生和黏附剂降解两种机制。杀生是酶直接“攻击”污损生物本身，杀死污损生物本体，如图4-1所示；黏附剂降解则是利用酶对蛋白质、多糖等生物黏附物质的降解作用，降低污损生物附着力，使污损生物不附着或易于脱除。

图4-1 防污活性酶直接杀灭污损生物

1. 杀生作用

具有直接杀生防污能力的酶与通常应用的防污剂防污机制类似。酶在涂层表面逐步释放,使涂层表面的界面层变为对污损生物有害的环境。例如溶菌酶[3]、几丁质酶[4]和透明质酸酶[4]可在此机制下工作。

溶菌酶的作用方式类似于抗生素,可以直接杀死细菌。几丁质酶可催化分解几丁质,而几丁质是藤壶甲壳必不可少的组分。透明质酸酶水解透明质酸(一种细胞组织组分),由此增加组织渗透性,从而杀死污损生物[5]。

目前,有希望通过直接杀生作用对污损防护产生贡献并且防污效果得到测试的酶是几丁质酶。几丁质酶对藤壶的作用是显著的,但种类专一。有研究表明,加入该酶的涂层对 *Balanus*(一种常见藤壶)具有显著抑制作用,但对被囊动物海鞘没有影响[4]。

通过将污损生物暴露在致命或"有毒"的酶中产生作用的防污涂料,目前受到污损生物多样性的挑战。酶的种类专一防污活性意味着必须同时应用几种不同类型的酶。对于加入涂料体系的每一类型的酶,其相关困难程度是成倍增加的,例如,涂料中组分的兼容性和在涂料中稳定性。此外,由活性组分配制的防污涂料需要以接近最优的速率同时释放这些组分,才能保持充分的效力和涂料兼容性。

如果个别酶组分的释放速率偏离了最优值,涂料防污活性将不可避免地受到影响。总之,基于杀灭性酶的防污涂料,如要获得充分的防污性能,必须确认酶或酶的组合可杀灭全部范围的污损动物,以接近最优速率的可控速率输送酶至污损生物,并满足防污涂料兼容性和稳定性的总体需求。

2. 黏附剂降解

污损生物通过不同种类的黏附剂将自身附着在固体表面。微生物通过胞外聚合物(EPS)黏附在材料表面,形成微生物膜。EPS 是形成微生物膜的重要物质,细菌的胞外聚合物由多聚糖、蛋白质、核酸、糖蛋白、磷脂等成分构成。不同种类的细菌胞外聚合物各组成成分含量不一样,同种细菌在随环境改变时,其胞外聚合物各组成成分含量也有变化[6]。多聚糖和蛋白质是细菌胞外聚合物的重要组成成分。其中,多聚糖具有高度异构性,包含不同的单糖单位和无机取代基。不同细菌胞外聚合物的多糖组分差异很大,既可以是简单的均聚糖也可是较为复杂的杂聚糖,它们分子量在 $10^3 \sim 10^8$ kDa 之间。均聚糖是单一的链接类型,其重复单元是一种单糖,杂聚糖是由 2~8 单糖长度的重复单元构成,其重复单元是由多种单糖组成。此外,不同细菌的胞外聚合物中蛋白质的组分差异也很大,但胞外蛋白质的作用很大,它可以调节胞外多糖的分泌,影响生物膜结构,促进微生物在材料表面附着[7]。

微藻种类繁多,其中硅藻是最为重要的一种。海洋环境下,硅藻是形成生物膜的主要成分。硅藻的胞外聚合物主要由羧化或硫酸盐化的酸性多糖组成,也含有少量蛋白质。不同种类硅藻的胞外聚合物有很大差异,主要表现在蛋白质片段以及复杂结合的单糖、硫酸酯或糖醛酸上。但也有研究通过二级粒子飞行时间质谱发现,有些硅藻的胞外聚合物中多糖有相同的结构片段[8]。此外,同种硅藻在不同条件下胞外聚合物成分组成可能不同。有些硅藻胞外聚合物成分会随季节的变化而变化[9],有些硅藻会随黏附表面性质的改变而改变分泌液的成分[10],因此硅藻的胞外聚合物成分十分复杂。

大型污损生物中最为典型的生物为藤壶、贻贝及大型藻类。藤壶幼虫选择合适的材料表面进行附着、发育,在这过程中向外分泌胶质——藤壶胶,进行牢固黏附。研究发现,藤壶胶的化学组成(如碳、氢、氮等)会随基底不同而有较大差异[11]。Kamino 从藤壶胶中分离出 Mrcp-100k、Mrcp-68k、Mrcp-52k、Mrcp-20k、Mrcp-19k 等蛋白质[12]。贻贝附着在物体表面是通过足丝腺分泌具有黏附性能的胶液实现的,这种胶液固化后形成足丝。贻贝足丝中主要含有 Mefp1、Mefp2、Mefp3、Mefp4、Mefp5 这 5 种蛋白,其中 Mefp1 是最大的蛋白,由 75~80 个多肽重复片段组成[13]。Mefp3 和 Mefp5 是足丝与外界表面黏合的主要黏附蛋白,这两种蛋白中多巴(DOPA)含量很高。

黏附剂降解作用可体现在两个方面:一是在附着过程中抑制生物;二是去除生物附着足印或者通过降解已经固化的胶黏剂抑制附着,如图 4-2 所示。通常,一些污损生物在附着之前会探寻基底,这种行为留下了称为足印的黏附物质。如果酶可降解这些聚合物,对于防污则非常有利。水解酶降解污损生物足印已有文献记录[14]。

图 4-2　防污活性酶催化降解生物黏附剂

为了在海水中有效黏附,污损生物黏附剂需要从生物体中快速释放,完全润湿附着表面,在海水中不溶解,并且将水从基底中排除[15]。对于水解酶,水是它们的共同作用底物，因此相对于固化黏附剂（无水状态），水解酶对于湿态黏附剂具有更高的水解活性。基于硅藻、藤壶、贻贝等典型污损生物黏附物质（蛋白质和多糖，参见上文），可以得出结论，至少必须采用两种类型的酶，如蛋白酶和淀粉酶，才能达到足够广泛的防污活性。一些研究者没有考虑到污损生物黏附物质的广泛多样性而只应用了一种类型的酶[16-19]。

3. 防污活性酶直接防污技术发展

本部分的研究大多集中于通过防污活性酶分解污损生物黏附物质方面。Leroy等[20-21]研究了几种商业化水解酶（糖酶、蛋白酶和脂肪酶）对细菌附着形成生物膜的影响。研究表明，蛋白酶（枯草杆菌蛋白酶）是预防细菌附着和清除已附着细菌效果最好的水解酶，其他水解酶效果一般，有些水解酶甚至会增加细菌的附着。Zanaroli 等[22]研究发现，几种水解酶混合使用能有效防止生物膜的形成，防污效果比单一种类水解酶要好。此外，有研究分别测定枯草杆菌蛋白酶、纤维素蛋白酶对绿脓杆菌和表皮葡萄球菌附着的影响，结果显示，纤维素蛋白酶有效减少了表皮葡萄球菌的附着，但对绿脓杆菌没有影响，而枯草杆菌蛋白酶作用效果相反[23]。这表明了有些酶催化具有针对性，多种酶联合作用才能起到广泛的防污效果。Tasso等[24]发现，固定化枯草杆菌蛋白酶可以减少石莼孢子和硅藻的附着，有效降低硅藻的黏附强度。Peres 等[25]用含有木瓜蛋白酶的涂层在地中海做了为期 7 个月的测试，发现木瓜蛋白酶具有优良的防污作用。另外一种防污效果比较好的蛋白酶是丝氨酸蛋白酶，它不仅可以降解生物膜，而且对大型生物黏附物质有分解作用。丝氨酸蛋白酶可降解生物膜，其生物膜可以是单一菌种生物膜也可以是多种细菌生物膜[26-27]，这充分体现了丝氨酸蛋白酶对生物膜的降解具有普遍性。Pettitt[14]研究丝氨酸蛋白酶对藤壶附着的影响，结果表明，在丝氨酸蛋白酶的作用下，藤壶幼虫附着足迹明显减少，这说明丝氨酸蛋白酶可以降解藤壶所分泌的胶液，减少了藤壶幼虫在材料表面的附着。Huijs 等[28]通过聚合物中的环氧基、乙酰乙酸基、醛基、氯甲基等进行酶的固定化，将蛋白酶、葡萄糖氧化酶、α-淀粉酶、脂肪酶作为防污涂料的首选用酶。防污测试结果表明，通过涂层黏结剂的官能团共价连接固定酶可以产生有效的防污作用。以这种方式应用的酶（葡萄糖氧化酶、蛋白酶、淀粉酶和脂肪酶）在涂层中体现出显著的防污效果，另外，固定化也提高了酶的防污性能。杜克大学申请的美国专利 US5998200 中公开了一种用酶做主要防污剂的防污涂料[29]，将丝氨酸蛋白酶、巯基蛋白酶、金属蛋白酶、几丁质酶、番木瓜蛋白酶、链霉菌蛋白酶、β-淀粉酶、糖苷酶、纤维素酶、果胶酶、胶原酶、透明质酸酶、β-葡萄糖苷酸酶、胰蛋白酶、胰凝乳蛋白酶、枯草杆菌蛋白酶、木瓜凝乳蛋白酶、羧基肽酶、嗜热菌蛋白酶等 10 余种酶作为防污酶。韩国大学申请了用酶与纤维混合物作为防污物质的防污涂料[30]。Francesca Isella 等[31]申请的欧洲专利 EP2476798A1

中也用有机聚合物树脂为成膜物,以蛋白酶、纤维素酶、淀粉酶、木聚糖酶、脂肪酶等水解酶作为主要防污剂。

4.1.2 防污活性酶间接防污

依据酶作用物质(前体)的来源,可将防污活性酶间接防污的概念分为海水来源和涂层来源两种途径。

1. 作用原理

一般来说,涉及间接防污的酶反应可表示为

$$前体1 + 前体2 \longrightarrow 活性剂 + 副产物 \quad (1)$$

海水来源指防污涂料中的酶可以从海水环境中转化化合物为蛋白类防污剂,如图4-3所示。例如,防污涂料表面的卤素过氧化物酶能够将海水中的过氧化氢和卤素离子成分转化为氢卤酸[32]。氢卤酸(如次氯酸)是卤素的氧化性酸和一种有效的防污剂。该酸的防污效果超过了相应当量的过氧化氢。卤素过氧化物酶防污应用的主要缺点是过氧化氢在天然海水中的可用性。在实验测试卤素过氧化氢酶的防污潜力时,过氧化氢需要以至少10μmol的量加入。然而,表面海水中过氧化氢的含量很少超过0.1μmol[33]。当前体物出现在涂料环境中时,它们必须要有足够高的能量以使酶连续不断地提供具有抑制作用的防污产物。浓度不能区域性地波动也不能随时间变化。这被认为是高度限制性的要求。此外,黏泥在防污涂层表面上的必然生长[34]将会给海水溶解性底物的扩散带来阻力,降低了基底在酶所存在的涂层界面上的活性浓度。

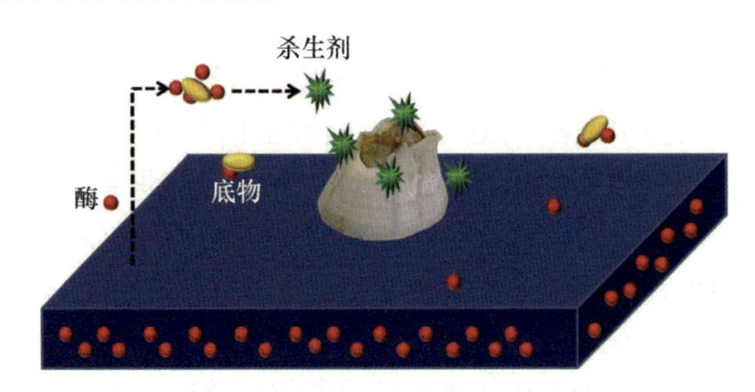

图4-3 防污活性酶催化海水中底物产生杀生剂

涂层来源指防污涂料中的酶可以从涂料本体膜层中转化化合物为蛋白类防污剂,其前体物是涂层自身的一部分,如图4-4所示。与直接防污相反,酶间接防污更是因酶和反应物的种类而异。最初加入到涂料中的前体化合物的水溶性是一个令人关注的参数。适度的水溶性底物可以迅速地从涂层中释出,却损害了涂层的抛光速率[35]。目前已提出了多种产生潜在防污剂的酶反应[36]。在间接防污方法中,目前唯一经过测试的前体底物是由C10脂肪酸三脂和脂肪酶组成的涂料组分。酶用来分解涂料中的脂质,从而连续地从涂层中释放癸酸。涂层在海水中暴露3个月后,在其上面没有发现黏泥污损。然而,仅含有癸酸的相同涂层却被完全污损。在效果上的差别可以通过前者癸酸的控制释放,以及后者癸酸的快速释出进行解释,表明只有酶具有防污活性。尽管还没有定论,但对照表明,防污效果是由酶系统,而不是由涂料树脂或表面性质引起的。

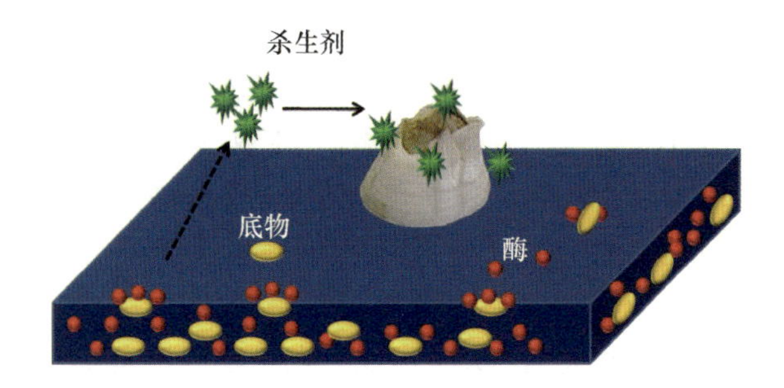

图4-4　防污活性酶催化涂层中底物产生杀生剂

Poulsen和Kragh[37]通过调节酶基防污涂料组合物组成,从防污涂料中连续释放过氧化氢。酶生产过氧化氢通过一步过程或两步过程来实现。前者是由葡萄糖和己糖氧化酶组合构成的过氧化氢释放系统,后者包含一个由淀粉酶催化淀粉水解产生葡萄糖前体的系统。通过由淀粉、淀粉酶、己糖氧化酶构成的涂层稳定释放过氧化氢已有报道。该涂层也宣称可有效抑制污损生物附着,然而未提供相关证实数据。

当前体底物从涂层内部供给时,若使防污效果持续整个使用周期(游艇1个生物旺季,远洋船只3~5个生物旺季),那么涂层中底物的初始量必须足够高。从涂料的适用性和结构完整性来说,大量的底物可能与其他的涂料组分或总体上与涂料产品不相容,潜在地损害了涂料性能。持续的防污效果需要底物的稳定释放。在文献中,这已经通过前体酶系统实现了。

因为酶和前体底物必须一起存在于涂料中,它们必须在涂料应用之前的某一时刻被混合。在操作期间,确保船舶入水之前没有底物的转化产生,对于产品的保质期和防污效能是非常重要的。这可以通过消除油漆罐中一种或多种转化所需的底物来完成(如O_2,H_2O)。当没有共用前体底物时,涂料的组分是稳定的。一旦入水,这些底物在涂层中的渗透将引起底物转化。

总之,基于酶转化涂料中的前体底物为防污剂的防污方法,取决于活性组分的稳定供给。前体底物必须与涂料组分相容,并且所述底物必须与酶接触。更重要的是,任何酶活性必须在涂料生产、储存和应用期间进行限制。

2. 防污活性酶间接防污技术发展

酶可以作用于环境中其他底物，产生具有生物杀灭作用的活性物质，常见的活性物质为过氧化氢、水卤酸等。Biolocus 公司申请的美国一项专利公开了一种用酶催化产生过氧化物作为防污剂的防污涂料[38]。Kristensen 等[39]利用淀粉酶和己糖氧化酶构成的涂层来稳定释放过氧化氢，具有高效防污性能，含酶涂层相对于不含酶涂层，附着藤壶数量及微生物覆盖面积明显减小。然而酶防污涂层要想真正实现商业应用，酶的催化活性必须在一定的时间内保持稳定。H. Wang 等[40]在实验室条件下，把淀粉酶和葡萄糖氧化酶封装在二氧化硅防污涂料中，涂层可以以较高的速率稳定释放过氧化氢，持续时间长达 3 个月。此外，酶催化生成过氧化氢的持续时间很大程度上受温度的影响，Olsen 等[41]用含淀粉酶和葡萄糖氧化酶涂层在不同海域测试，发现在温度比较低的海域，涂层持续释放过氧化氢时间较长，该涂层在低温区域应用效果更加明显。基于温度对防污酶控制释放的影响，我们可将防污酶经过适当方法进行固定化来改善酶的热稳定性，从而实现酶在特定温度范围内的应用。丹麦酶制剂 GENECOR 公司与涂料生产厂商 HEMPEL 公司合作，研发基于葡萄糖氧化酶和己糖氧化酶联合作用生产过氧化氢的防污技术，目前该技术已经成功应用到防污涂料中，并已开始实船应用。防污活性酶部分专利及酶的反应如表 4－1 所列。

表 4－1　防污活性酶部分专利及酶的反应[42]

发明人(年份)	酶的类型	催化反应
Noel(1984)	蛋白酶 肽链内切酶	蛋白降解 蛋白降解
Kato(1987)	纤维素 蛋白水解 细胞壁水解	纤维素降解 蛋白降解
Iwamura 等(1989)	蛋白酶	蛋白降解
Kuwamura 等(1989)	蛋白酶	蛋白降解
Okamoto 等(1991)	蛋白酶	蛋白降解
Bonaventura 等(1991)	蛋白酶 淀粉酶 胶原酶 透明质酸酶 羧肽酶	蛋白降解 淀粉降解 打破胶原肽键 透明质酸降解 蛋白降解
Wever 等(1994)	卤过氧化物酶	$H_2O_2 + Br^- \longrightarrow HOBr + OH^-$
Hamade 等(1996)	蛋白酶 几丁质酶 溶菌酶	蛋白降解 甲壳素降解 细胞壁多糖降解

续表

发明人(年份)	酶的类型	催化反应
Selvig 等(1996)	淀粉酶 蛋白酶	淀粉降解 蛋白降解
Hamade 等(1997)	酯酶 酰胺酶 酒精脱氢酶 几丁质酶	$RCOOR' + H_2O \longrightarrow RCOOH + R'OH$ $RCONHR' + H_2O \longrightarrow RCOOH + R'NH_2$ $RCOH + O_2 \longrightarrow RCO + H_2O_2$ 几丁质降解
Poulsen 与 Kragh(1999)	己糖氧化酶 淀粉葡萄糖苷酶 (前体)	$C_6H_{12}O_6 + O_2 \longrightarrow C_6H_{10}O_6 + H_2O_2$ 从淀粉剪切葡萄糖单元
Allermann 与 Schneider(2000)	蛋白酶 淀粉酶 木聚糖酶	蛋白降解 淀粉降解 半纤维素(植物细胞壁组分)降解
Schneider 与 Allermann(2002)	氧化酶 前体酶 蛋白酶	$S + O_2 \longrightarrow P + H_2O_2$ $PreS \longrightarrow S$ 蛋白降解
Polsenski 与 Leavitt(2002)	淀粉酶 纤维素酶	淀粉降解 纤维素降解
Schasfoort 等(2004)	氧化酶 蛋白酶 淀粉酶 纤维素酶 脂肪酶(等)	$S + O_2 \longrightarrow P + H_2O_2$ 蛋白降解 淀粉降解 纤维素降解 酯键水解为脂
Huijs 等(2004)	葡萄糖氧化酶 蛋白酶 淀粉酶 脂肪酶	$C_6H_{12}O_6 + O_2 \longrightarrow C_6H_{10}O_6 + H_2O_2$ 蛋白降解 淀粉降解 酯键水解为脂

注:S = 底物,P = 产品,PreS = 前驱底物。

4.2　防污活性酶制备技术

防污活性酶通常来源于微生物代谢产物,其制备过程与工业用酶制备过程具有类似性,一般包括微生物的筛选、培养、酶液的分离、浓缩等过程。

4.2.1 菌种的来源、分离与培养

1. 菌种的来源、分离

早期工业酶都从动物内脏、植物组织、谷物种子、植物瓜果中提取，例如胰蛋白酶、胰淀粉酶、木瓜蛋白酶、菠萝蛋白酶、麦芽淀粉酶、辣根过氧化氢酶等，都是来自动植物的酶。但由于动植物资源受到地域、气候的限制，不易扩大生产。而微生物生长迅速，20～30min 便可繁殖一代，种类繁多(20 多万种)，几乎所有的动植物酶都可以从微生物得到。生产防污活性酶的微生物可以是某种已经工业化的产酶微生物，它可以产生适应海洋环境(盐度、酸碱度、温度等)且对污损生物黏附物质具有显著降解作用的酶或间接产生防污活性酶。另外，生产防污活性酶的微生物也可以从海洋环境中筛选，例如从海水、海洋动植物表面生物膜中分离，这类微生物产生的防污活性酶对海洋环境具有更好的适应性。

选择防污活性酶菌种时应考虑以下因素[43]：

(1)能够利用廉价的原料、简单的培养基，大量而高效率地生物合成所需的酶；

(2)培养液中菌体容易分离去除，所分泌的酶能用简单办法高效率地从培养液中提取出来；

(3)所用的菌种应是非致病性，在分类上最好与致病菌无关；

(4)菌种的遗传性能稳定，容易保藏。

产酶菌种通常用平板分离法，将含菌样品用无菌水制成悬浊液，再适度稀释后(以每个平板形成菌落 10～30 个为佳)涂布在琼脂平板上，置于一定温度下培养 1～5 天，将长出的菌落移植于斜面，供筛选纯化用。通常将分离出的菌种移植在一定组成的固体培养基上进行培养，再测定培养物的酶活力。例如，筛选防污蛋白酶产生菌可采用酪蛋白琼脂培养基，筛选防污淀粉酶(分解多糖)可采用含有可溶性淀粉的培养基。如果有防污酶产生菌，则培养基会产生透明的水解圈，通过水解圈的直径可定性地说明产酶能力的强弱，也可以用水解圈直径与菌落直径的比值来更好地比较产酶能力。

目前，各国所筛选到的具有防污作用的微生物主要包括交替假单胞菌、弧菌、希瓦氏菌等，由这些微生物代谢产生的防污活性物质主要为酶、多糖、有机酸等。其中酶是一种主要的微生物源防污剂。Grant 等[44]在 2003 年由海洋生物表面分离出的细菌，即假单孢菌 *NUDMB*50－11，对纹藤壶幼虫的附着有显著的抑制作用。Mary 等[45]从纹藤壶的细菌生物膜中分离出 16 种微生物，其中 12 种具有抑制网纹藤壶幼虫附着的作用，且大部分防污微生物属于 *Vibrio* 种。Holmstrom[46]从被囊海鞘中分离到一株命名为 D2 的菌株。D2 菌株能够产生两种组分，其中，低分子量(＜500Da)的化合物对幼虫附着具有强烈抑制作用，高分子量物质对藤壶幼虫

和一些海洋细菌也有一定抑制作用。Holmstrom 等[47]从海绵 *Halichondria okadai* 上分离得到一种细菌 *Alteromonas* sp.，并从这种细菌的培养基中提取到了具有抑制网纹藤壶活性的泛酶 - 8。英国学者也已成功应用捕食性细菌制成涂料并取得了防污效果。Ib Schneider 和 Knud Allermann 筛选出一种蛋白酶，能够水解藤壶从幼虫到成虫演变过程中分泌的蛋白胶，并探讨了酶作为防污涂料中防污剂的可能性[27]。香港科技大学的钱培元从海洋中分离了 4000 多种细菌，153 种霉菌，并获得 10 种高效防污活性物质[48]。七二五所较早开展了微生物源防污活性物质的筛选、培养与防污性能评价等研究工作，成功筛选到多株具有显著防污活性的海洋细菌，并对这些细菌的菌属、防污蛋白酶的提取工艺与防污机制进行了深入研究[49]。

2. 菌种的培养

防污酶产生菌的培养基组成和一般微生物发酵大同小异，需含有碳源、氮源、无机盐、微量元素和生长因子等。一种有效的培养基配方，其所采用的成分不仅要求来源易得、成本低，能维持微生物的良好生长和产酶，还需顾及后处理的难易（如发酵液的固液分离的易难），发酵管理的难易（通风搅拌培养时泡沫是否容易控制等）以及通风搅拌所需动力的大小等[43]。

1）碳源

碳源是构成菌体细胞和发酵产物分子骨架的主要原料，是异养菌的主要能源，一般无机碳化合物、碳氢化合物（甲烷、石蜡等）、各种碳水化合物（淀粉、糖类、纤维素等），有机酸、醛类、醇类等都可被不同的微生物利用为碳源。酶制剂工业上最常用的碳源是碳水化合物，玉米、小麦、大麦、山芋等淀粉原料和糖蜜、玉米浆以及麸皮、米糠等都是常用的廉价碳源。在国外，常用乳糖或乳清作为主要碳源，乳糖系在制取奶酪的副产物乳清中提取。

2）氮源

氮源是构成细胞原生质和酶蛋白的主要原料，可采用的氮源范围很广，包括各种无机氮（铵盐、硝酸盐、尿素等）和有机氮（酵母膏、玉米浆、棉籽饼、豆饼、花生饼粉、米糠以及胨、鱼粉等）。有些有机氮源也兼作碳源。

3）无机盐及微量元素

培养基中的无机盐是维持微生物生长与产酶不可缺少的成分，并且还起着调节培养基的 pH 值、渗透压和稳定酶的构象等作用，对于胞外酶来说，细胞释放胞外酶也与无机盐的存在有密切关系。主要的无机盐包括磷、钙、钾、钠、镁、硫等。不少作为微量元素存在于培养基中的金属离子如铁、铜、锌、钴、锰、铂等，是一些酶的辅基或激活剂，例如钴、镁离子是生产葡萄糖异构酶所不可缺少的元素，钙离子是生产 α - 淀粉酶所不可少的元素。

4)生长因子与产酶促进剂

培养基中除碳源、氮源、无机盐、微量元素外,不少微生物还需要有微量的维生素存在,才能维持正常的生长与产酶,这些维生素类统称为生长因子,大多数生长因子是B族维生素、氨基酸及核酸类物质,例如硫胺素、核黄素、泛酸、烟酰胺、叶酸、肌醇生物素等,这些物质大多数是酶的辅基和辅酶的组成成分,对微生物的代谢调节起着重要的作用,对酶的生物合成尤为重要。

有些物质虽非微生物生长必需的营养成分,但如果少量添加于培养基中,都能够显著促进产酶,这类物质称为产酶促进剂。例如添加0.1%乳化剂吐温80(Tween 80),可促进多种酶的增加,大大提高了经济效益。产酶促进剂有各种非离子型的表面活性剂、聚乙二醇、聚乙烯醇的衍生物、植酸质、焦糖、羧甲基纤维素、苯乙醇、食盐等。

5)培养条件对产酶的影响

培养基pH值对微生物的生长繁殖和代谢产物的积累有着重要的影响。pH值能影响细胞中各种酶的活性,对微生物代谢途径的变化可发生影响,pH值影响细胞膜上电荷的状况,可改变细胞膜的渗透性,从而影响对营养成分的吸收,pH值可影响培养基中某些成分分解或微生物中间代谢产物的解离,从而影响微生物对这些物质的利用;pH值能改变培养基的氧化还原条件,还会影响微生物细胞的生长形态等。在酶制剂生产上,pH值还影响其稳定性。

培养温度对微生物的生长和酶的生成有极大影响,根据其生长所需温度,微生物有嗜热菌、中温菌和低温菌之分,每种微生物的生长温度界限有最低、最适和最高之分。微生物的最适培养温度因菌种而异,一般细菌为37℃。

通气量对微生物生长和产酶有极大的影响。在摇瓶培养情况下,培养瓶的形状、瓶口大小、装液量、包扎瓶口纱布的层数、摇瓶方式、摇床形式、转速与振幅等都可影响培养基的溶氧量。即使用同一培养条件,同一菌种生产同一种酶,所需最适通风量也因培养基而异。

4.2.2 防污活性酶的提取与保存

1. 防污活性酶的提取

防污酶产生菌培养液中酶的含量通常只有0.5%~1%,大量存在的是培养基残渣和微生物细胞(6%~8%)以及其他微生物及代谢产物。酶通常按照使用目的而采取不同的提纯工艺。酶本身是一种蛋白质,它的完整和精巧的空间结构主要是依靠氢键、离子键和范德瓦耳斯力形成的,强酸、强碱和强烈的机械作用、强烈的辐射等都会引起酶的变性失活。因此在酶的分离提取过程中,所用条件都应十分温和,要防止体系中重金属离子、细胞自身的其他有害酶以及其他有毒物质的污染。通常用于蛋白质分离的方法同样适用于酶的提纯，但由于酶对外界环境敏感，随着精制程度的提高，稳定性也逐渐降低，不可不注意。引起酶失活的原因主要有以下 3 方面[43]。

(1)酶肽键受到破坏，大多数是由于培养物中共存的蛋白酶所引起，即使是蛋白酶本身，若在酶的最适反应 pH 值，亦容易自溶而失活，防止之法是发酵结束迅速冷却，在低温下操作，或加入蛋白酶抑制剂。

(2)酶蛋白发生变性，由于酸、碱、重金属、有机溶剂、表面活性剂和加热等都可使维持酶蛋白空间结构的氢键、二硫键发生破坏而引起失活。故在酶的后处理操作时，应采用低温，在酶的稳定 pH 值下，尽可能地缩短操作时间。添加糖类、蛋白质、氨基酸、甘油、山梨醇等高级醇，以及 Ca^{2+} 等作为稳定剂，可使酶失活减轻。另外避免激烈搅拌等也可防止酶的表面失活。

(3)酶分子的辅基(金属离子或小分子)有机物的流失，或酶的活性基团被遮掩或被氧化，在出现这种情况时，宜添加相应的金属离子进行补救。

从微生物培养物中提纯酶通常分为 5 个步骤：

(1)发酵液的固液分离，如系胞外酶则取滤液，如系胞内酶则取细胞；

(2)细胞的破碎(胞内酶)；

(3)酶的抽提和酶液澄清；

(4)酶的提取纯化(包括盐析、有机溶剂沉淀、吸附、超离心、结晶等手段)；

(5)浓缩、干燥、稳定化。

这 5 个步骤不是每种酶的提纯都缺一不可，而是因要求而异，而且每个步骤也不是截然分开。如选择性地提取，就包含分离纯化，而沉淀分离过程中又包含了浓缩。在整个酶的制备过程中的各种方法经常是交替使用的，各种方法的先后次序也因材料、产品而异。目前，还没有适用于各种酶的通用提纯方法。

2. 防污活性酶的保存

酶是不稳定的物质，因此在保存过程中容易失活。失活原因很多，虽然作了不少研究，不明之处尚多。尤其是液体状态的酶，不宜长期储存，保存的方法，大多还靠经验。

酶液在保存前，应调节到稳定 pH 值，然后冷藏(4～10℃)，容器必须灭菌，或向酵液添加对酶无害的防腐剂与抗生素。最简单的防腐剂为甲苯与醋酸乙酯。

大多数酶浓度越低越易失活，故储藏时应尽可能采用较高浓缩，一般可添加容易与目标酶相分开的球蛋白(0.1%左右)等作为保护剂，此外，添加 0.5mol 食盐或中性盐亦有良好保护作用。

有些酶蛋白需要巯基物质或金属离子方才稳定和保持活性，这种场合酶液中应添加巯基保护剂(巯基乙醇、L－胱氨酸、还原型谷胱甘肽等)或金属离子。

4.2.3 菌种的改良与保藏

改良菌种一般有如下目的[43]:

(1)提高产酶能力;

(2)减少或消灭共存的不需要的酶、色素或其他物质;

(3)改变生产菌株的代谢,以减少诱导剂用量。

自然界分离的野生型菌株产酶能力很低,很少适用于工业生产。现在工业上所用菌种几乎都是屡经选育的变异株。目前已有可能选育酶蛋白占菌体蛋白2/3的高产株。

菌种改良所涉及的学科很广、很复杂。人工诱变、DNA重组等都是改良菌株的有力手段。通常人工诱变包括化学诱变剂处理法(硫酸二乙酯处理、亚硝基胍处理等)和物理诱变法(紫外光处理、电离辐射等)。

菌种的保藏方法有低温保藏法、砂土保藏法、液体石蜡油封法、冰冻干燥法等。

4.3 防污活性酶应用技术

加入涂料体系中的每一种酶,必须保证其在涂料当中的活性和稳定性。酶的活性及其稳定性受到诸如温度、pH值和盐度等环境参数的影响,游离的酶在水溶液中的稳定性也很差,容易发生自消化反应,使酶催化反应难以控制,催化效率大大降低。另外,防污酶中的蛋白酶除了能催化降解污损生物黏附蛋白质,也能催化降解其他的酶。因此,发展了多种多样的方法来稳定酶的稳定性和活性。

4.3.1 防污活性酶的固定化技术

酶常用固定方法可根据作用力分为物理吸附法、包埋法、交联法和共价结合法。酶固定化载体主要分为无机载体和有机载体两大类,前者主要有硅藻土、硅胶、多孔玻璃、介孔分子筛等多孔无机材料,后者主要包括天然高分子载体(如海藻酸钠、纤维素、壳聚糖等)和合成有机高分子载体(如大孔树脂、合成纤维等)[50-52]。

物理吸附法是指利用各种固体吸附剂通过非极性力,如范德瓦耳斯力、疏水作用力、氢键等弱相互作用将酶或菌体吸附在其表面上而使酶固定化的方法,属于可逆固定法[53],酶可在温和的条件下从载体表面移除。

包埋法是指将酶或含酶菌体包埋在纤维、框架结构材料或聚合物薄膜等多孔载体中使酶固定化的方法,是不可逆物理固定法[54]。包埋法可提高酶的机械稳定性,减少酶的滤出。由于酶与载体间没有化学作用,通常可避免酶的变性[55]。该方法可通过优化、改性包埋材料，为酶创造合适的微环境。包埋材料一般包括聚合物、溶胶凝胶和其他无机材料，常用的包括硅藻酸盐、交叉胶、胶原蛋白、聚丙烯酰胺、明胶、硅橡胶、聚亚氨酯和聚乙烯醇等。然而，该方法在实际应用过程中受到诸多限制：待固定酶受包埋载体空隙大小影响显著，包埋载体空隙太大易导致酶大量泄漏，空隙太小则负载或吸附能力较低；固定化过程中酶易被钝化；包埋载体容易团聚，阻碍酶的活性位点面向底物。

交联法也是酶固定化方法中的不可逆方法之一，也称作无载体固定法[56]。交联法通过多功能基团反应物在酶分子间形成交联作用，最常用的交联剂为戊二醛。

酶固定化方法中应用最为广泛的是共价结合法，通过共价键将酶与载体结合在一起。参与共价结合的酶侧链功能基团包括赖氨酸（ε-氨基酸基团）、半胱氨酸（硫醇基团）、天门冬氨酸和谷氨酸（羧酸基团、咪唑、酚基）。共价结合酶的活性受到载体材料尺寸、结合方法、载体材料组成以及结合过程中特殊条件等因素的影响。共价结合法使酶与载体间形成了强有力的结合，阻止酶过快地释放到反应环境中，提高酶的再用性。另外，通过与多孔硅胶、壳聚糖等共价结合，还能增强酶的稳定性，延长酶的半衰期[57]。将假丝酵母脂肪酶共价固定在改性的金纳米颗粒上和环氧树脂聚合物薄膜上[58-59]，获得的固定酶具有高的重复利用率及较好的热稳定性。将葡萄糖氧化酶共价固定在介孔硅材料上，有效提高了酶的抵抗高温及有机溶剂的稳定性[60]。杜克大学采用共价结合法，将丝氨酸蛋白酶、巯基蛋白酶、金属蛋白酶、几丁质酶、番木瓜蛋白酶等10余种酶固定作为防污酶。

总之，固定化酶即保持了酶的催化特性，又克服了酶的不足之处，可在很大程度上提高酶的环境稳定性并保持酶的活性。在酶基防污涂层中，无机纳米载体由于具有比表面积高、载酶量大和易于在涂层中应用等优点而占据比较突出的位置，目前已有多种无机纳米材料用于酶的固定，如双层氧化碳纳米管[61]、纳米二氧化钛[62]等。

4.3.2　酶基防污涂料制备方法

酶基防污涂料一般由基料（树脂）、颜填料、溶剂和助剂等4部分组成，防污活性酶属于功能颜料。开发酶基防污涂料时，需要考虑多个方面的要求，例如：①防污活性酶与涂层具有较好的相容性；②防污活性酶在涂层表面需要维持合适的分布密度；③防污活性酶的组合要具有广谱性。从这些要求可以看出，要设计出一个可行的酶基防污涂料体系，需要解决酶与酶、酶与涂料之间的相容问题。

以聚亚氨酯为成膜树脂的酶基防污涂料为例[4]，防污活性酶从热固性聚亚氨酯中很难释放，除非涂层配制接近或高于临界颜填料体积浓度，酶才最有可能在涂层中得到有效利用。由于黏附剂不能渗透到涂层中，因此，防污效果只能是由位于涂层最外层的固定化酶所引起的。然而,酶基防污涂料的期望寿命往往会超过位于涂料表面的活性酶的寿命。因此,在期效内,涂层表面上的酶需要连续不断地补充。活性酶可以通过抛光的方法来补充,因此酶基防污涂料通常采用自抛光树脂,如丙烯酸锌/硅自抛光树脂。

区别于传统防污剂型自抛光防污涂料,在酶基防污涂料中,防污活性酶或含酶颗粒为亲水性物质。涂层要获得或保持抛光性能,须对新型"颜填料"(底物或含酶颗粒)进行评估,以确定一个新型水溶性颜填料和自抛光型防污涂料的相容性(即当添加新型颜填料时获得适宜的抛光和释出速率)。对于传统自抛光型防污涂料,利用颜填料的物理数据(海水溶解度和密度)和海水中水溶性粒子近似扩散系数,涂层抛光和防污剂释出速率可以很简单地估值获得。该方法可以反向地用来评估新型可溶性颜填料的海水溶解度,调整防污涂层抛光和释出行为[63]。另外,防污酶在涂层中的添加量是酶基防污涂料的一项重要技术参数。相邻的酶之间保持1000Å(1Å=0.1nm)的距离对于发挥良好的防污性能是足够的,然而100Å的距离却是首选[4]。依据防污活性酶的直径,相邻的酶之间100Å的距离与0.25%~15%的颜填料体积浓度大体相符。

对于酶基防污涂料的广谱性,不同类型的酶基防污涂料设计思路不同。利用防污活性酶催化产生杀生型防污活性物质,例如过氧化氢、次卤酸,防污涂料中酶的组合相对简单;然而,利用防污活性酶对污损生物黏附剂降解进行防污,由于黏附剂组成的复杂性,就需要多种防污活性酶的组合、复配,通常为蛋白酶、淀粉酶、纤维素酶等。

酶基防污涂料的制备过程与传统自抛光型防污涂料类似,其制备过程实际上就是把包括防污活性酶粒子在内的颜填料固体粒子混入液体基料中,使之形成均匀微细的悬浮分散体的过程。一般颜填料的原始粒子都是很小的,约在0.01~2μm之间,比通常涂料所要求的最大粒径小得多,也就是说涂料中的颗粒大多是以聚集体的形式存在。没有经过分散的颜填料粒子以二次粒子的方式存在,粒径有时可达100μm以上。防污涂料中颜填料粒子的分散程度对防污涂料的涂装和防污性能都有极大的影响,如果颜填料分散不充分,除了会导致涂层附着力、耐浸泡性等通用性能降低之外,还会引起防污剂释放没有规律、释放速度过快、表面粗糙度过大、防污寿命大大缩短等一系列问题。因此防污涂料对颜填料的分散和研磨的精细程度要求很高,其配制过程的主要任务就是将防污活性酶粒子、防污助剂等颜填料的聚集体解聚,并稳定而且均匀地分散于漆料中。涂料的分散过程一般通过颜填料的润湿、分散研磨和稳定3个阶段来完成。

完成涂料制备后,必须检查研磨的精细度以确定一些颜填料的团聚体是否被有效破碎,最好通过粒子尺寸分布器来测定。最常用的为刮板细度计,具有一条或两条深度从0到100μm递增的沟槽,用于快速评价最大团聚粒子直径。液体涂料样品被刮刀沿沟槽深度刮开,大于沟槽深度的粒子将突出出来。液态涂层表面由光滑向粗糙转变处的粒径值为最大团聚粒子尺寸。

4.3.3　酶基防污涂料发展中需要注意的问题

酶法防污是一种超过了20年的技术,已授权多项基于酶组合物的防污涂料专利。然而这项技术在商业上开发有限,这表明该技术在应用转化中还有一些需要注意的问题。

1. 综合性能测试不足

当评价酶基防污涂料的防污性能时,并不是所有与防污活性酶的存在相关的影响都得到确认。防污活性酶本身可以作用于一个以上的底物;酶制剂中的添加剂可以具有防污性能;涂层参数,例如抛光速率和表面性质,可能受到酶的加入影响,这构成了涂料防污性能相当大的一部分。因此,当检查酶防污系统的效果时,必须要有大量的数据支撑。当在海洋环境中评价酶基涂料防污性能时,必须设定可观的时间区间。

2. 酶的作用机制与环境影响尚不清楚

出于实用目的,只要在防污上有效果,对于防污活性酶是怎样工作的似乎并不重要,但是对于涂料性能的调控与优化则在很大程度上依赖于对涂料影响参数的认知。此外,所讨论的酶的环境影响评价取决于酶的活性。如果一种酶的活性仅限于污损生物的胞外物质,其对环境的影响是有限的。另外,如果酶的作用对生物体有毒害,其对环境的影响也依赖于“酶在海水中的寿命”。

3. 涂料配方中酶的活性与稳定性局限

防污活性酶与常规防污涂料组分难以结合是主要的技术局限。防污活性酶的涂料溶剂和配方稳定性优化已经得到初步解决[36],但是海洋动物或细菌的摄食可能是对蛋白质化合物的另一种威胁。此外,酶的活性对pH值、温度和盐度的适用范围很窄,这个范围不一定与海洋环境相兼容。

防污活性酶的混合常用于解决环境生物的多样性,并且往往是与蛋白酶混合。由于酶是蛋白质化合物,蛋白酶也会降解酶,降低涂料配方中所有酶的稳定性。

涂料溶助剂对于酶活性的影响显著。在大多数情况下,酶可以很简单地加入水中,但是对于溶剂型体系,酶的暴露会加速酶的变性。

综上所述,可以说,防污活性酶需经过筛选、改性或改进以满足下述要求:

(1)与涂料的混合性;

(2)在溶剂中的稳定性;

(3)具有与天然海水环境一致的活性范围;

(4)防止噬食和蛋白酶降解;

(5)在海洋环境中稳定。

4. 酶制剂中添加剂的影响尚不清楚

商品化的酶也可以用于酶基防污涂料。当采购酶时,它们通常含有大量的稳定添加剂,酶的数量仅仅是这些物质中的一小部分,另外,这些添加剂也可以具有生物污损抑制性能。

例如,AMG300L® 在山梨酸钾、苯甲酸钠和蔗糖/葡萄糖共混物中含 4.4% 的蛋白质。尽管这种酶制剂被证实对环境都没有危害,但是苯甲酸盐对常见藤壶 *Balanus Amphitrite* 的防污效果已被确认。

总之,防污涂料所利用的任何酶系统必须至少具备以下性质:

(1)耐受性强,不受涂层组分影响;

(2)对涂层作用机理没有破坏性;

(3)广谱的防污效果;

(4)当涂层暴露在海水中时,酶在涂层中活性稳定。

4.4 防污活性酶防污性能评价方法

直接防污方法中的污损生物灭杀型防污活性酶,其作用机制与传统防污剂具有类似性,实验室中可以通过防污活性酶抑制浓度评价其对污损生物幼虫、孢子的杀灭能力。间接防污方法则需要评价酶催化产生防污剂的能力。污损生物黏附物质降解酶,实验室中通常利用酶活、污损生物黏附物质(或类似底物)降解实验、污损生物附着抑制实验评价防污性能。

4.4.1 酶活评价

酶活力的测定是通过测定酶催化反应的速度来实现的。由于酶催化反应的速度受温度、pH 值、离子强度、底物等各种因素的影响,所以,酶活力都是在指定条件下测得的酶反应速度。将产物浓度对反应时间作图,得酶反应速度曲线,曲线的斜率即为反应速度。通常,反应速度只在反应初期才保持恒定。随着时间延长,反应速度逐渐下降。造成反应速度下降的原因很多,如底物浓度的降低、酶的部分失活、产物对酶的抑制、产物浓度的增加加速了逆反应的进行等。因此,只有初反应速度才能排除其他因素的干扰而真正反映酶活力的大小,且底物相对于酶来说是过量的。

酶活力的单位实际上也是用特定条件下酶反应的速度来定义的。国际酶学委员会规定,在特定条件下,在 1min 内转化 1μmol 底物所需的酶量为 1 个酶活力单位(U)。特定条件是指温度为25℃,其他条件如底物浓度、pH值、缓冲液离子强度等采用最适条件。但是,由于这个酶活力的国际单位使用不甚方便,实际上人们仍沿用习惯上各自使用的定义。在实际的测定中,通常是测定产物的增加量,而不常采用测定底物的减少量。因为底物的浓度是大大过量的,反应时底物减少的量只占其总量的很小一部分,测定时不易达到一定的精确度。而产物从无到有,容易精确测定。各种酶活力的具体测定方法可借鉴各项标准及方法。

4.4.2 污损生物黏附物质降解实验

防污活性酶对污损生物黏附物质的降解性能的强弱是筛选、构建酶基防污涂料的重要依据之一。目前,关于防污活性酶直接降解污损生物黏附物质的实验方法报道较少,中国船舶七二五所基于凝胶电泳技术建立了防污蛋白酶对典型污损生物黏附物质降解性能的评价方法。对与酶作用后的藤壶胶蛋白进行凝胶电泳分离,观察对比蛋白分离条带照片灰度差异,分析、评价防污活性酶对生物黏附剂的降解性能。

如图4-5所示,A为液态藤壶胶样品,没有添加蛋白酶,B为蛋白酶分解液态藤壶胶样品。通过对比可以发现,B样品中各藤壶胶组分颜色显著变浅,均有一定程度的分解,这表明所提取的防污蛋白酶对液态藤壶胶具有较为显著的分解作用。

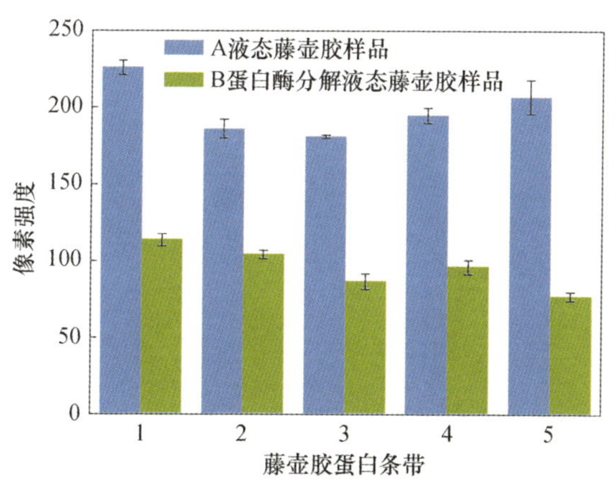

图4-5 酶解藤壶胶条带像素强度分析

4.4.3 防污活性酶抑制污损生物附着实验

防污活性酶对污损生物黏附物质的降解可导致污损生物附着困难和易于脱落,通过防污活性酶抑制污损生物附着实验,可测试污损微生物、污损生物幼虫在防污材料表面的附着密度、污损生物周围黏附物质差异和污损生物附着强度差异等，从而评价防污活性酶抑制污损生物附着性能。七二五所利用底栖硅藻等评价了防污蛋白酶对其附着的抑制作用，通过生物附着强度测试系统测试了蛋白酶对硅藻附着强度的影响。

如图4-6、图4-7所示，相对于空白丙烯酸树脂样片，固定化酶样片对硅藻附着抑制率可达到75%以上。经1.5m/s的水流冲刷后，空白丙烯酸树脂样片表面底栖硅藻的脱除率约为54.4%，黏附固定化酶样片表面底栖硅藻的脱除率约为79.3%。相同流速下，黏附固定化酶样片表面底栖硅藻的脱除率较高，表明底栖硅藻在含酶表面的附着强度较低，蛋白酶影响了底栖硅藻的附着行为，体现出较好的抑制硅藻附着的性能。

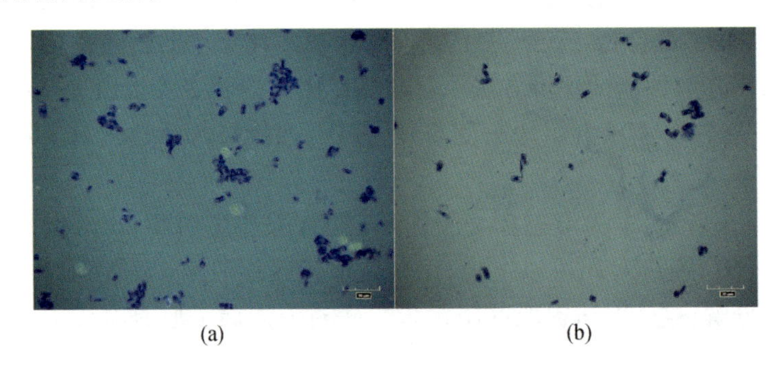

图4-6 底栖硅藻附着实验

(a)无酶空白树脂样片；(b)表面黏附固定化酶样片。

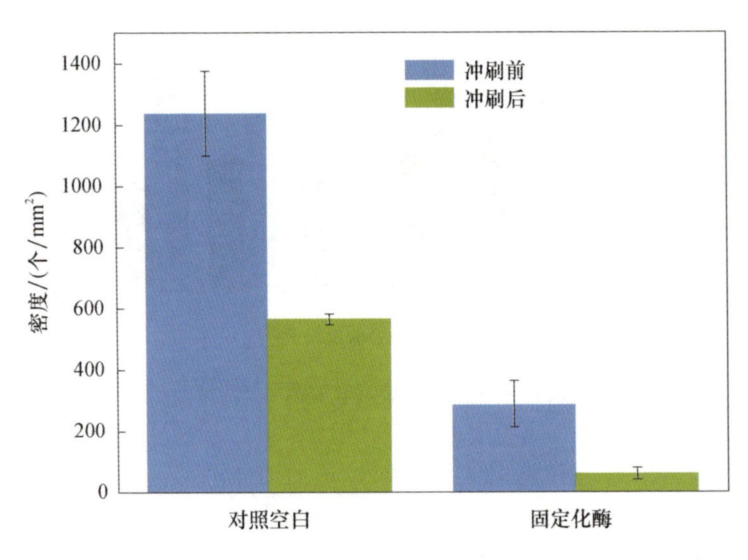

图4-7 水流冲刷测试前后底栖硅藻附着密度

4.5 防污活性酶应用研究案例

基于酶基防污技术良好的环保性能,七二五所在防污活性酶的筛选提取、固定与涂层应用技术方面进行了深入的研究。基于水相体系制备了纳米二氧化硅活性微球和核壳结构丙烯酸酯乳液,利用共价结合,实现了防污活性酶在二氧化硅活性微球和丙烯酸酯聚合物中的固定化,建立了防污酶在涂层关键组分中的固定化方法[64]。利用二氧化硅微球固定化酶和水性丙烯酸乳液制备了酶基防污涂层,利用实验室抑制硅藻附着实验,初步评价了涂层防污性能。

4.5.1 污损生物源防污蛋白酶的制备

七二五所以藤壶、牡蛎、贻贝、石灰虫外壳生物膜为来源,筛选、纯化、培养了防污蛋白酶产生菌,并建立了防污蛋白酶的提取方法。

1. 防污蛋白酶产生菌的筛选

典型污损生物如藤壶、牡蛎、贻贝、石灰虫等的外壳常常存在被分解腐化的现象,研究表明,细菌及其分泌物的分解作用是产生该现象的主要因素,因此典型污损生物外壳生物膜为防污蛋白酶产生菌的筛选与培养提供了重要来源。

于海湾及船底采集牡蛎、藤壶等污损生物,将其体表生物膜清洗液移入培养基,扩增培养,并进一步通过酪蛋白培养基筛选纯化,获得4株产蛋白酶菌株。

通过单菌株繁殖面积的直径与其分解酪蛋白圆形区域的直径之比,可以简单地考察该菌株胞外蛋白酶分解酪蛋白的能力。如图4-8所示,经计算,牡蛎来源菌A的水解圈直径与菌落直径比值为6.0;牡蛎来源菌B的水解圈直径与菌落直径比值为9.7;藤壶来源菌的水解圈直径与菌落直径比值为4.3;石灰虫来源菌的水解圈直径与菌落直径比值为2.7。由此可见,牡蛎来源的两种蛋白酶分解酪蛋白的能力较强。

通过扩增性16S rDNA限制性酶切片段分析来鉴定菌株种属,分别获得1500bp长度的PCR产物。BLAST分析显示,4种菌株均属于杆菌,其中牡蛎来源A、B菌与 *Bacillus subtilis* 相似度较高,藤壶来源菌株与 *Bacillus cereus* 相似度较高,石灰虫来源菌与 *Bacillus thuringiensis* 有一定的相似度,但仅为0.87,可能为一种新菌株。

2. 防污蛋白酶产生菌的培养

参照QB 1805.3—1993工业用蛋白酶制剂,利用福林法测定蛋白酶水解酪蛋白产物吸光度并计算酶活的方法,研究了培养时间、盐度、酸度、温度对4种菌株产

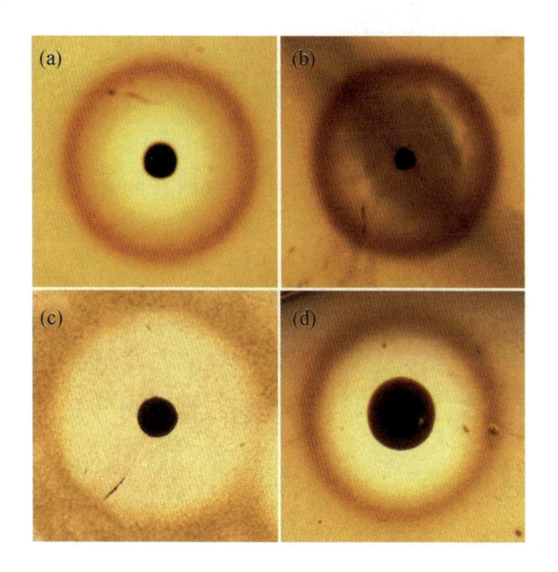

图 4-8　蛋白酶产生菌

(a)牡蛎来源菌;(b)牡蛎来源菌;(c)藤壶来源菌;(d)石灰虫来源菌。

酶能力的影响。研究结果表明:4 种菌株产酶能力均随着培养时间的延长而不断升高,逐步达到稳定;4 种菌株产蛋白酶能力受培养盐度影响,石灰虫来源菌与牡蛎来源 A、B 两种菌在 10% ~20% 的盐度条件下表现出良好的产酶能力,而藤壶来源菌在淡水环境下体现出良好的产酶能力;石灰虫来源菌与牡蛎来源 A、B 两种菌在 pH =7 的酸度条件下产酶量较高,藤壶来源菌在 pH =8 的酸度条件下产酶量较高;培养温度实验表明,藤壶来源菌、石灰虫来源菌在 25℃下生长产酶量较高,牡蛎来源 A 菌在 35℃下生长产酶量较高,牡蛎来源 B 菌在 30℃下生长产酶量较高。

3. 防污蛋白酶的提取

通过菌液离心、硫酸铵盐析、聚乙二醇浓缩、浓缩酶冻干获得防污蛋白酶。通过偶氮酪蛋白凝胶电泳分析所获蛋白酶,结果显示,25kDa 蛋白酶组分具有显著分解蛋白的作用。通过凝胶样品微量蛋白回收试剂盒回收上述实验确定的活性条带蛋白样品,测试 N 端序列,获得该蛋白 N 端结构信息。前 10 个氨基酸的序列为 LSGGDAIYYN。

4.5.2　污损生物源防污蛋白酶在纳米二氧化硅表面的共价固定

基于反相乳液聚合法,将正硅酸乙酯分散于油相体系中,通过调控油/水相比例,在氨水的催化作用下,水解生成纳米二氧化硅颗粒,经氨丙基三乙氧基硅烷氨基化处理后,在 pH 值 7.5 ~8.0 之间,通过戊二醛使蛋白酶与氨基化微球间实现共价结合。如图 4-9 所示,通过扫描电镜照可以看出,硅纳米颗粒为规则球形,颗粒大小均匀，粒径在200nm左右；硅纳米颗粒表面固定蛋白酶后，微球的直径没有显著变化，仍为200nm左右，但是受表面蛋白酶的影响，微球呈团聚状态。

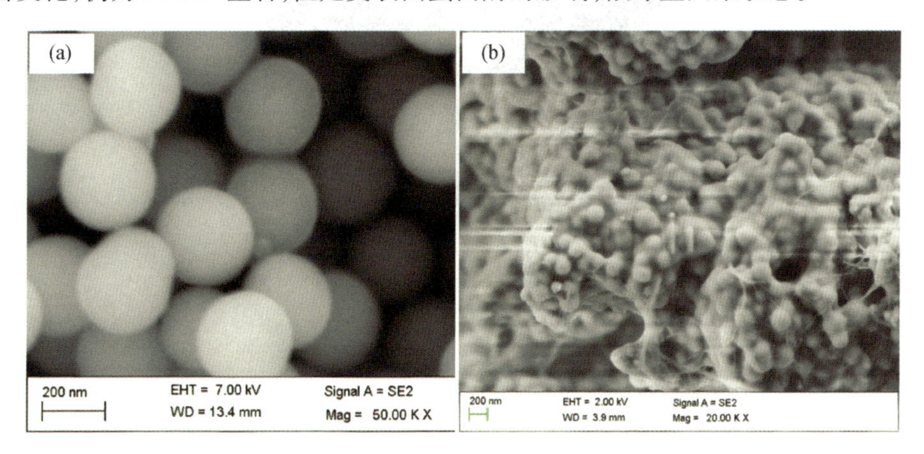

图4-9 纳米二氧化硅及固定化酶

(a)纳米二氧化硅；(b)固定化酶。

研究表明，戊二醛质量浓度在0.25%～1.5%范围内，酶载量随戊二醛浓度增大而增大，当戊二醛浓度达到1.5%后，酶载量趋于稳定。

酶活性测试表明，游离酶和固定化酶的活性随温度变化而变化的趋势是一样的，都是随温度升高，它们的活性先增大后减小；游离酶的最适反应温度是25℃，固定化酶最适反应温度为35℃，固定化酶的最适反应温度相比于游离酶有显著提高。防污蛋白酶经过改性纳米二氧化硅固定后最适反应pH值向碱性偏移，在较为酸性环境中，固定化酶的相对活性也较高。另外，固定化酶在储存50天后活力为游离酶的3倍。酶经过共价固定后，酶分子构象比较稳定，储存时酶活下降相对较慢，可使酶活保持更长的时间。

4.5.3 污损生物源防污蛋白酶在防污涂层树脂中的共价固定

通过水相悬浮聚合法合成核壳结构聚合物微球，以丙烯酸乙酯、甲基丙烯酸丁酯等单体制备内核，以甲基丙烯酸缩水甘油酯(GMA)或乙酸乙酰甲基丙烯酸二醇酯(MEAA)等功能单体制备外壳。如图4-10所示，SEM照片显示，核壳结构聚合物微球直径约100nm。

纳米核壳结构聚合物微球悬浮液经超纯水透析后用磷酸缓冲液调整pH值，使功能基团水解并与蛋白酶共价结合。纳米核壳粒子酶固定化能力约120mg/g聚合物，如图4-11所示，通过有机溶剂辅助下的盐析作用使聚合物乳液破乳、沉降，将树脂颗粒离心、冻干后分散于二甲苯中获得固定化酶防污树脂。

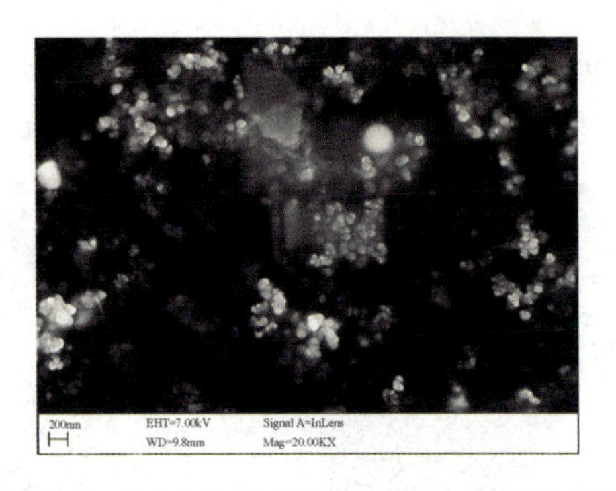

图 4－10 纳米核壳结构聚合物微球 SEM 照片

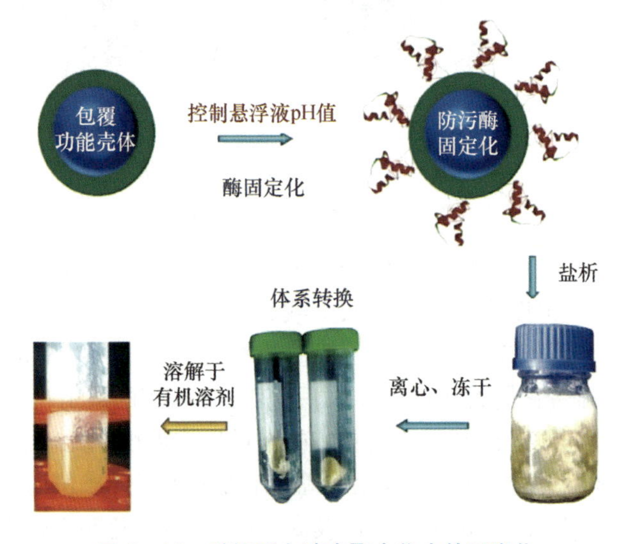

图 4－11 防污蛋白酶在聚合物中的固定化

纳米核壳结构聚合物微球固定防污酶制备的含酶树脂在有机溶剂中的溶解性影响到防污涂层的应用性能，如成膜性能，含酶树脂良好的溶解性是其在防污涂层中应用的基本要求。GMA、MEAA 功能单体含量过高，易导致聚合物分子间过度交联而形成网状结构，从而产生凝胶，不利于制备溶解性、成膜性良好的树脂。实验表明，GMA/MEAA 的含量以 5% 为宜。

4.5.4 酶基防污涂层的制备及评价

采用纳米二氧化硅微球分别固定碱性脂肪酶、碱性淀粉酶和碱性蛋白酶。利用丙烯酸树脂乳液、松香乳液作为成膜物，分别添加固定化防污酶，制备酶基防污涂层。

对制备的含酶防污涂层利用抑制底栖硅藻附着实验进行评价，样片分别为玻璃表面、无酶丙烯酸涂层、脂肪酶丙烯酸涂层、蛋白酶丙烯酸涂层、淀粉酶丙烯酸涂层、混合酶丙烯酸涂层。5天后，在玻璃和无酶丙烯酸涂层表面，底栖硅藻大量附着、繁殖；在脂肪酶丙烯酸涂层表面，底栖硅藻附着、繁殖未能得到显著抑制；在蛋白酶丙烯酸涂层和淀粉酶丙烯酸涂层表面，硅藻附着密度显著降低；在混合酶丙烯酸涂层表面，几乎无较大的硅藻群落存在。10天以后，玻璃和无酶丙烯酸涂层表面底栖硅藻附着、繁殖情况更趋严重，脂肪酶丙烯酸涂层、蛋白酶丙烯酸涂层和淀粉酶丙烯酸涂层均表现出一定的、抑制硅藻附着的作用，硅藻附着密度相对于空白较低，在混合酶丙烯酸涂层表面仅有少量硅藻存在。

参考文献

[1] KOEHLER V, TURNER N J. Artificial concurrent catalytic processes involving enzymes[J]. Chemical Communications, 2015, 51(3): 450 - 464.

[2] OLSEN S M, PEDERSEN L T, LAURSEN M H, et al. Enzyme - based antifouling coatings: a review[J]. Biofouling, 2007, 23(5): 369 - 383.

[3] KATO N. Enzyme - containing antifouling emulsion coating compositions: JP63202677 [P]. 1987 - 02 - 19.

[4] BONAVENTURA C, BONAVENTURA J, HOOPER I R. Anti - fouling methods using enzyme coatings: US5998200[P]. 1991 - 4 - 10.

[5] Budavari S, O' Neil M J, Smith A, et al. The Merck Index, eleventh edition[M]. New York: Merck & Co. Inc., 1989.

[6] LASA I. Towards the identification of the common features of bacterial biofilm development[J]. International Microbiology, 2006, 9(1): 21 - 28.

[7] 李明淦，李燕，张帆，等. 固体表面改性用于防治生物污损研究进展[J]. 海洋环境科学，2015, 34(01): 156 - 160.

[8] DE BROUWER J F C, COOKSEY K E, WIGGLESWORTH - COOKSEY B, et al. Time of flight - secondary ion mass spectrometry on isolated extracellular fractions and intact biofilms of three species of benthic diatoms[J]. Journal of Microbiological Methods, 2006, 65(3): 562 - 572.

[9] PIERRE G, ZHAO J M, ORVAIN F, et al. Seasonal dynamics of extracellular polymeric substances (EPS) in surface sediments of a diatom - dominated intertidal mudflat (*Marennes - Oleron*, France)[J]. Journal of Sea Research, 2014, 92: 26 - 35.

[10] MOLINO P J, HODSON O A, QUINN J F, et al. The quartz crystal microbalance: a new tool for the investigation of the bioadhesion of diatoms to surfaces of differing surface energies[J]. Langmuir, 2008, 24(13): 6730 - 6737.

[11] RAMAN S, KARUNAMOORTHY L, DOBLE M, et al. Barnacle adhesion on natural and synthetic substrates: Adhesive structure and composition[J]. International Journal of Adhesion and Adhe-

sives,2013,41:140 – 143.

[12] ALMEIDA J R, VASCONCELOS V. Natural antifouling compounds: Effectiveness in preventing invertebrate settlement and adhesion[J]. Biotechnology Advances,2015,33(3 – 4):343 – 357.

[13] LI L,ZENG H. Marine mussel adhesion and bio – inspired wet adhesives[J]. Biotribology,2016, 5:44 – 51.

[14] PETTITT M E, HENRY S L, CALLOW M E, et al. Activity of commercial enzymes on settlement and adhesion of cypris larvae of the barnacle *Balanus amphitrite*, spores of the green alga *Ulva linza*, and the diatom *Navicula perminuta*[J]. Biofouling,2004,20(6):299 – 311.

[15] SMITH A M, CALLOW J A. Biological Adhesives[M]. Berlin: Springer,2006.

[16] NOEL R. Composite anti – salissure pour adjonction aux revêtements des corps immergés et revêtemenet la contenant: FR2562554[P]. 1984 – 04 – 06.

[17] IWAMURA G, KUWAMURA S, SHOJI A, et al. Antifouling coating materials containing immobilized enzymes: JP02227471[P]. 1989 – 02 – 28.

[18] KUWAMURA S, IWAMURA G, SHOJI A, et al. Antifouling coatings containing enzymes: JP02227465[P]. 1989 – 02 – 28.

[19] OKAMOTO K, SHIRAKI Y, YASUYOSHI M. Coating compound composition: JP19910026643[P]. 1991 – 01 – 29.

[20] LEROY C, DELBARRE – LADRAT C, GHILLEBAERT F, et al. Effects of commercial enzymes on the adhesion of a marine biofilm – forming bacterium[J]. Biofouling,2008,24(1):11 – 22.

[21] LEROY C, DELBARRE – LADRAT C, GHILLEBAERT F, et al. Influence of subtilisin on the adhesion of a marine bacterium which produces mainly proteins as extracellular polymers[J]. Journal of Applied Microbiology,2008,105(3):791 – 799.

[22] ZANAROLI G, NEGRONI A, CALISTI C, et al. Selection of commercial hydrolytic enzymes with potential antifouling activity in marine environments[J]. Enzyme and Microbial Technology, 2011,49(6 – 7):574 – 579.

[23] CORDEIRO A L, HIPPIUS C, WERNER C, et al. Immobilized enzymes affect biofilm formation[J]. Biotechnology letters,2011,33(9):1897 – 1904.

[24] TASSO M, PETTITT M E, CORDEIRO A L, et al. Antifouling potential of Subtilisin A immobilized onto maleic anhydride copolymer thin films[J]. Biofouling,2009,25(6):505 – 516.

[25] PERES R S, ARMELIN E, MORENO – MARTINEZ J A, et al. Transport and antifouling properties of papain – based antifouling coatings[J]. Applied Surface Science,2015,341:75 – 85.

[26] LEQUETTE Y, BOELS G, CLARISSE M, et al. Using enzymes to remove biofilms of bacterial isolates sampled in the food – industry[J]. Biofouling,2010,26(4):421 – 431.

[27] HANGLER M, BURMOLLE M, SCHNEIDER I, et al. The serine protease Esperase HPF inhibits the formation of multispecies biofilm[J]. Biofouling,2009,25(7):667 – 674.

[28] HUIJS F M, KLIJNSTRA J W, VAN Z J. Antifouling coating comprising a polymer with functional groups bonded to an enzyme: EP1661955A1[P]. 2004 – 11 – 29.

[29] CELIA B,JOSEPH B,IRVING R H. Antifouling methods using enzyme coatings:US5998200[P]. 1999 - 12 - 07.

[30] JUNGBAE K,HYEONG - SEOK K. Enzyme - fiber matrix composite of three - dimensional network structure,preparation method thereof,and use thereof:US2013/0130284 A1[P]. 2011 - 11 - 24.

[31] ISELLA F,BESANA B,MONZA E B. Antifouling textile materials comprising polymeric coatings and enzymes:EP2476798A1[P]. 2014 - 09 - 17.

[32] WEVER R,DEKKER L H,VOLLENBROEK E G M,et al. Antifouling paint containing haloperoxidases and method to determine halide concentrations:WO95/27009[P]. 1995 - 03 - 30.

[33] YUAN J C,SHILLER A M. The distribution of hydrogen peroxide in the Southern and central Atlantic Ocean[J]. Deep - Sea Research Part Ii - Topical Studies in Oceanography,2001,48(13):2947 - 2970.

[34] YEBRA D M,KIIL S,WEINELL C,et al. Presence and effects of marine microbial biofilms on biocide - based antifouling paints[J]. Biofouling,2006,22(1):33 - 41.

[35] KIIL S,DAM - JOHANSEN K,WEINELL C E,et al. Seawater - soluble pigments and their potential use in self - polishing antifouling paints:simulation - based screening tool[J]. Progress in Organic Coatings,2002,45(4):423 - 434.

[36] HAMADE K R,YAMAMMORI T N,YOSHIO K O. Glucoxide derivatives for enzyme modification, lipid - coated enzymes, method of producing such enzymes and antifouling paint composition: US5770188[P]. 1996 - 10 - 28.

[37] POULSEN C H,KRAGH K M. Anti - fouling composition:EP1282669B1[P]. 2007 - 07 - 25.

[38] SCHASFOORT A, EVERSDIJK J, ALLERMANN K, et al. Self - polishing antifouling coating compositions comprising an enzyme:US57115805A[P]. 2005 - 6 - 29.

[39] KRISTENSEN J B,OLSEN S M,LAURSEN B S,et al. Enzymatic generation of hydrogen peroxide shows promising antifouling effect[J]. Biofouling,2010,26(2):141 - 153.

[40] WANG H,JIANG Y,ZHOU L,et al. Bienzyme system immobilized in biomimetic silica for application in antifouling coatings[J]. Chinese Journal of Chemical Engineering,2015,23(8): 1384 - 1388.

[41] OLSEN S M,KRISTENSEN J B,LAURSEN B S,et al. Antifouling effect of hydrogen peroxide release from enzymatic marine coatings: exposure testing under equatorial and mediterranean conditions[J]. Progress in Organic Coatings,2010,68(3):248 - 257.

[42] 克莱尔·哈莉奥,迪亚哥·耶夫拉. 海洋防污涂层和防污技术[M]. 李赫,蔺存国,陶琨,等译. 北京:机械工业出版社,2017.

[43] 陈騊声,胡学智. 酶制剂生产技术[M]. 北京:化学工业出版社,1994.

[44] BURGESS J G,BOYD K G,ARMSTRONG E,et al. The development of a marine natural product - based antifouling paint[J]. Biofouling,2003,19(supl):197 - 205.

[45] MARY V,MARY A,RITTSCHOF D,et al. Compounds from octocorals that inhibit barnacle settlement:isolation and biological potency[J]. Bioactive Compounds from Marine Organisms,1991,

331 – 339.

[46] JAMES S G, HOLMSTROM C, KJELLEBERG S. Purification and characterization of a novel antibacterial protein from the marine bacterium D2[J]. Applied and Environmental Microbiology, 1996, 62(8): 2783 – 2788.

[47] HOLMSTROM, KJELLEBERG. Marine *Pseudoalteromonas* species are associated with higher organisms and produce biologically active extracellular agents[J]. FEMS Microbiology Ecology, 1999, 30(4): 285 – 293.

[48] 漆淑华,钱培元,张偲. 海洋细菌 *Pseudomonas* sp. 抗菌代谢产物的研究[J]. 天然产物研究与开发,2009,21(03):420 – 423.

[49] WANG L, YU L, LIN C. Extraction of protease produced by sea mud bacteria and evaluation of antifouling performance[J]. Journal of Ocean University of China, 2019, 18(5): 1139 – 1146.

[50] Dicosimo R, Mcauliffe J, Poulose A J, et al. Industrial use of immobilized enzymes[J]. Chemical Society Reviews, 2013, 42(15): 6437 – 6474.

[51] SHELDON R A, VAN PELT S. Enzyme immobilisation in biocatalysis: why, what and how[J]. Chemical Society Reviews, 2013, 42(15): 6223 – 6235.

[52] CARLSSON N, GUSTAFSSON H, THORN C, et al. Enzymes immobilized in mesoporous silica: A physical – chemical perspective[J]. Advances in Colloid and Interface Science, 2014, 205(1): 339 – 360.

[53] JEGANNATHAN K R, ABANG S, PONCELET D, et al. Production of biodiesel using immobilized lipasea critical review[J]. Critical Reviews in Biotechnology, 2008, 28(4): 253 – 264.

[54] KLOTZBACH T L, WATT M, ANSARI Y, et al. Improving the microenvironment for enzyme immobilization at electrodes by hydrophobically modifying chitosan and Nafion(R) polymers[J]. Journal of Membrane Science, 2008, 311(1 – 2): 81 – 88.

[55] SHEN Q, YANG R, HUA X, et al. Gelatin – templated biomimetic calcification for beta – galactosidase immobilization[J]. Process Biochemistry, 2011, 46(8): 1565 – 1571.

[56] SHELDON R A. Cross – linked enzyme aggregates(CLEA®s): stable and recyclable biocatalysts[J]. Biochemical Society Transactions, 2007, 35(6): 1583 – 1587.

[57] ALAGOZ D, CELIK A, YILDIRIM D, et al. Covalent immobilization of Candida methylica formate dehydrogenase on short spacer arm aldehyde group containing supports[J]. Journal of Molecular Catalysis B – Enzymatic, 2016, 130(complete): 40 – 47.

[58] VENDITTI I, PALOCCI C, CHRONOPOULOU L, et al. Candida rugosa lipase immobilization on hydrophilic charged gold nanoparticles as promising biocatalysts: Activity and stability investigations[J]. Colloids and Surfaces B – Biointerfaces, 2015, 131: 93 – 101.

[59] YUCE – DURSUN B, CIGIL A B, DONGEZ D, et al. Preparation and characterization of sol – gel hybrid coating films for covalent immobilization of lipase enzyme[J]. Journal of Molecular Catalysis B – Enzymatic, 2016, 127: 18 – 25.

[60] BALISTRERI N, GABORIAU D, JOLIVALT C, et al. Covalent immobilization of glucose oxidase

on mesocellular silica foams: Characterization and stability towards temperature and organic solvents[J]. Journal of Molecular Catalysis B – Enzymatic, 2016, 127: 26 – 33.

[61] PRLAINOVIC N Z, BEZBRADICA D I, ROGAN J R, et al. Surface functionalization of oxidized multi – walled carbon nanotubes: Candida rugosa lipase immobilization[J]. Comptes Rendus Chimie, 2016, 19(3): 363 – 370.

[62] WU L, WU S, XU Z, et al. Modified nanoporous titanium dioxide as a novel carrier for enzyme immobilization[J]. Biosensors & Bioelectronics, 2016, 80: 59 – 66.

[63] KIIL S, DAM – JOHANSEN K, WEINELL C E, et al. Dynamic simulations of a self – polishing antifouling paint exposed to seawater[J]. Journal of Coatings Technology, 2002, 74(929): 45 – 54.

[64] 王利, 李跃瑞, 于良民, 等. 牡蛎源菌株蛋白酶共价固定及其防污性能评价[J]. 中国海洋大学学报(自然科学版), 2018, 48(09): 67 – 73.

第 5 章

微结构仿生防污材料

海洋中生物种类繁多,与船舶表面一样,大型生物的表面也会面临着污损生物附着的风险,但大多海洋生物如鲨鱼、小型鱼类、海豚、海狮、海豹、海星以及大型植物等很少附着海洋生物。这启示我们,海洋生物表皮可能存在防止海洋污损生物附着的特殊机制,如表面具有特殊微观结构等。这种猜测推动了表面微结构的防污机理和仿生材料研究,成为防污领域的一个重要研究方向。本章将从表面微结构的角度进行讨论,重点介绍几种海洋生物表面微结构的解析、仿生微结构的制备技术、微结构的防污机理与几种代表性的微结构仿生材料。

5.1 海洋生物表面微结构的解析

5.1.1 鱼类表皮

1. 鲨鱼盾鳞的微结构

鲨鱼是常见的大型海洋动物,活动在污损生物众多的海水环境,体表却鲜有污损生物附着,其防污机制引起人们的兴趣。鲨鱼存在至今已有五亿年之久,其生物体结构亦有一亿年左右没有发生改变。鲨鱼的种类有很多,全世界能分辨出的鲨鱼种类有 500 多种。鲨鱼的体型一般呈纺锤形,分为头、躯干和尾三部分。体表具有细小盾鳞,体侧有侧线。全身骨骼均为软骨,头骨和脊椎骨钙化,脑颅无骨缝。上颌和下颌具有发达的锐齿,口的前面有鼻孔 1 对。鳃裂位于头的两侧,无鳃盖,鳃片由上皮组织折叠形成栅板状。鲨鱼身体为流线型,可减少水中运动的阻力。躯干部具有背鳍、臀鳍和尾鳍、胸鳍和腹鳍。尾鳍上大下小,是尾椎骨偏向上叶所致。泄殖腔孔位于两腹鳍之间。皮肤内具有大量黏液腺,分泌黏液使体表黏滑,既可减少游泳阻力,又可使身体免遭病菌和寄生物的侵袭。鲨鱼表面附以盾鳞,由伸出体表的棘突和埋入真皮的基板组成。内部有血管和神经通入，与牙齿相似。盾鳞的棘突可用于减少游泳时体表的湍流。鲨鱼的体表并不如宏观显示那样光滑，其体表分布着微型沟槽状鳞片结构，并附有刺状突起和刚毛，具备一定排列方式的沟槽结构，并沿游动的方向顺序排列。该结构能够影响鲨鱼游动时皮肤附近的水流结构与速度分布，继而减小水流摩擦阻力，同时能抵御污损生物侵袭，故普遍认为沟槽的几何形状有利于防污降阻[1]，并猜测其表面结构是使鲨鱼的游泳速度超过大多数鱼类的原因[2]。

张金伟等[3]以皱唇鲨为研究对象，对其表面结构进行了观测，发现其背部前、中、后位置的鳞片外形相近，均有 3 条纵脊结构，中间纵脊长，尖突明显，外侧两条短，纵脊之间有圆滑沟槽，前背部为 3 尖 3 脊型，中、后背部为 1 尖 3 脊型。腹部前、中、后位置的鳞片外形差别较大，前腹部为薄叶型盾鳞，中腹部鳞片为 1 尖 3 脊型，但纵脊与沟槽结构不明显，后腹部鳞片为 1 尖 3 脊型，具有明显的沟槽结构（图 5 – 1）。通过测量中背部鳞片的尺寸，发现皱唇鲨鳞片与表皮的夹角约为 30°，鳞片长为 330 ~ 460μm（平均 400μm），宽为 220 ~ 300μm（平均 275μm），沟槽高度为（47.81 ± 5.72）μm，沟槽宽度为（118.20 ± 8.83）μm，高宽比约为 0.4。其鳞片顺应水流方向排列，排布较为稀疏，前后位置对应，间距一般不超过鳞片长度的 1/4，左右相邻鳞片位置交错，间距约为一个鳞片的宽度，整体呈较明显的沟槽结构。皱唇鲨表皮硬度较低，肖氏 A 硬度在 25 ~ 37HA，平均硬度约为 29.3HA，柔软富有弹性，可稳定流经表面的水流，吸收早期扰动所产生的压力脉动，具有降低表面摩擦阻力的作用；其前背、中背、后背、前腹、中腹、后腹处表皮的静态水接触角分别为 112.81°、114.41°、114.97°、117.30°、110.37°、114.80°，平均为 114.10°，具有较强的疏水性，当流体流经疏水表面时会产生壁面滑移，使得边界层上的速度梯度减小，也可产生防污减阻效应。

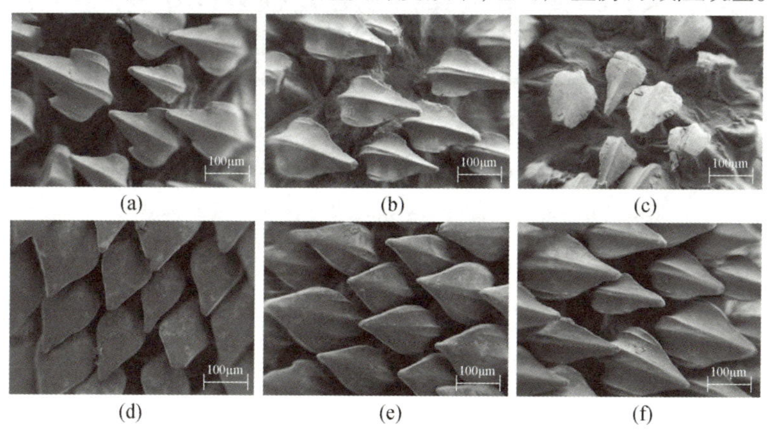

图 5 – 1　皱唇鲨鳞片结构的扫描电镜图[3]

（a）前背；（b）中背；（c）后背；（d）前腹；（e）中腹；（f）后腹。

对平双髻鲨(图5－2)和短鳍灰鲭鲨(图5－3)的体表12个以上不同部位的单个盾鳞进行了形态的比较研究[4]。依照盾鳞的棘部的尖突和肋条(纵脊)的数目及其基板的形态,平双髻鲨的盾鳞为3尖5脊型盾鳞,短鳍灰鲭鲨的盾鳞为3尖3脊型盾鳞。体表各个部位的盾鳞之间的形态和大小存在差异:平双髻鲨在背鳍侧面部位上,盾鳞的形态呈现不稳定形状,其肋条出现明显的退化状况,并且肋条的间距较窄、高度较低;短鳍灰鲭鲨的鳃部部位的肋条的高度很低,背鳍和胸鳍侧面部位的盾鳞的肋条尺寸相对较小,体表部位的盾鳞的肋条完全退化,其形态缺乏稳定性,其上有类似蜂巢表面结构,蜂巢结构小于15μm。该处盾鳞的变异形状可能与附近性器官——鳍脚的存在有紧密关系。无论平双髻鲨的3尖5脊型盾鳞还是短鳍灰鲭鲨的3尖3脊型盾鳞,都构成了顺流向排列的规则沟槽结构,这些结构既有利于鲨鱼的体表减阻,又有利于减少污损生物的附着位点,从而抑制污损生物附着。

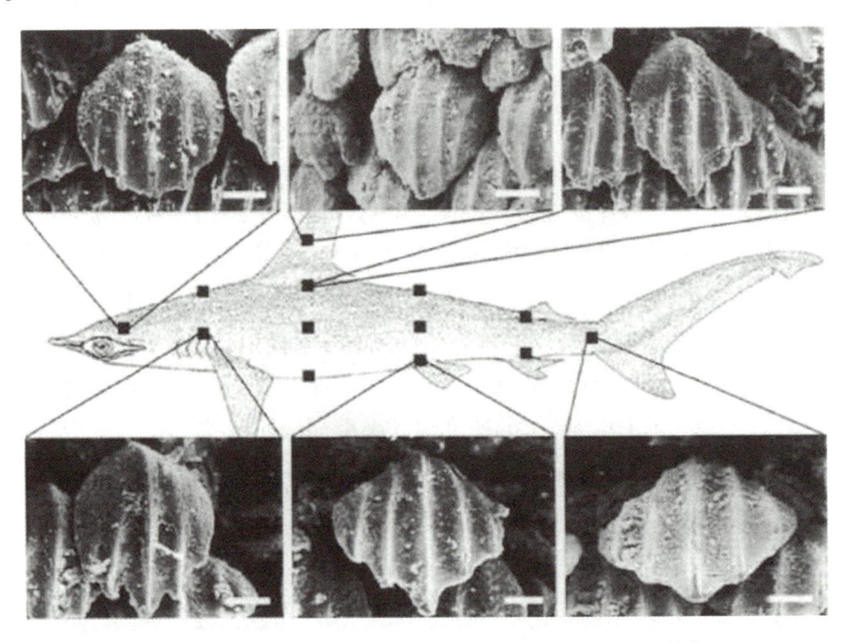

图5－2 平双髻鲨不同部位盾鳞结构的扫描电镜图[4]

2. 小型鱼的鳞片结构

除了鲨鱼等大型鱼外,小型鱼类体表也很少有污损生物附着。在海洋中生活的小型鱼类表面大多存在大小、结构各不相同的鳞片。很多对小型鱼类表面形貌的探究也主要针对鳞片的表面微结构。鱼鳞优异的力学性能与结构有密切关系,也与鱼的种类有很大关系,不同种类的鱼,其结构性能差别很大,但就鱼鳞结构和性能来说有其共性。关于鱼鳞的微观结构,有两种说法[5]。第一种说法

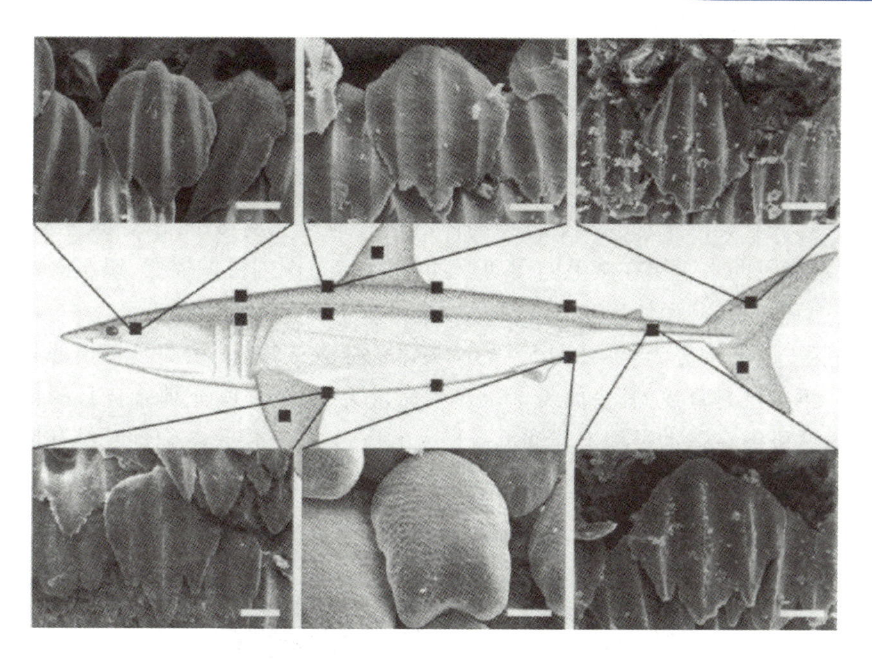

图 5-3　短鳍灰鲭鲨不同部位盾鳞结构的扫描电镜图[4]

是鱼鳞由内外两层结构组成，外层为矿化的骨质层，内层为柔性的胶原层，骨质层排列有序，为连续结构，较为粗糙，高度矿化；胶原层为薄层夹板结构，矿化度较低。光学显微镜下观察鱼鳞，可以清晰地看出两层结构，外层呈现脊的形状，而内层表现叠层板片状结构。第二种说法是鱼鳞在纵向上分为 3 层，最上层为羟基磷灰石组成的比较密实的无机相，由大量的羟基磷灰石颗粒组成；中间为胶原纤维组成的有机板片层，其纤维排列为正交或双扭曲夹板状分布，每一层的胶原纤维呈定向平行排列，层与层之间呈一定的夹角；最下层为胶原和无机相有规律地组成的混合层。汪静等[6]对大黄鱼和鲈鱼鱼鳞片的表面结构进行了分析。大黄鱼鳞片中，侧区外侧鳞脊间距最小约为 29μm，由外向内间距逐渐增加，外侧与中部区域鳞脊间距差值明显；鲈鱼区鳞片由外向内相邻鳞脊之间间距由 62 ~ 47μm 逐渐减少。由于鳞片存在鳞脊和鳞沟等微观结构，即使在相同的区域内，鳞脊和鳞沟的尺寸也存在较大差异，这些结构与防污性能之间的相关性仍有待进一步研究。

5.1.2　哺乳动物

1. 海豚表皮

海豚是小到中等尺寸的鲸类，主要栖息于热带的温暖海域，通常生活在浅水或至少停留在海面附近。海豚活动区域正是适宜污损生物生长的区带，但其皮肤光洁,没有任何污损生物黏附。

海豚体长1.5~10m,体重50~7000kg,雄性通常比雌性大。多数海豚的体型圆滑、流畅,有弯如钩状的背鳍(也存在其他形态)。通过显微镜观察其微观结构,发现海豚皮肤表层极其光滑,分布着细小的不稳定的绒毛,能随着水体的流动来回摆动,同时又有类似于水凝胶聚合物的体液持续地从表皮渗出,使表面更加光滑。表面含水凝胶的水膜层在绒毛的摆动下,也在一定范围内机械摇摆,以至于污损生物无法识别附着,从而使皮肤具有很好的抗污损生物黏附的作用[7-9]。

海豚皮肤结构分为三层(图5-4)[10]:第一层是表皮,其表面具有很薄且光滑的角膜;第二层是真皮,其表面长了很多中空乳突,乳突之间充满着自身的体液和血液,这些乳突在运动过程中能够承受很大的压力;第三层是由弹性纤维和胶质交错而成,其间充满了脂肪细胞。

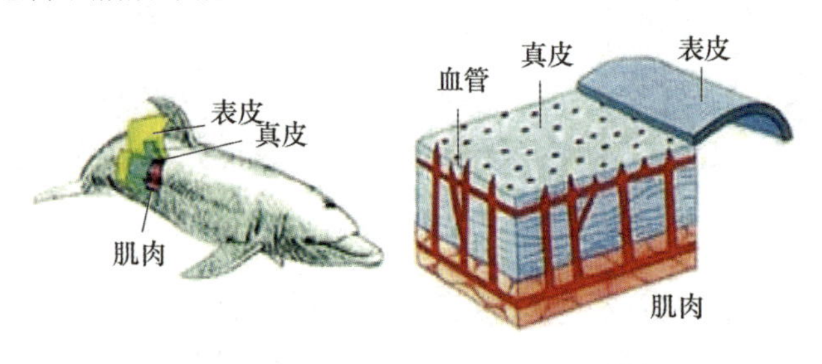

图5-4 海豚的皮肤结构示意图[10]

海豚表皮结构从纳米角度看是有皱纹的,这些皱纹不会为污损生物提供足够的附着点。Wooley等[8]研究了海豚皮肤的外形与纹理,及其防止海洋生物附着的机理,并设计了能阻碍生物附着的化学功能性基团,以此来模拟海豚的皮肤。采用具有微相分离、包含疏水和疏油两种特性的聚合物,模仿海豚皮肤的外形和表面特性,可以减少海洋生物附着,打破了人们对于粗糙表面不具有防污性的传统观点,启发人们具有微相分离结构的高分子材料可用来研制仿生防污材料。

2. 鲸鱼表皮

鲸鱼属于海洋大型哺乳动物,由于需要到水面呼吸,其活动区域也是污损生物较多的区带。大多鲸鱼体表光滑,表面很少有污损生物附着,在防污领域引起了广泛的关注。

鲸属于脊索动物门,脊椎动物亚门,哺乳纲,真兽亚纲,属于胎生哺乳动物,多数鲸鱼栖息于海洋。中国海域就有30余种。鲸主要分为两个种类:须鲸和齿鲸。须鲸的种类较少,但体型巨大,目前已知最小的种类体长也超过6m,世界上最大的动物蓝鲸也属于须鲸。然而齿鲸类的体型差异比较大,最小的种类体长仅有30cm左右,最大的抹香鲸体长在20m以上。

对巨头鲸皮肤研究发现，它们的皮肤是吸水性的，因此，海洋中的藤壶、贝类幼虫等污损生物容易黏附在表皮上[11]。鲸类通过越出海面，带出的气流将黏附在表皮的污损物冲掉。通过扫描电子显微镜对巨头鲸皮肤结构进行了研究，发现其表面是由一层约 0.1mm 的结构构成。对鲸鱼的表面进行探究发现，表皮的最外层（角质层）是薄的表层细胞层，容易与表皮的其余部分分离，可不断脱落更新，如图 5－5 所示[12]。这一特性，可能也是防除污损生物的方法之一，即通过表层细胞的更新，脱除掉已经附着的污损生物。

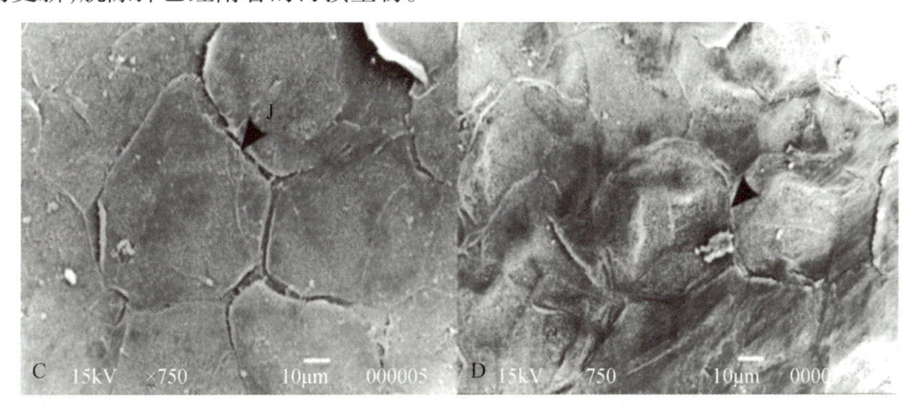

图 5－5　鲸鱼表皮结构的扫描电镜图[12]

5.1.3　无脊椎动物

1. 海星表皮结构

海星体表覆盖着一层细小的突起，很少有污损生物附着其上，为此其表面结构也引起了防污研究者的关注。海星是一种棘皮动物，分布于我国黄海、东海、南海和台湾海域，在污损生物繁多的潮间带和近岸浅水区域也广泛存在。海星是食肉动物，具有捕食作用的管足分布在 5 个腕的下侧，而位于上侧表皮的棘状突起并没有捕食能力。这种特殊的表皮结构是钙质的内骨骼突出表面皮肤而形成的，体现的是捕食以外的其他功能，其中之一是抵抗污损生物在其表面的附着。海星具有特殊的表皮结构，为表面微结构防污研究提供了很好的模型。

海星整个身体由许多钙质骨板和结缔组织结合而成，体表有突出的棘、瘤或疣等附属物。海星的腕足下侧并排长有 4 列密密的管足，用管足既能捕获猎物，又能攀附岩礁。海星的嘴在其身体下侧中部，可与海星爬过的物体表面直接接触。海星的体型大小不一，小到 2～5cm，大到 90cm，体色也不尽相同，几乎每只都有差别，最多的颜色有桔黄色、红色、紫色、黄色和青色等，可以推测体表颜色、体型大小并不是具有防污特性的主要因素。

郑纪勇等[13]对砂海星进行了表面微结构的观察。发现海星表面由众多突起结构组成，如图5－6所示。在扫描电镜观察中发现，砂海星表皮从光学显微镜看到的每一个圆形突起表面，仍然由许多微型突起组成，其顶部小，底部大，呈圆锥形。各区域的微突起在尺寸上也存在差距。对扫描电镜中微突起进行了测量和统计发现，微型突起的底部直径为10～24μm，高度为10～35μm，其顶部直径为几微米。可见不同位置的突起结构直径不等，远端位置小，中间位置大（图5－7）。从光学显微镜和扫描电镜的观察结果来看，海星表皮的表面呈现多级不同的微观结构，由规则排列的圆形突起组成，圆形突起顶端由微型突起组成，这种圆形形状、排列方式和多级构架方式为表面微结构设计提供了依据。

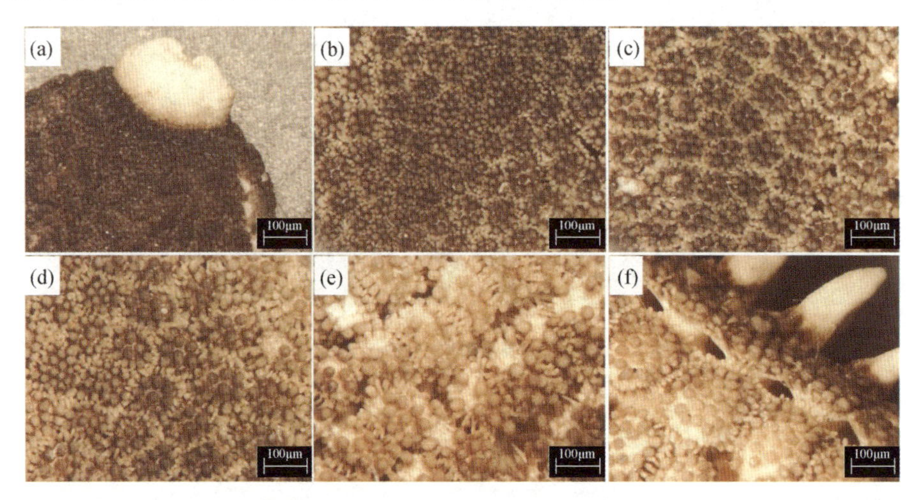

图5－6　砂海星不同位置的三维视频图[13]

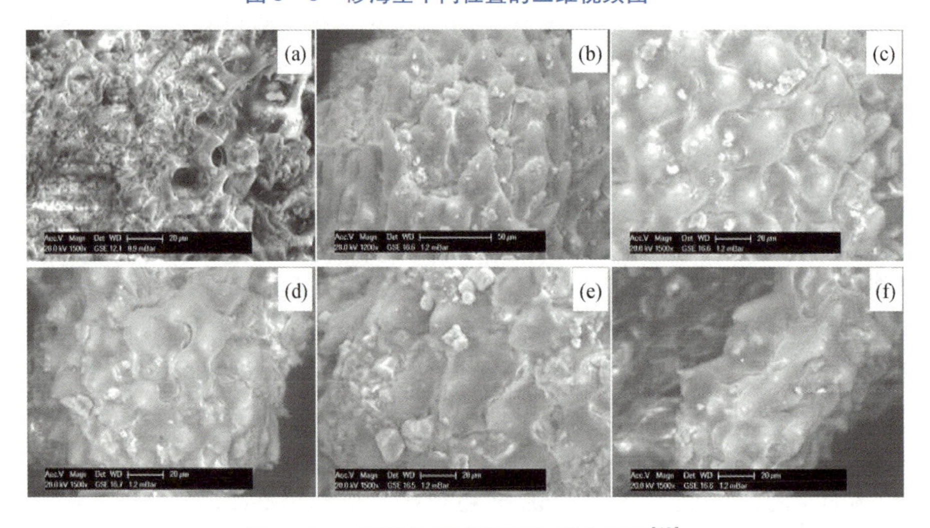

图5－7　砂海星不同位置的扫描电镜图[13]

Guenther Jana 等[14]对 12 种常见的海星进行了检查，未发现任何一种常见污损生物附着在海星表皮上，对海星的表面结构进行了探究，其中 4 种不同的海星的扫描电镜图如图 5 -8 所示，发现它们的表面均具有明显的、有规律性的微小突起。但由于种类不同，它们各自的微结构有着明显的差异，体现在它们微结构的直径、间隔与高度的不同方面。

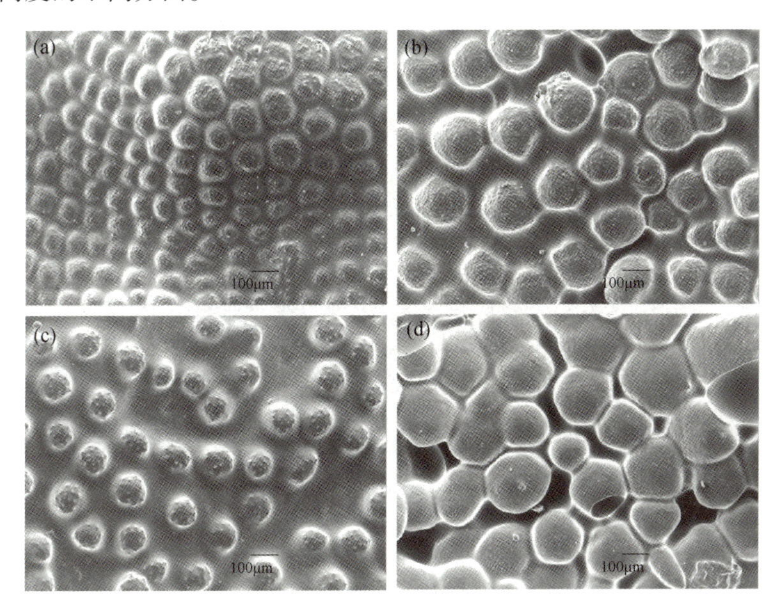

图 5 -8　4 种不同的海星的扫描电镜图[14]

(a)*L. laevigata*；(b)*F. indica*；(c)*C. pentagona*；(d)*A. Typicus*。

2. 蟹类壳体表面结构

蟹类通常生活在潮间带，也是污损生物众多的区带，但其壳体表面光洁，也不存在污损生物附着的情形，证明了其表面具有一定的防污能力。螃蟹一般栖息于近岸水深 7 ~ 100m 的岩石缝隙下或水草中，不同于鲨鱼和海豚在海水中高速游动，而且有黏液分泌，螃蟹在海洋中移动缓慢，表面无黏液分泌，选择螃蟹作为仿生对象，符合静态防污损的情况。

以连云港海域常见的梭子蟹为例[15]。连云港海域位于江苏北部(北纬 33°59′ ~ 35°07′，东经 118°24′ ~ 119°48′)，该海域主要海洋污损生物为舟形藻、长石莼、密鳞牡蛎和苔藓虫等，而梭子蟹的壳体表面却很少有污损现象。通过光学显微镜观察蟹壳的表面形貌发现，蟹壳表面存在类似于圆台的大突起形貌，直径超过 100μm，如图 5 -9 所示。蟹壳表面经过扫描电镜观察，发现在宏观形貌的表面仍存在微米级别的小突起结构，这种结构是一根接一根排列不是很紧密的微突起，有的小突起的上部比下部细，有的类似于圆柱。小突起的排列方式不完全规则，直径和间距也有所差距，而高度基本一致，大约 20μm。针对蟹壳的突起间距和突起的直径进行统计，随机取样 5 只梭子蟹的表面，对提取的轮廓线，随机选取了 100 组数据进行统计分析，发现蟹壳表面大突起间距在 100 ~ 200μm 居多，超过一半以上，其中大突起间距在 50 ~ 150μm 的占 60% 以上。而小突起之间的间距在 4 ~ 7μm 之间居多，占 70% 以上，小突起直径约为 3μm，占 90% 以上，高度大部分为 3μm，上下浮动不超过 0.5μm。这种大突起和小突起相结合的多级结构的形貌特点，可能有利于防御多种不同尺寸的污损生物，其形状对仿生微结构材料设计也具有启发。

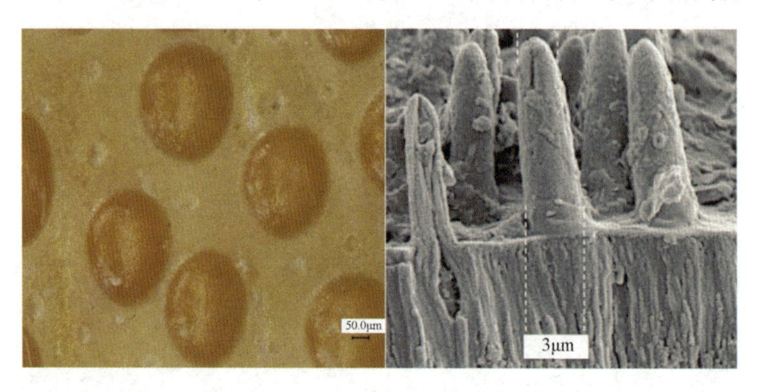

图 5－9　蟹壳的微观形貌结构图[15]

3. 贝类壳体表面结构

海洋贝类的壳体同蟹壳有类似的现象，作为钙质和有机质混合的固体材料，同样无法通过分泌物质方式抵御污损生物。贝壳的最外层是一层角质层，主要由硬化蛋白质组成，完全没有黏液分泌，其抗海洋生物污损的原因只与其外表面特殊的物理结构有关。而且不同的壳类表面生物污损现象存在差异，有的较为光洁，有的则附着有污损生物，这为比较研究提供了较好的样本。

谢国涛等[16]对取自大连海域的日本镜蛤、加夫蛤、华贵栉孔扇贝、青蛤和锥形光壳蛤等 5 种不同的贝类表面微结构进行了探究。日本镜蛤生活于潮间带，贝壳坚厚，稍扁平，略呈圆形，其生长线排列紧密，在前后部生长线翘起。表面无明显海洋污损生物附着，抗附着性能优于华贵栉孔扇贝。在光学显微镜下观察日本镜蛤，其生长线纹理非常清晰，无明显放射线纹理。生长线纹理的宽度在 200 ~ 700μm 之间。日本镜蛤表面生长线纹理呈波浪状，从顶部到底部（壳体外缘）纹理呈同心圆生长排列。顶部纹理间距在 430μm 左右，波峰和波谷距基准面 ± 50μm。边缘位置的形貌特征较为明显，贝壳两侧有凸起尖峰 40μm。日本镜蛤底部形貌显示，纹理间距在 500μm，较顶部大些。可见越靠近贝壳的边缘，其波状纹理的间距越大。

加夫蛤栖息于潮间带沙滩、泥滩，表面没有明显污损生物附着。壳体表面呈白色,其上散布褐色色斑,壳质厚,近椭圆形,壳表放射肋粗,与细的生长纹相交形成结节。这些结节在前部排列紧密,中部较稀,后部斜向排列。加夫蛤放射肋较粗壮,且有念珠状突起分布在每条放射肋上。肋间距为1000μm,波峰至波谷高度在250μm左右。每条放射肋上高度不一的念珠状突起有6处,间距为670μm。加夫蛤表面粗壮肋的放射性使底部肋间距增大,间距为1300μm。念珠状突起高度较顶部大些,突起间距与放射肋间距相仿,为1000μm。

华贵栉孔扇贝常栖息于低潮线以下,在水流湍急的岩礁、砂砾较多的海底用足丝营附着生活,是抗附着性能较差的双壳类贝类。壳面呈浅紫褐色、淡红色、黄褐色或枣红云状斑纹,壳表有大而等粗的放射肋23条左右,肋上有翘起的小鳞片。华贵栉孔扇贝顶部形貌纹理特征明显,测量区域内纹理间距由顶部670μm逐渐增大至底部800μm。放射肋比较光滑,高度相对于基准面±100μm。底部纹理间距增大到1.3mm,尖峰和谷底高度增大到±400μm。

青蛤贝壳略呈圆形,长3~5cm,高3~5cm,厚约0.5mm。壳外表呈黄白或青白色。壳顶斜向一方,并有以壳顶为中心的同心层纹,排列紧密,并有纤细的放射形纹,两者交叉。小月面和楯面界限均不明显。壳内面呈乳白色或青白色,光滑无纹。由青蛤顶部形貌可以看出,同心层纹和其上存在的突起较为明显,同心层纹间距800μm左右。

锥形光壳蛤的壳长40mm左右,贝壳厚重,两壳膨胀。表面光滑,底色为白色,上面布满褐色折线和其他图案组成的花纹以及成块的色斑。贝壳表面局部形貌显示,有条高脊带,深度在100μm,高度40μm,宽度1500μm,随后为较为平坦脊带,带宽度2500μm。

郑纪勇等[17]对青岛海域的紫贻贝的表面微结构研究发现,由于贻贝壳体表面不同区域的微结构存在差异,这种差异就可能带来不同的防污效果,因此将贻贝壳体划分为4个区域进行了针对性的比较研究。采集的贻贝长度为48~74mm,宽度为27~38mm。观察贻贝的宏观形貌可看出,贻贝壳体的表面是一种扇形的环状波纹结构,这种环状结构肉眼可见。从光学显微照片可以看出,如图5-10所示,贻贝壳体所分的4个区域均有明显的环形波纹,可以清晰分辨波峰和波谷。贻贝壳体的4个区域环形波纹幅度在30~200μm范围内。其中3区和4区处于壳体靠近尖端的位置,波纹幅度较大,测量结果显示,该区域的幅度大于100μm。而1区和2区表面的环形波纹相对比较细密,环形波纹幅度小于50μm。进一步用扫描电镜观察发现,贻贝壳体的表面在1区有一种线形波纹结构,幅度比环形波纹更小,波纹幅度在1.5~2.5μm之间。而2区和3区的表面没有这种明显的纹状结构,4区表面呈现不规则的形状和结构,局部呈现网状结构。从光学显微镜和扫描电镜的观察结果来看,贻贝壳体的表面呈现多种不同的微观结构,各区均存在环形波纹结构,幅度为几十微米到几百微米。1 区的微结构呈现较为规则的二级结构,即两种不同方向和尺度的波纹结构。一种为环形波纹,另一种为线形波纹,两种波纹的幅度大小不相同,环形波纹为几十微米,而线形波纹为几微米。

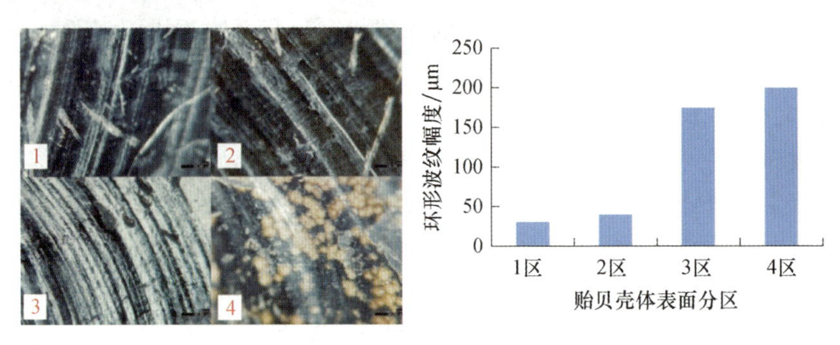

图 5-10　贻贝壳体表面 4 个区域微结构的光学显微图及波纹幅度数据[17]

将贻贝壳体置于羽状舟形藻培养环境中进行附着实验,7 天后记录了贻贝壳体表面各个区域所附着的硅藻数量(图 5-11)。可见,在同样实验条件下,贻贝壳体表面各区域附着的羽状舟形藻数量远比空白(光滑玻璃)少,证实了贻贝壳体具有防除硅藻附着的能力,其表面存在的环形波纹结构可能是具备这种能力的重要原因。同时发现,贻贝壳体不同区域附着数量存在差异,1 区对羽状舟形藻附着的抑制作用最强,硅藻附着数量仅为空白的 1/30。分析认为,1 区和 2 区的环形波纹均在 30~40μm,两者的差别远没有和 3 区及 4 区的差别大,而 1 区和 2 区对硅藻附着的抑制作用却有明显差异,说明其表面的环形波纹不是造成两者附着硅藻数量差异的原因。结合各个区的扫描电镜照片来看,1 区具有规则的波纹状微细结构,而 2、3 区较为平滑,4 区虽有微细结构但并不规则,这可能是影响底栖硅藻附着数量存在差异的一个重要原因。由此,初步归纳了对硅藻防除效果较好的表面微结构的特征:规则排列垂直波纹结构——30μm 的环形波纹 +2μm 左右的线形波纹[17]。

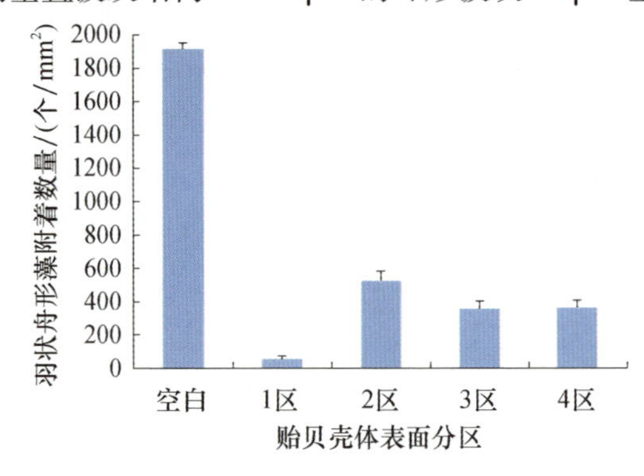

图 5-11　贻贝壳体各区域表面附着的羽状舟形藻数量[17]

5.1.4 植物表皮

1. 海带表皮

海带叶片面积较大,表面光滑,很少有污损生物附着,相对于游动动物而言,在静止状态下仍具有较好的防污能力。海带是一种在低温海水中生长的大型海生褐藻,中国北部沿海及浙江、福建沿海大量栽培。海带属于褐藻门,褐藻纲,海带科,呈褐色,扁平带状,最长可达 20m;分叶片、柄部和固着器,固着器树状分支,用以附着海底岩石;叶片由表皮、皮层和髓部组织所组成,叶片下部有孢子囊;具有黏液腔,可分泌滑性物质。

Zhao 等[18]对海带(Laminaria japonica)的表面结构进行了研究,结果表明,海带在干和湿状态下的形态变化不大,利用生物显微镜观察发现,表面水分流失后,海带仍大致保持原始状态,这也表明基于干燥状态海带的微结构是可靠的。从 SEM 图像中可以看出(图 5-12),海带叶片表面存在间距约为 150μm 的波纹沟槽,沟槽之间存在微突起结构,其大小约为 8μm。使用原子力显微镜(AFM)测量边缘部分的表面轮廓,测得微突起结构的高度约为 1μm。海带表皮结构经 PDMS(聚二甲基硅氧烷)翻模,并利用聚电解质修饰,获得了仿海带表皮结构材料,利用新月菱形藻进行测试发现,具有较好的硅藻附着抑制能力。

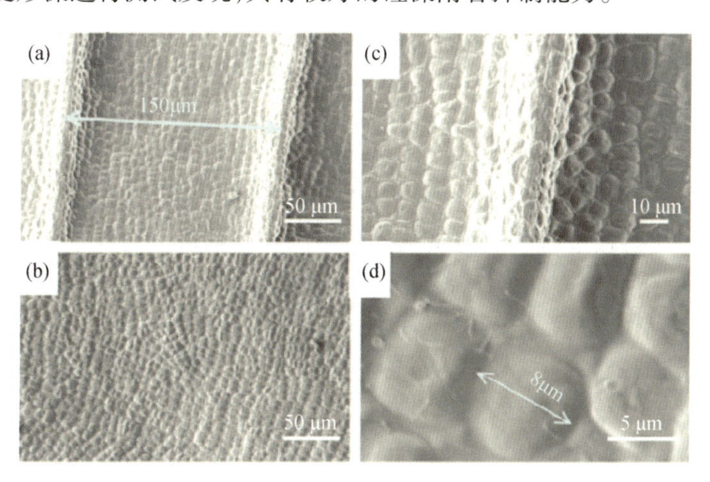

图 5-12 日本海带表面微观结构的扫描电镜图[18]

2. 大叶藻表皮

大叶藻是海洋中水底生活的高等单子叶植物,具有完整的根、茎、叶结构,在海水中完成整个生活史,包括开花、传粉和结果等。大叶藻是多年生海草,生于潮间带和潮下带的浅海中,分布于我国河北、山东等省沿海,朝鲜、日本、欧洲、北美洲等也有分布[19]。

对大叶藻叶片进行观察发现[20]，大叶藻呈带状，细长而柔软，状若海鳗，有5~7条平行叶脉。成熟大叶藻细胞壁厚，表皮为很薄的一层，质膜由一层具有韧性的物质包被起来。横截面的结构解析发现，截面中心具有明显的规律性空隙，空隙两边的间隔100~200μm。叶片的表面有乳突，高度30~50μm。这些乳突可为叶片带来一定的防污性能。植物表皮不同于贝类的壳体，除表面微观结构有一定作用外，还会和鲨鱼表皮那样，分泌黏液及活性物质，这些物质在抵御污损生物的侵袭时也会起到重要作用，同时植物表皮还存在生长和更新，对于污损生物而言，属于不稳定的表面。可以推测，海洋大型植物类叶片的抗污损效应是多种因素综合作用的结果。

5.2 仿生微结构制备技术

5.2.1 模板法

模板法一般可以分为软模板法和硬模板法。软模板法[21-22]是基于聚二甲基硅氧烷预聚体流动性好、表面能低、几乎可以浸润任何表面等特点发明的一种微模塑图案复制技术；而硬模板法则是主要以金属作为微结构复制模板的制备方法。模板法具有操作简单、不需要复杂设备加工的优点，并且能够突破传统光刻技术100nm尺度的限制，最小精度可达0.4nm[23]，已经成为目前制备微结构表面的常用方法。其步骤首先是以目标微结构为母模板，然后在微结构表面浇筑PDMS，得到与其结构互补的PDMS模具，再利用PDMS模具为模板，进行第二次浇筑，即得到目标微结构的表面。例如，构筑类似荷叶微结构表面。首先以新鲜荷叶为母模板，在其表面浇筑PDMS，固化后得到与荷叶结构互补的PDMS模板，然后利用该模板进行二次浇筑、翻模，最终获得荷叶微结构表面。实验证明，该方法构筑的仿荷叶表面静态水接触角可达到160°，展现出了优异的超疏水性能[24]。Kwon等[25]以天然植物叶等为母模板通过电铸方法得到一个镍的模具，然后通过紫外纳米光刻技术复型制备超疏水植物叶表面，接触角仅比天然植物的叶的表面接触角小2°~5°。另外，还可以通过光刻和阳极氧化等方法在铝金属表面构筑微结构作为模板，然后通过热压工艺在材料表面制得微结构表面。Lee等[26]利用该方法制备的高密度聚乙烯(HDPE)微结构表面静态水接触角最大可达159°，如图5-13(a)、(b)所示，同时该方法也可以放大、量产微结构表面。

模板法还可以制备人为设计的不同图形的微结构表面，例如圆柱形、立方体、三角形、十字形等，如图5-13(c)所示。郑纪勇等[27]通过光刻蚀在硅片上制备十字柱状微结构模板，利用模板法成功制备出十字柱状微结构表面，这种表面微结构增大了材料表面的疏水性，降低了污损生物与表面的有效接触面积，能够有效防止硅藻类和藤壶等污损生物的附着，并且在水流冲刷的作用下，具有一定程度的自清洁功能，可用于海洋环境下防除船舶及海洋结构物表面生物污损。

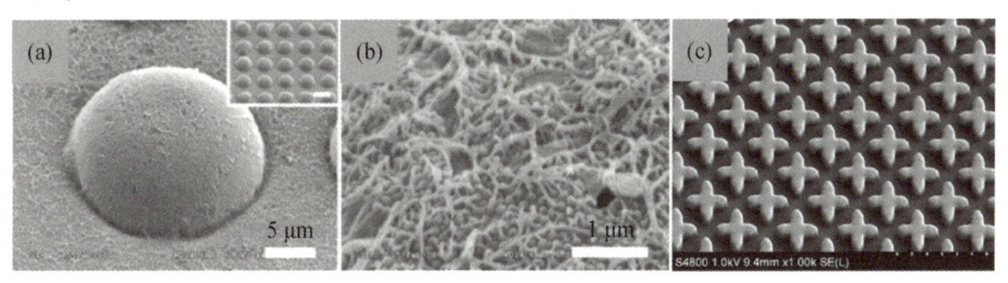

图5-13 金属模板热压制备微结构表面

(a)热压 HDPE 乳突 SEM 图；(b)将(a)图放大后的 SEM 图[26]；(c)十字微结构表面 SEM 图[27]。

模板法的优点在于操作简单方便、重复性好、微结构尺寸可控、调整方便等；而不足之处在于制备形状复杂的表面结构或图案困难且效率低，软模板力学性能差，导致使用时可能出现破损、撕裂或粘连等现象[28]。

5.2.2 机械加工法

机械加工法是指通过精密机械设备按照预设的图案、尺寸对基底材料表面进行加工而获得微结构表面的方法，一般分为车削工艺和铣削工艺。例如，Zhu 等[29]采用车削工艺在铜基板表面制造出规则的微米级沟槽，然后再用硬脂酸改性，降低其表面能，使得该沟槽表面具有优异的疏水性。而后又采用相同的方法在铝基板表面制造出微米级沟槽结构(图5-14)，然后再通过硬脂酸修饰降低其表面能，制备出的微结构表面具有超疏水性和明显的耐腐蚀性。

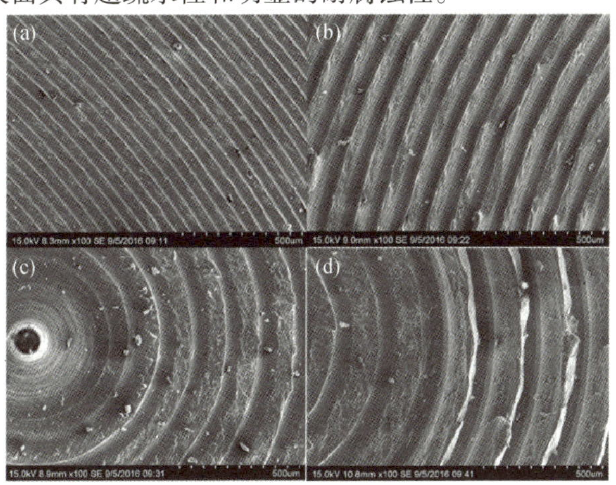

图5-14 以不同加料速率在铝基板加工微米级沟槽的 SEM 图片[29]

(a)f=0.05mm/r；(b)f=0.1mm/r；(c)f=0.15mm/r；(d)f=0.2mm/r。

与其他制备技术相比，机械加工法的优点在于可以在金属表面直接构建微结构表面，操作简单高效，可以规模化制备，而且不需要特殊的实验条件，不使用任何有毒的化学试剂；然而，由于受车床精度的限制，制备的微结构一般精度只能达到微米级，而且复杂结构不易制备。

5.2.3 激光刻蚀法

激光刻蚀法是采用高能脉冲激光束在材料表面构建微/纳结构的一种物理方法。该方法是将预先设计的规则微结构或图案通过激光刻蚀在材料表面上，刻蚀完成后也可在微结构或图案表面进行再修饰处理，从而获得具有所设计性质的微结构表面。Öner 等[30]通过激光刻蚀法刻蚀出一系列不同尺寸和不同图案的微结构硅表面，如图 5－15 所示，并使用硅烷化试剂对其进行了系列处理，制备了烃、硅氧烷和碳氟化合物表面，而该表面表现出超高的疏水性质。

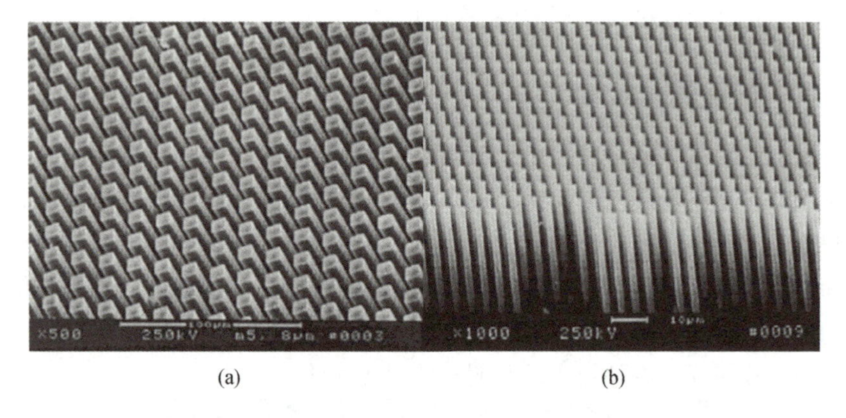

(a) (b)

图 5－15 方形柱不同尺寸的 SEM 图[30]

(a)8μm×8μm×40μm 的方形柱；(b)2μm×2μm×100μm 的方形柱。

郝丽春[31]通过皮秒激光刻蚀法制备了直径为 100μm、深为 5μm 的凹槽，并研究了激光加工系统参数对织构轮廓的影响规律，发现织构端面尺寸主要取决于设计尺寸，凹槽深度与激光加工功率和加工次数呈线性关系，最终实验证明，构建的皮秒激光刻蚀法可以制备出良好质量的凹槽结构。

近年来，随着加工技术的不断发展，微米级结构已经无法满足表面微结构防污的研究需求，各国学者不断开发和完善各种表面纳米结构的制备方法。刘聚坤等[32]利用激光双光子刻蚀技术在某种晶体表面上加工出宽度约为 30nm 的单凹槽结构，并制备出了 150nm×150nm 和 150nm×250nm 两种尺寸的方块结构的阵列，但是，由于该技术分辨率受到了衍射极限的限制，只能制备分辨率大于 100nm 的结构。而后刘聚坤通过基于受激辐射耗尽的方法产生准分子激光，制备出了最小尺寸为 93nm 的纳米线。

激光刻蚀法具有简单方便、适用于多种材料、可以实现三维加工等优点。但激光加工是一个多种因素相互影响的过程，激光加工的效率与精度的协调一直是较难解决的问题，而且激光加工技术很难控制加工深度，目前还没有完善的加工体系，在加工中需要对这些参数进行反复试验。

5.2.4　化学自组装法

化学自组装法是指分子在平衡条件下，通过非共价键相互作用（如氢键、静电力、亲疏水效应和堆积效应等作用）自发缔合成不同形状的规则有序聚集体的方法，主要包括微米级、亚微米级及纳米级 3 个尺度[33]。近年来，化学（分子）自组装法已经成为制备规则结构的功能性材料的主要方法之一，在制备表面微结构海洋防污材料方面具有明显的优势。七二五所利用分子的自组装技术开展了多种几何尺度和粗糙度微结构的制备工作，并系统研究了这些结构与硅藻附着之间的关系。郭志光等[34]利用化学自组装法，在微结构表面上修饰全氟辛基三氯甲硅烷，最终得到双层结构的薄膜，上下层微凸体的粒径分别为微米级和纳米级，且有较好的超疏水性和稳定性，静态水接触角最高达到 157°。Zhao 等[35]通过化学共价自组装法将聚乙二醇引入聚偏二氟乙烯（PVDF）膜表面，如图 5－16 所示，从而优化了其分离和防污性能，而且自组装法能够有效提高聚乙二醇的稳定性和 PVDF 膜的表面润湿能力，在分离界面上嵌入聚乙二醇片段提高了 PVDF 超滤膜的抗结垢性能，同时也进一步改善了对牛血清白蛋白（BSA）的抗吸附能力。

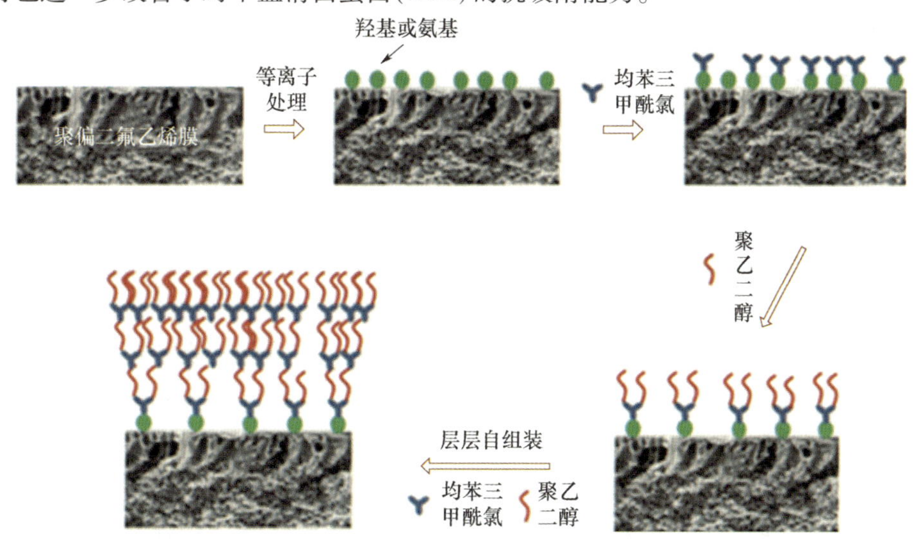

图 5－16　PVDF 膜表面共价自组装工艺示意图[35]

5.2.5 静电植绒法

静电植绒法是采用静电场的方式,将纤维规则、均匀地植入涂有黏合剂的基底材料上,形成柔软、光滑的绒毛层的一种方法。静电植绒的制备工艺流程为:先按照需要对绒毛纤维进行开纤等处理,再进行染色和电着处理;根据绒毛种类及测试结果等选择合适的高压静电场,通过植绒设备将绒毛植入带有黏合剂的基材上;植绒后,对其进行固化处理,使绒毛和基底结合牢固;经过一段时间完全固化后再进行清洁、刷毛等后处理,得到植绒材料表面[36]。

绒毛可以采用多种聚合物纤维,包括聚酯类、聚酰胺类、聚丙烯和丙烯酸类等。如果考虑耐久性,最好是采用聚丙烯纤维。根据实际使用情况可以使用纳米颗粒等添加剂来增加纤维的刚度。冯磊等[37]利用静电植绒法在纺织纤维表面构建粗糙结构,并结合 PDMS 进行表面修饰,进一步测试与表征。结果显示,利用静电植绒法制备的植绒表面具有良好的耐磨性和超疏水性,绒毛长度为0.6mm 时具有最佳的疏水、耐磨性能。Phillippi 等[38]在某海域进行的室外防污测试,以未经处理的聚氯乙烯塑料板、涂底漆的塑料板作为空白组和植入白色纤维绒毛的植绒样板为实验材料,分别进行了防污测试,结果表明,浒苔在涂底漆样板上附着最多,在植绒样板上附着最少;海中最常见的红色海藻,在空白组样板和植绒样板的附着没有明显差别;丝状褐藻和结壳褐藻在植绒表面附着量相比其他组是最少的。后期在另一海湾对植绒样板进行了藤壶附着测试。实验发现,藤壶优先附着在涂底漆的空白样板上,而藤壶在未处理的聚氯乙烯板上的附着量比在植绒样板附着的多,说明植绒样板具有良好的防污性能。然而,静电植绒法制备的防污材料不同于传统的防污涂料,需要使用专门的植绒设备,并且后续维护难度较大。

5.2.6 溶胶-凝胶法

溶胶-凝胶法是将无机物或金属醇盐作前驱体,经过系列水解、缩合等化学反应后,在基底上形成稳定的透明溶胶体系,再经过热处理形成化合物固体的方法,且凝胶在固体材料表面干燥后,可形成微纳米级的三维空间网络结构。Yamanaka 等[39]利用溶胶-凝胶法制备了含氟烷基链的纳米网状微结构表面,该微结构表面具有超疏水性质。Xiu 等[40]用溶胶-凝胶法将作模板剂的低共熔液体(氯化胆碱和尿素)用于玻璃显微镜载玻片上制备具有光学透明和超疏水性的 SiO_2 薄膜共晶液体。随后提取低共熔液体,得到具有粗糙表面的膜共晶,因为液体比溶胶-凝胶溶液的蒸气压更低,共晶液体在薄膜中,有利于控制薄膜的厚度和其表面粗糙程度。用氟烷基硅烷处理薄膜表面后,表面疏水性增加,静态水接触角约为 170°,涂布在载玻片上的膜的透光率与显微镜载玻片的透光率相同。

Gurav 等[41]通过溶胶 - 凝胶法在室温条件下按一定的摩尔比将四甲基硅氧烷(TMOS)、甲醇和水混合,加入一定量的 NH_4F,搅拌 30min 后得到溶胶;将溶胶均匀地涂刷在玻璃基底的表面,放置在 80℃ 的环境下静置 1h,降温后得到干燥的凝胶薄膜,使用两种不同的甲硅烷基化剂,即六甲基二硅氧烷(HMDSO)和六甲基二硅氮烷(HMDZ),对浸涂的二氧化硅膜进行表面甲硅烷基化,最终得到微 - 纳米结构的超疏水表面,该表面具有优异的疏水性能,可用于透明自清洁涂料中。

溶胶 - 凝胶法的优点在于反应条件温和、反应过程具有一定的可控性、产物均匀性好,但其目标产物多为金属氧化物,需对其进行一系列表面改性,改性后的表面才能具有良好防污性能。

5.2.7 化学刻蚀法

化学刻蚀法是用化学刻蚀剂对合金或金属基体表面进行化学反应而发生侵蚀,利用晶粒或金属(各向异性、异相夹杂、晶格缺陷)或合金不同成分耐腐蚀性差异进行选择性刻蚀,通过控制刻蚀剂浓度和刻蚀时间等条件,获得不同微 - 纳粗糙结构的表面的方法。李艳峰等[42]用一定浓度盐酸刻蚀铝合金,经过刻蚀后合金表面为矩形的凸台和凹坑构成的高低相间的微纳米结构,这些结构在铝合金板层间相互连通,形成了不规则的“迷宫”结构,后经氟硅烷试剂表面改性,得到了具有高疏水性的表面,实验表明,经氟硅烷处理后的“迷宫”结构可捕获空气,在水滴与基底之间形成气垫,这是造就了其高疏水性的关键,同时也确定了最佳刻蚀的反应条件。Yin 等[43]通过化学刻蚀法将铝基片分别在 8mol/L 的 HF 溶液和 4mol/L 的 HCl 溶液中浸泡刻蚀 15min 和 12min,形成了与荷叶表面乳突结构、尺寸类似的不规则多孔结构,如图 5 - 17 所示,再经氟硅烷的乙醇溶液浸涂表面修饰改性后,得到具有超疏水性和良好抗腐蚀性的理想表面。

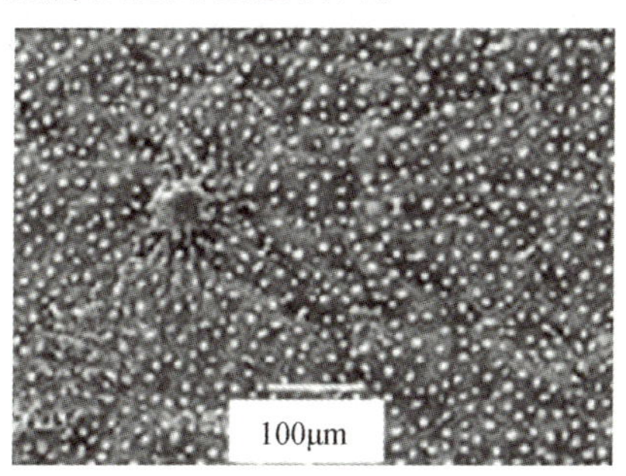

图 5 - 17 荷叶表面乳突结构的 SEM 图[43]

化学刻蚀法的优点在于操作简单方便、反应具有可控性、成本低廉、效率较高等；但化学刻蚀法不易得到规则表面，同时实验会产生大量酸性废液，需要专业处理，对环境不够友好。

5.3 微结构防污机理研究现状

到目前为止，虽然人们对表面微结构的防污机理还不明确，但也取得了一些有效的进展。追溯到20世纪初期，Wenzel 等[44]和 Cassie 等[45]就发现了表面粗糙度会对材料表面的浸润性产生一些影响，并分别提出了 Wenzel 模型和 Cassie 模型，之后人们意识到，表面微结构可以改变材料表面的润湿性[46]，从而影响表面污损生物的黏附[47]。

Carman 等[48]经反复的试验发现，当微结构的特征尺寸略小于附着生物的尺寸时，防污效果最好。Scardino 等[49]提出了著名的“接触点”理论，即污损生物成功附着的前提是污损生物与附着表面之间充足的接触点数量，表面微结构和附着生物之间的相对尺寸关系会影响接触点的数量，并利用4种硅藻进一步验证了“接触点”理论。结果表明，硅藻在接触点多的微结构表面附着数量最多，而在尺寸稍小于硅藻的微结构表面附着数量最少，证明了“接触点”理论对防污微结构表面设计的指导作用。

5.3.1 ERI 模型

Schumacher[50]基于“接触点”理论设计了多种间距为2μm的规则微结构表面，对其进行了系列防污性能研究，并运用统计学手段将防污试验得到的试验结果进行归纳总结，定义了 ERI 模型（式(5-1)）来预测石莼孢子的附着规律（式(5-2)）：

$$\mathrm{ERI}=\frac{r\times df}{f_{\mathrm{D}}} \tag{5-1}$$

$$S=796-635\times \mathrm{ERI} \tag{5-2}$$

式中：r 为 Wenzel 粗糙度因子（实际表面积/投影平面表面积）；df 为孢子在特征凹槽上运动自由度（1 或 2）；f_{D}为凹陷的表面积分数（特征结构间凹槽的表面积/投影平面表面积）；S 为孢子附着密度（个/mm^2）。

ERI 模型能有效预测2μm间距和3μm高度的特征微结构表面石莼孢子的附着情况：石莼孢子的附着密度随着 *ERI* 值的增大而减小。但是 ERI 模型只考虑到了特定凹槽上运动自由度，而没有考虑同一表面存在的不同特征尺寸的表面结构对石莼孢子附着规律的影响。同时，石莼孢子附着密度越大，ERI 模型的方差越大，所预测的附着密度误差越大。

Long[51]考虑到了在同一表面上不同特征尺寸结构的影响，将 ERI 模型中的

df（孢子在特征凹槽上运动自由度）用 n（表面微结构上不同特征结构的数量）代替，建立了 ERI_{II} 模型：

$$ERI_{II} = \frac{r \times n}{1 - \Phi_S} \tag{5-3}$$

式中：r 为 Wenzel 粗糙度因子（实际表面积/投影平面表面积）；n 为表面微结构上不同特征结构的种类；$1-\Phi_S$ 为凹陷的表面积分数（特征结构间凹槽的表面积/投影平面表面积）。

相比于 ERI 模型，ERI_{II} 模型更加贴合试验所得的石莼孢子附着密度。同时，ERI_{II} 模型用自然对数来表示石莼孢子附着密度，消除了上述所提到的石莼孢子附着密度对方差的影响，相对较好地预测石莼孢子在基底上的附着规律：

$$\ln \frac{S}{S_{sm}} = -7.47 \times 10-2 \times ERI_{II} \tag{5-4}$$

式中：S 为孢子在微结构基板上的附着密度（个/mm^2）；S_{sm} 为孢子在光滑对照基板上的附着密度（个/mm^2）。

ERI_{II} 模型能有效地预测 2μm 间距和宽度小于孢子临界尺寸（5μm）的特征微结构表面的石莼孢子附着情况：随着 ERI_{II} 值的增加，石莼孢子在基底附着密度呈对数减少。但 ERI 和 ERI_{II} 两种模型都存在以下几点缺陷：①都是以 PDMS 为基板进行试验，而没有考虑到基板材料的润湿性、力学性能以及生物体的大小等可能影响孢子附着的参数；②没有考虑到由于表面微结构增加污损生物附着的情况[52]；③预测的生物种类单一，目前只能预测石莼孢子的附着密度，不能预测硅藻等其他污损生物[53]。

Magin[54] 发现海洋细菌的附着密度与 ERI_{II} 值有很好的线性关系，但是不同微结构表面的细菌附着密度没有遵循相同线性关系。他在 ERI_{II} 的基础上加入雷诺数 Re 以及生物体对表面的敏感性因素 m，得出一个可以很好地预测海洋细菌和石莼孢子附着的公式：

$$\ln \frac{S}{S_{sm}} = -(m \times Re) \times ERI_{II} \tag{5-5}$$

式中：S 为孢子在微结构基板上的附着密度（个/mm^2）；S_{sm} 为孢子在光滑对照基板上的附着密度（个/mm^2）；m 为敏感性因素，包括生物的尺寸、形状、运动性及基体表面化学性能等；雷诺数 $Re = \rho VL/\mu$，其中 ρ 和 μ 为试验中使用液体的密度和黏度，V 为生物相对于液体的速度，L 为生物体的特征长度。

雷诺数 Re 越大，细菌和石莼孢子在水流中惯性力越大或者黏性力越小，这表明细菌和石莼孢子更容易随着水流动的方向运动，而且往往需要消耗更多的能量才能附着在基底样板上。

Magin 试图将没有考虑到的其他影响因素（生物的尺寸、形状和运动性，基体表面化学性能等)的 ERI 两种模型加入在公式当中,但是他没有阐述敏感性因素 m 的计算方法以及影响规律,只是通过设置一个比例系数将不同生物的预测模型统一到同一个公式中。

5.3.2 纳米力梯度模型

Schumacher[55]认为,ERI 模型只考虑整个微结构表面的性质是远远不够的,所以他利用力传递模型结合了微结构表面各个不同的特征结构,建立了一种纳米力梯度模型,当污损生物附着在微结构表面上时,不同特征尺寸的结构会对污损生物产生不同的应力,导致污损生物需要提供能量来调整其在每个结构特征上的接触面积,从而使其应力平衡,这也说明,不同特征尺寸的结构之间应力有较大的差异,生物较难附着在上面。但是,该模型对于所设计的表面有一些特殊的限定要求:生物个体必须要附着在多个微结构突起上,同时不能接触突起中间的凹坑部分,简单来说,纳米力梯度模型也只是将 ERI 模型所设计的一种表面微结构中的两种不同特征尺寸的结构结合在一起,从而研究结合后的微结构表面的防污性能,从力学角度将 ERI 模型中所得到的数据重新整理归纳。Schumacher 只考虑了长方体这种简单的形状,还未验证其他复杂形状微结构上的有效性,但该模型为以后的研究奠定了良好的基础,先研究简单的微结构,再研究复杂的微结构,同时通过找出它们之间存在的防污性能上的关联,来完善微结构的设计基准。

5.3.3 SEA 模型

Decker[56]认为同一微结构表面的不同区域可以有不同数量的接触点,因此必须使用接触点理论区分。Decker 在接触点理论和 ERI 两种模型的基础上,增加了界面自由能,基于统计学将微结构表面划分为许多大小相同的网格,定义了 SEA 模型(式(5-6)),能较好地量化预测石莼孢子、硅藻、海洋细菌和藤壶幼虫的附着。

$$\ln\frac{N_t\times g_s}{N_s\times g_t}=\frac{A_t-A_s}{A_s} \tag{5-6}$$

式中:N 为被污染网格数;A 为每个网格有效接触面积;g 为有效网格数;下标 t,s 分别为微结构表面与光滑表面。

纳米力梯度模型与 SEA 模型在一定程度上有相互矛盾之处,接触点个数越多,污损生物所受到的应力差越大,越难附着。而 SEA 模型表示接触点越多,污损生物附着密度越大。纳米力梯度模型只考虑到污损生物在相邻的两种不同特征微结构上附着的情况,而且只能相同接触点个数的微结构之间进行对比,这是一个较大的缺点。

5.3.4　TPW 模型

七二五所在大量实验数据的基础上构建了 TPW 模型，用式（5－7）表达，该模型能够较好地预测复杂微结构对硅藻、石莼孢子附着的影响。

$$\mathrm{TPW}=r\times\frac{\sqrt{T\times P}}{W} \tag{5-7}$$

式中：P 为最小重复单元的投影面积；T 为微结构表面顶端面积；W 为微结构侧壁面积；r 为修正因子，是表征间距与污损生物尺寸间关系的系数。

小舟形藻附着抑制率与 TPW 值关系如图 5－18 所示，微结构对硅藻附着的抑制率与 TPW 值间有良好的相关性，其关系符合对数关系，随着 TPW 值的增加，对硅藻附着的抑制率减少，而 TPW 值越小，对硅藻附着的抑制率越大。而从 TPW 计算公式可以看出，TPW 涵盖了微结构高度、周长面积比、突起部分所占比例、间距等参数信息，对微结构的表面特征参数具有更好的代表性。

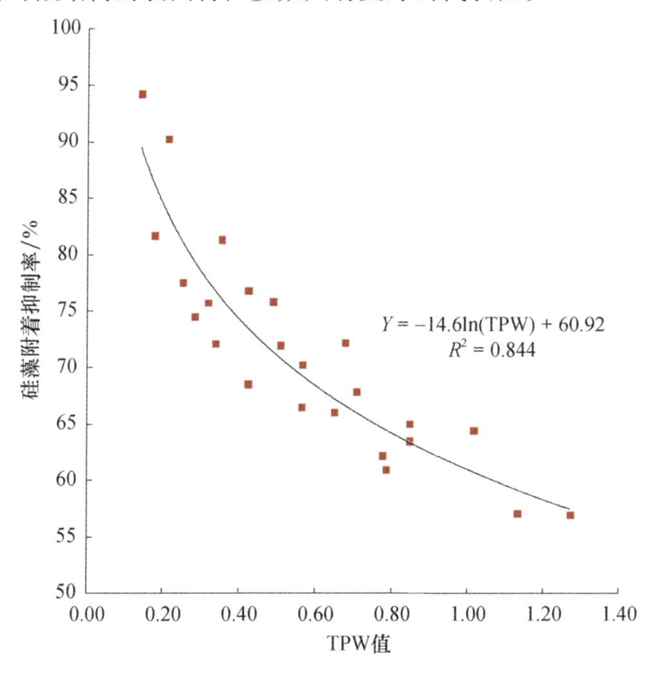

图 5－18　小舟形藻附着抑制率与 TPW 值关系

目前，对于表面微结构机理的研究，各国学者提出了几种不同的模型：ERI、$\mathrm{ERI}_{\mathrm{II}}$、纳米力梯度、SEA、TPW 等模型。这些理论模型都基于接触点理论，只能针对特定的几种污损生物。因此，寻找具有广谱性的理论模型，完善表面微结构的防污机理，是当前研究的热点。

5.4 微结构仿生防污材料的研究进展

国外一些学者和研究机构对表面微结构防污进行了大量研究。他们通过在实验室培养硅藻、藤壶幼虫等海洋典型污损生物，针对微结构尺寸大小、形状、粗糙度等因素对污损生物附着的影响进行了探讨。

5.4.1 仿鲨鱼表皮结构材料

如前所述，鲨鱼表皮由一层盾形鳞片组成，层层互相交叉重叠的鳞片生长在鲨鱼的真皮层内。每一片鳞片上布满了条纹状沟壑结构。研究表明，藤壶等分泌的黏胶无法渗入到鲨鱼皮肤的沟槽结构的底部，污损生物黏附物的附着面积减少，同时，鲨鱼在水中前进时，在海水冲刷作用下，也易于将附着的污损生物清除。

基于此，仿鲨鱼皮防污材料成为研究热点。Ball 等[57]研究了鲨鱼鳞片上 V 形和 U 形沟槽交叉组合及排列分布方式，实现了材料表面的自清洁作用。Schumacher 等参照短鳍真鲨皮肤设计了 Sharklet 仿生表面，发现增大仿生表面微结构的高宽比，能显著降低藤壶幼虫和绿藻孢子的附着量[58]。通过激光刻蚀法和模板法，在聚二甲基硅氧烷(PDMS)弹性体表面构建了平行排列的菱形突起，加工出仿生鲨鱼形貌表面[59]，如图 5 - 19 所示，防污性能测试实验结果显示，Sharklet 结构能有效降低石莼孢子的附着，防除率达到 86%。Michellel 等[60]依据一种游动速度很快的小型鲨鱼表皮结构，应用光刻法，在金属板上刻蚀了一些不同尺寸、不同间距的小柱状和小脊类突起结构，其直径为 2μm 时污损黏附量减少 85%。可见，具有特定微观结构的材料可有效地影响污损生物在其上的附着。

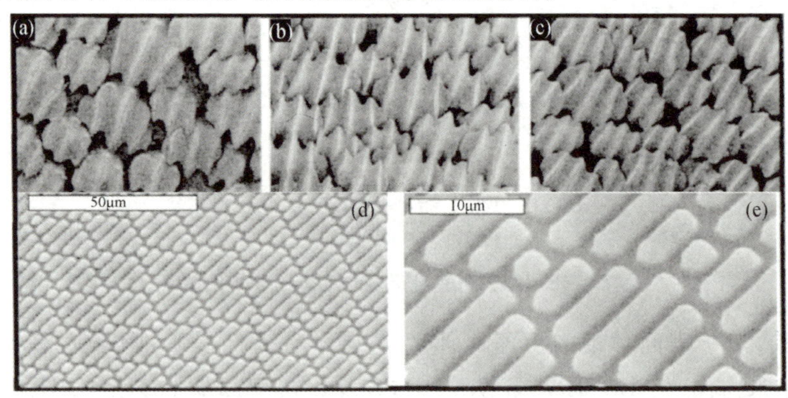

图 5 - 19 大青鲨表皮形貌和仿鲨鱼皮表面微观结构[59]

(a)背部形貌；(b)腹部形貌；(c)侧部形貌；(d)，(e)微观结构。

同时微结构还可以进一步结合其他特性，如利用表面引发原子转移自由基聚合法（SI - ATRP）在 PDMS 上接枝含氟基团含氟丙烯酸酯（PFMA），来修饰仿鲨鱼皮表面微结构，可制备具有超疏水性、自愈性和减阻性的仿鲨鱼皮 PDMS 膜[61]，静态水接触角超过 150°，在原有微结构的性能的基础上，进一步显示出优异的超疏水性能，还具有智能的自修复性能和耐磨性能。

5.4.2　仿海狮/海豚绒毛结构材料

海狮长期生活在海洋环境，却很少有海洋生物附着在表面。其表皮细密的绒毛层可能具有防除污损生物的作用，如图 5 - 20 所示，这层绒毛层会随海水波动而左右摇摆，从而不利于污损生物附着。根据海狮表皮绒毛防污的原理，研究人员发明了表面植绒型防污技术。该方法通过模拟海狮表面的不稳定绒毛层的工作机制，在被保护表面人工植一层绒毛结构，可以防止海洋生物的污损。这一技术最早由瑞典工程师 Kjell[62] 在 20 世纪 90 年代开发，经过多年研究，发明了在环氧树脂层上涂覆一层带有静电的极端密集纤维的防污技术。

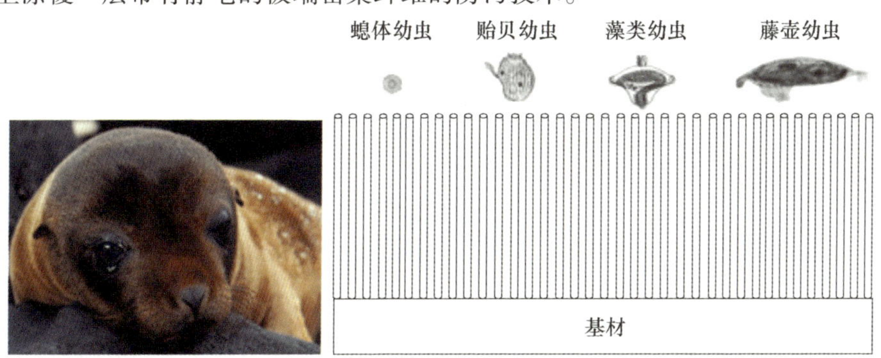

图 5 - 20　海狮表皮的绒毛层与海洋生物体积对比

植绒中使用的绒毛因为材质、长度、密度和颜色的不同，防污性能也有一定的差别。绒毛可以采用聚合物纤维，包括聚酯类（如聚对苯二甲酸已二酯、聚对苯二甲酸丁二酯等）、聚酰胺类（如尼龙 6，11，12，66 和 610 等）、丙烯酸类聚合物、聚氨酯、聚乙烯醇、聚乙烯、聚丙烯和人造丝等。纤维的成分还可能包括上述材料的改性、共聚物或混合物。Kjell 指出海洋防污用的绒毛材料除聚酰胺（尼龙）外，也可采用碳纤维、玻璃纤维或类似的纤维。其中，聚丙烯纤维耐久性最佳。根据实际使用情况可以使用纳米颗粒等添加剂来增加纤维的刚度。

通过不同污损生物进行的植绒防污评价发现，长纤维能有效控制水螅和藤壶的附着，而短纤维对贻贝、被囊类、褐藻和红藻的防污效果较好。植绒能有效抑制绿色和棕色藻的附着，但对红色藻没有作用，玻璃纤维能抑制藤壶和管状蠕虫的附着。植绒样板在海水中挂样 10 个月，植上聚酰胺绒毛的样板没有污损生物附着，没有植绒的聚氯乙烯板表面附着了大量的贝类、藤壶和藻类等污损生物。当用无溶剂胶黏剂植绒到渔网上后，实海 9 个月时绒毛长为 4.0mm 的样板在挂样期间均未见污损生物附着。瑞典在船体表面进行了试验，在船体的环氧树脂上通过静电喷一层致密的极短纤维，这样船体就形成了微细刚毛的不稳定表面，具有很好的防污能力[63-65]。

除模拟绒毛的结构特征外，还可附加上海豚表皮的水凝胶特性。通过制备聚乙二醇（PVA）水凝胶与环氧树脂混合形成防污涂层，来模拟海豚表面分泌水凝胶体液，用静电植绒的方法在涂层上植入水凝胶纤维，模仿海豚表层的绒毛，还原海豚皮肤的结构和特性。涂层浸水后，能持续渗出水凝胶，硅藻附着实验和浅海静态浸泡试验结果表明，该涂层起到了防止硅藻和一些大型污损生物附着的作用[66]。

水凝胶绒毛为亲水性绒毛，此外还有疏水性绒毛。通过改进热模压法也可以制备“纳米毛”（nano fur），如图 5－21 所示。将高分子材料置于经喷砂处理后的钢板之间，加热至一定温度，钢板对高聚物加压，然后拉开便在高聚物表面形成密集的绒毛状表面结构，绒毛高度达到微米级，最细绒毛直径为数百纳米。采用聚碳酸酯材料制备的纳米皮毛，其静态水接触角由平面聚碳酸酯材料的 72°±4°提高到 174°±4°，呈现出明显的超疏水效果。通过改变热压工艺得到不同绒毛尺寸分布，样品表面疏水性及对水的黏附性也发生变化[67]。

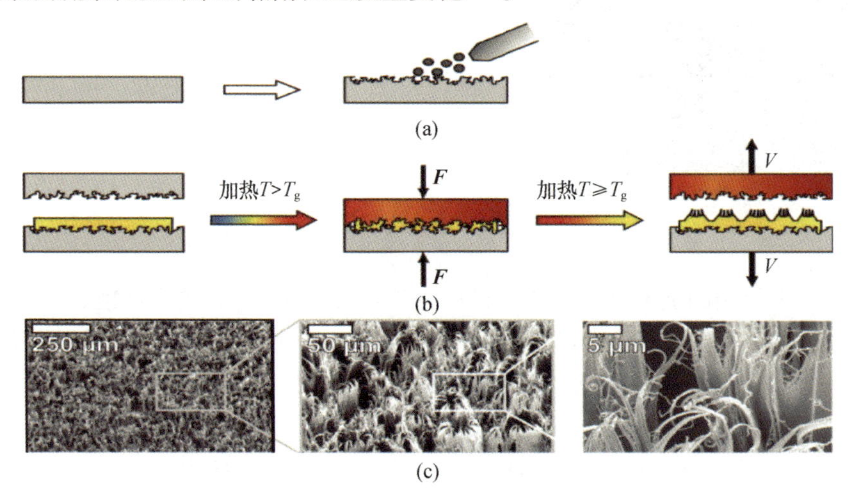

图 5－21　纳米毛结构的扫描电镜图[67]

（a）钢板喷砂处理；（b）热模压纳米毛状结构；（c）纳米毛状结构扫描电镜图。

利用等离子体处理特氟龙材料，也可得到疏水性的绒毛表面[68]，如图 5－22 所示。绒毛顶端为丝状和球状，丝状比球状表面的静态水接触角更小，这种绒毛结构体现出较好的疏水性能,在一定程度上更有利于防除污损生物。

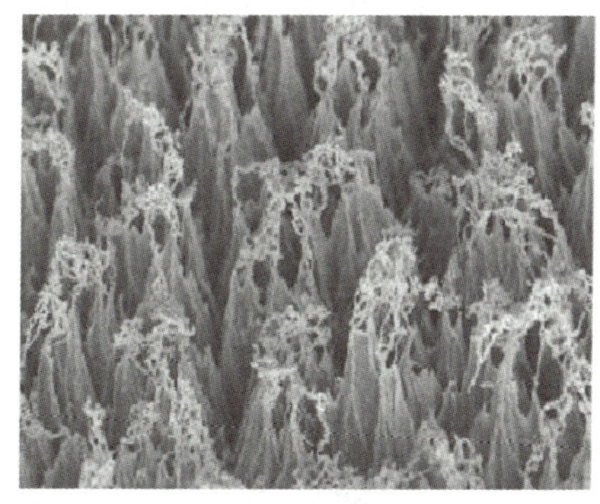

图 5-22 特氟龙绒毛结构的扫描电镜图(球状和丝状顶端)[68]

5.4.3 仿植物表皮结构材料

自然界中的一些植物和昆虫具有较强的疏水能力,如水生昆虫仰泳蝽、水生植物槐叶萍等,原因是其表面密布着特殊的疏水结构[69-71]。表面密集的双层绒毛结构使其可在水下保持一层极薄的空气薄膜,影响其表面空气层保持时间的最主要因素是结构密度,高低不同的双层绒毛结构对疏水性能具有积极作用,由于空气层的存在,污损生物无法与基体直接接触,从而可抑制污损生物附着。

槐叶萍是具有气体保持效应表面的代表性植物。如人厌槐叶萍叶片表面具有特殊的结构,具有很强的保持空气层的能力,引起了研究者的兴趣[72]。该特殊结构的近顶端位置分裂成 4 根小的分支并在顶端结合,形成类似打蛋器形状的结构,顶端由 4 个死细胞形成小型片状补丁结构,如图 5-23 所示,除顶端的补丁结构外,整个叶面覆盖着类似荷叶表面的纳米尺度的蜡质晶体,使得叶片呈现超疏水性,绒毛顶端片状补丁表面光滑,无蜡质覆盖,呈现出亲水性。水滴滴在叶片表面时呈球形,说明叶片具有良好的超疏水性。大液滴在轻微的振动或倾斜时会从叶面滚落,而小液滴由于绒毛顶端的亲水性,会被吸附在叶面上。当叶片浸没于水中时,叶面表层的空气层在植物存活的状态下可保持数周时间[73]。

Bhushan 等[74]首次仿生制备类似槐叶萍超疏水和亲水结合的表面结构。首先通过光刻法制造不同尺寸的微米级柱状结构,以此为模板,制备具有相同微米级柱状结构的环氧树脂样品,使用三氯甲基硅烷进行疏水处理,得到环氧树脂超疏水样品,最后用双面胶粘去柱形顶端超疏水物质,从而获得顶端亲水其余部分疏水、可在水下形成空气层的仿槐叶萍结构。利用 3D 激光刻蚀法也可获得与人厌槐叶萍结构相似的柱状结构,即便其尺寸为槐叶萍结构的百分之一,仍呈现出一定的疏水性和保持空气性能[75-77]。可见具有特殊性质和构造的结构可具备特定的疏水及水下空气层保留能力，模仿这些结构有可能会找到合适的表面防污材料。

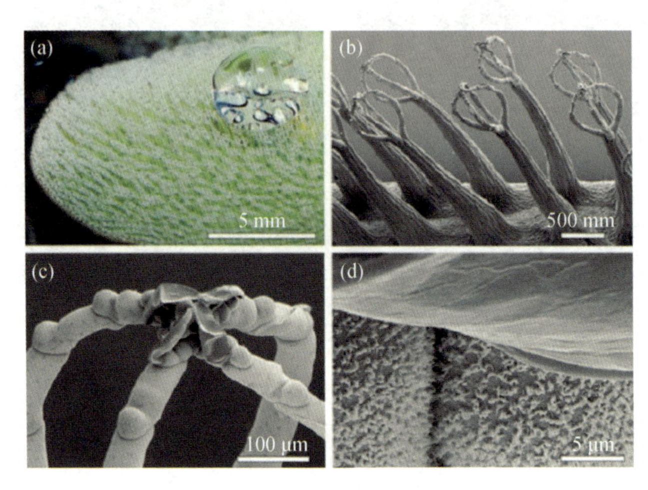

图 5-23　人厌槐叶萍的形态图片[72]

(a)叶片表面密集分布着绒毛；(b)绒毛的打蛋器形状结构；
(c)绒毛的顶端细胞的补丁结构；(d)纳米尺度的蜡质晶体。

总之，大型海洋动物鲨鱼的盾鳞、海狮的绒毛、植物叶面等，都有着复杂的表面形貌结构，某些表面形貌结构具有阻止其他生物附着或者使它们更容易释放的作用。近年来，国内外发表了不少基于表面微纳米结构技术的文章。由欧盟资助，12 个国家、31 个研究单位共同参与的 AMBIO 项目对微/纳米防污结构进行了深入研究，如基于多壁碳纳米管、海泡石构建纳米微结构，通过微相分离制备微结构等。实验表明，这些微纳米结构能够有效防止细菌、藻类和藤壶等附着[78-82]。微纳米结构的防污技术已是海洋防污领域研究的热点，防污表面微纳米结构可以是加工的微纳米尺寸的阵列结构、种植的绒毛结构，也可以是特殊构造的亲疏水区和结构体，材质可以是树脂、橡胶或者碳纳米管等非金属材料，也可以是纳米银等金属材料，还可以是具有防污活性的生物的代谢产物。微纳结构防污的抑制机理不同于传统防污漆的毒杀方式，它是借助表面的微纳米结构，对微纳结构防污机理有多种猜测，如当污损生物尝试附着在具有微纳米结构的材料表面时，由于细胞表面与材料表面的直接相互作用，使污损生物获得不利于附着的信息；或者在污损生物的幼虫附着时，幼虫与材料表面之间产生尺寸阻遏效应，从而抑制污损生物幼虫的附着(图 5-24)；又或者低表面能涂层包含微纳米颗粒，会对附着在其表面的污损生物的细胞产生催化反应，从而使其活性改变，阻碍其附着过程[83-88]。

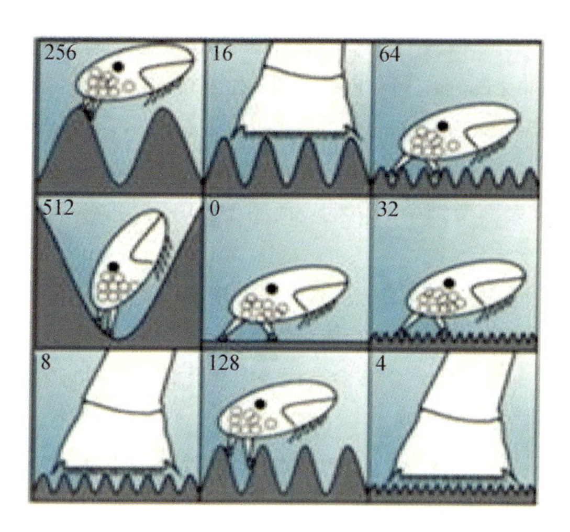

图 5 - 24　微纳米结构防污原理示意图

参考文献

[1] 李耀周．防污涂层表面微织构化制备及其性能研究[D]．大连:大连海事大学,2015.

[2] 宋美艳．微球构筑的仿生减阻防污涂层的研究[D]．北京:北京化工大学,2018.

[3] 张金伟,蔺存国．仿鲨鱼皮减阻防污材料的制备与表征:2015 第二届海洋材料与腐蚀防护大会论文集[C]．北京:中国腐蚀与防护学会,2015.

[4] 刘博．快速鲨鱼盾鳞肋条结构的表征及其减阻仿生学初步研究[D]．青岛:青岛科技大学,2008.

[5] 段婷婷,郑威,黄玉松．鱼鳞的结构及其仿生材料[J]．暨南大学学报(自然科学与医学版),2017,38(4):288 - 292.

[6] 汪静,李博,曲冰,等．鱼鳞片表面微观拓扑结构的测量与分析[J]．物理实验,2010,30(9):35 - 37.

[7] BAUM C,MEYER W,STELZER R,et al. Average nanorough skin surface of the pilot whale(Globicephala melas,Delphinidae):considerations on the self - cleaning abilities based on nanoroughness[J]. Marine Biology,2002,140(3):653 - 657.

[8] WOOLEY K L. Skin Clean Dolphins[J]. Smart Materials Bulletin,2002(12):7.

[9] 王平．新型防污减阻软涂层的研究[D]．杭州:浙江大学,2012.

[10] KRAMER M O. Boundary layer stabilization by distributed daming[J]. Journal of the Aerospace Sciences,1960,72(1):25 - 34.

[11] 张洪荣,原培胜．船舶防污技术[J]．舰船科学技术,2006,28(1):10 - 14.

[12] DESRAY R,PETER B B,SUSAN H K. Structure of the integument of southern right whales,eubalaena australis[J]. The Anatomical Record,2007,290(6):596 - 613.

[13] ZHENG J Y,LIN C G,ZHANG J W,et al. Antifouling performance of surface microtopographies based on sea star luidia quinaria[J]. Key Engineering Materials,2013(562 – 565):1290 – 1295.

[14] JANA G,ROCKY D N. Surface microtopographies of tropical sea stars:lackof an efficient physical defence mechanism againstfouling[J]. Biofouling,2007,23(6):419 – 429.

[15] 杨宗澄．基于螃蟹表面微结构的仿生表面制备及防污性能分析[D]．武汉:武汉理工大学,2018.

[16] 谢国涛．基于贝壳表面微结构的仿生表面制备技术研究[D]．武汉:武汉理工大学,2012.

[17] 郑纪勇,蔺存国,肖春鹏,等．贻贝壳体表面微结构对底栖硅藻的防除性能研究[C]//中国海洋湖沼学会．中国海洋湖沼学会会员代表大会暨海洋腐蚀与生物污损学术研讨会．青岛:中国海洋湖沼学会,2012.

[18] ZHAO L,CHEN R,LOU L,et al. Layer – by – layer – assembled antifouling films with surface microtopography inspired by laminaria japonica[J]. Applied Surface Science,2020,511:145564.

[19] 原永党,宋宗诚,郭长禄,等．大叶藻形态特征与显微结构[J]．海洋湖沼通报,2010(3):73 – 78.

[20] LÓPEZ – ÁLVAREZ M,RIAL L,BORRAJO J P,et al. Marine precursors – based biomorphic SiC ceramics [J]. Materials Science Forum,2008(587 – 588):67 – 71.

[21] XIA Y,WHITESIDES G M. Soft lithography[J]. Angewandte Chemie International Edition,1998,37(5):550 – 575.

[22] XIA Y,WHITESIDES G M. Soft lithography[J]. Encyclopedia of Nanotechnology,2003,37(28):153 – 184.

[23] XU Q,MAYERS B T,LAHAV M,et al. Approaching zero:Using fractured crystals in metrology for replica molding[J]. Journal of the American Chemical Society,2005,127(3):854 – 855.

[24] SUN M,LUO C,XU L. et al. Artificial lotus leaf by nanocasting[J]. Langmuir,2005,21(19):8978 – 8981.

[25] LEE S M,KWON T H. Mass – producible replication of highly hydrophobic surfaces from plant leaves[J]. Nanotechnology,2006,17(13):3189 – 3196.

[26] LEE Y,PARK S H,KIM K B,et al. Fabrication of hierarchical structures on a polymer surface to mimic natural superhydrophobic surface[J]. Advanced Materials,2007,19(17):2330 – 2335.

[27] 郑纪勇,蔺存国,张金伟．一种表面具有十字形规则微结构的防污材料的制备方法:201110376218. 3[P]. 2012 – 04 – 18.

[28] CHANG K C,LU H I,PENG C W,et al. Nanocasting technique to prepare Lotus – leaf – like superhydrophobic electroactive polyimide as advanced anticorrosive coatings[J]. ACS Applied Materials & Interfaces,2013,5(4):1460 – 1467.

[29] ZHU J Y,HU X Y,et al. A novel route for fabrication of the corrosion – resistant superhydrophobic surface by turning operation[J]. Surface & Coatings Technology,2017,313:294 – 298.

[30] ÖNER D,MCCARTHY T J. Ultrahydrophobic surfaces. Effects of topography and length scales on wettability[J]. Langmuir,2000,16(20):7777 – 7782.

[31] 郝丽春,孟永钢. 微凹坑织构皮秒激光加工及摩擦磨损性能[J]. 机械工程与自动化,2017(1):1-3.

[32] 刘聚坤. 飞秒激光在半导体和聚合物材料上的超分辨纳米加工研究[D]. 上海:华东师范大学,2015.

[33] 高海平. 分子自组装在表面微结构防污材料制备中的应用研究[D]. 青岛:中国海洋大学,2010.

[34] 郭志光,周峰,刘维民. 溶胶凝胶法制备仿生超疏水性薄膜[J]. 化学学报,2006,064(008):761-766.

[35] ZHAO X Z,XUAN H X,He J,et al. Enhanced separation and antifouling properties of PVDF ultrafiltration membranes with surface covalent self-assembly of polyethylene glycol[J]. RSC Advances,2015,5(99):81115-81122.

[36] 张淑玉,郑纪勇,付玉彬. 表面植绒海洋防污技术的原理及研究进展[J]. 涂料工业,2012,42(12):72-76.

[37] 冯磊,徐壁,邓环亮,等. 静电植绒法制备超疏水表面研究[J]. 现代化工,2015(06):96-98.

[38] PHILLIPPI A L,O'CONNOR N J,Lewis A F,et al. Surface flocking as a possible anti-biofoulant[J]. Aquaculture,2001,195(3):225-238.

[39] YAMANAKA M,SADA K,MIYATA M,et al. Construction of superhydrophobic surfaces by fibrous aggregation of perfluoroalkyl chain-containing organogelators[J]. Chemical Communications,2006,21(21):2248-2250.

[40] XIU Y H,XIAO F,HESS D W,et al. Superhydrophobic optically transparent silica films formed with a eutectic liquid[J]. Thin Solid Films,2009,517(5):1610-1615.

[41] GURAV A B,LATTHE S S,KAPPENSTEIN C,et al. Porous water repellent silica coatings on glass by sol-gel method[J]. Journal of Porous Materials,2011,18(3):361-367.

[42] 李艳峰,于志家,于跃飞,等. 铝合金基体上超疏水表面的制备[J]. 高校化学工程学报,2008,22(1):6-10.

[43] YIN B,FANG L,HU J,et al. A facile method for fabrication of superhydrophobic coating on aluminum alloy[J]. Surface & Interface Analysis,2012,44(4):439-444.

[44] WENZEL,R N. Resistance of solid surfaces to wetting by water[J]. Transactions of the Faraday Society,1936,28(8):988-994.

[45] CASSIE A B D,BAXTER S. Wettability of porous surfaces[J]. Transactions of the Faraday Society,1944,40:546-551.

[46] BERNTSSON K M,ANDREASSON H,JONSSON P R,et al. Reduction of barnacle recruitment on micro-textured surfaces:Analysis of effective topographic characteristics and evaluation of skin friction[J]. Biofouling,2000,16(2-4):245-261.

[47] COOPER S P,FINLAY J A,GONE G,et al. Engineered antifouling microtopographies:Rinetic analysis of the attachment of zoospores of the green alga ulva to silicone elastomers[J]. Biofouling,2011,27(8):881-891.

[48] CARMAN M L,ESTES T G,FEINBERG A W,et al. Engineered antifouling microtopographies – correlating wettability with cell attachment[J]. Biofouling,2006,22(1):11 – 21.

[49] SCARDINO A J,HARVEY E,DE N R. Testing attachment point theory: Diatom attachment on microtextured polyimide biomimics[J]. Biofouling,2006,22(1):55 – 60.

[50] SCHUMACHER J F,CARMAN M L,ESTES T G,et al. Engineered antifouling microtopographies – effect of feature size,geometry,and roughness on settlement of zoospores of the green alga *Ulva*[J]. Biofouling,2007,23(1):55 – 62.

[51] LONG C J,SCHUMACHER J F,ROBINSON P A,et al. A model that predicts the attachment behavior of Ulva linza zoospores on surface topography[J]. Biofouling,2010,26(3 – 4):411 – 419.

[52] XIAO L,THOMPSON S,RÖHRIG M,et al. Hot embossed microtopographic gradients reveal morphological cues that guide the settlement of zoospores[J]. Langmuir,2013,29(4):1093 – 1099.

[53] XIAO L,FINLAY J A,RÖHRIG M,et al. Topographic cues guide the attachment of diatom cells and algal zoospores[J]. Biofouling,2018,34(1 – 2):86 – 97.

[54] MAGIN C M,LONG C J,COOPER S P,et al. Engineered antifouling microtopographies: the role of Reynolds number in a model that predicts attachment of zoospores of Ulva and cells of Cobetia marina[J]. Biofouling,2010,26(6):719 – 727.

[55] SCHUMACHER J F,LONG C J,CALLOW M E,et al. Engineered nanoforce gradients for inhibition of settlemen(attachment)of swimming Algal Spores[J]. Langmuir,2008,24(9):4931 – 4937.

[56] DECKER J T,KIRSCHNER C M,LONG C J,et al. Engineered antifouling microtopographies: An energetic model that predicts cell attachment[J]. Langmuir,2013,29(42):13023 – 13030.

[57] BALL P. Engineering Shark skin and other solutions[J]. Nature,1999,400(6744):507 – 509.

[58] SCHUMACHER J F,ALDRED N,CALLOW M E,et al. Species – specific engineered antifouling topographies: correlations between the settlement of algal zoospores and barnacle cyprids[J]. Biofouling,2007,23(5):307 – 17.

[59] BRENNAN A B,BANEY R H,CARMAN M L,et al. Surface topography for non – toxic bioadhesion control: US7143709B2[P]. 2006 – 5 – 12.

[60] MICHELLEL I C,THOMAS G E,ADAM W F,et al. Engineered antifouling microtopgraphies – correlating wettability with cell attachment[J]. Biofouling,2006,22(1):11 – 21.

[61] YIBIN L,HUIMIN G,YU J,et al. Design and preparation of biomimetic polydimethylsiloxane (PDMS) films with superhydrophobic,self – healing and drag reduction properties via replication of shark skin and SI – ATRP[J]. Chemical Engineering Journal,2018,356:318 – 328.

[62] KJELL K. Coating on Marine Compositions: US5618588 [P]. 1997 – 04 – 08.

[63] 国信. 瑞典研制新型船体防污涂料[J]. 航海,2002(6):43 – 43.

[64] WOOLEY K L. New Nanoparticle coating mimics dolphin skin prevents biofouling of ship hulls[N]. Science Blog,2002 – 10 – 28.

[65] EKBLAD T,BERGSTROM G,EDERTH T,et al. Poly(ethylene glycol) – containing hydrogel surfaces for antifouling applications in marine and freshwater environments[J]. Biomacromolecules,

2008,9(10):2775 - 83.

[66] 魏欢. 类似海豚皮肤微结构的构建及其仿生涂层防污性能研究[D]. 哈尔滨:哈尔滨工程大学,2012.

[67] ROHRIG M,MAIL M,SCHNEIDER M,et al. Nanofur for Biomimetic Applications[J]. Advanced Materials Interfaces,2014,1(4):10 - 19.

[68] DI MUNDO R, BOTTIGLIONE F, PALUMBO F, et al. Filamentary superhydrophobic Teflon surfaces:Moderate apparent contact angle but superior air - retaining properties[J]. Journal of Colloid and Interface Science,2016,482:175 - 182.

[69] KOCH K,BOHN H F,BARTHLOTT W,et al. Hierarchically Sculptured Plant Surfaces and Superhydrophobicity[J]. Langmuir,2009,25(24):14116 - 14120.

[70] DITSCHE - KURU P,SCHNEIDER E S,MELSKOTTE J E,et al. Superhydrophobic surfaces of the water bug Notonecta glauca:a model for friction reduction and air retention[J]. Beilstein Journal of Nanotechnology,2011,2(24):137 - 144.

[71] MELSKOTTE J E,BREDE M,LEDER A,et al. Optical determination of the velocity field over the air - retaining elytra of *Notonecta glauca*[J]. Tm - Technisches Messen,2012,79(6):297 - 302.

[72] BARTHLOTT W,SCHIMMEL T,WIERSCH S,et al. The Salvinia Paradox:Superhydrophobic Surfaces with Hydrophilic Pins for Air Retention Under Water[J]. Advanced Materials,2010,22(21):2325 - 2328.

[73] 郑亚雯. 具水下空气层保持性的纤维基毛状表面的仿生构建[D]. 上海:东华大学,2018.

[74] HUNT J AND BHUSHAN B. Nanoscale biomimetics studies of Salvinia molesta for micropattern fabrication[J]. Journal of Colloid and Interface Science,2011,363(1):187 - 192.

[75] YANG C Y,YANG C Y,AND SUNG C K,et al. Enhancing air retention by biomimicking salvinia molesta structures[J]. Japanese Journal of Applied Physics,2013,52(6):6 - 25.

[76] KAVALENKA M N,VULLIERS F,LISCHKER S,et al. Bioinspired air - retaining nanofur for drag reduction[J]. ACS Applied Materials & Interfaces,2015,7(20):10651 - 10655.

[77] TRICINCI O,TERENCIO T,MAZZOLAI B,et al. 3D micropatterned surface inspired by salvinia molesta via direct laser lithography[J]. ACS Applied Materials & Interfaces,2015,7(46):25560 - 25567.

[78] CALLOW J A,CALLOW M E. Advanced nanostructured surfaces for the control of marine biofouling:the AMBIO project[M]//CLAIRE H,DIEGO Y. Advances in Marine Antifouling Coatings and Technologies. Cambridge:Woodhead Publishing Ltd,2009.

[79] ROSENHAHN A,EDERTH T,PETTITT M E. Advanced nanostructures for the control of biofouling:the FP6 EU integrated project AMBIO[J]. Biointerphases,2008,3(1):IR1 - 5.

[80] NICK A,ANDREW S,ANDREIA C,et al. Attachment strength is a key factor in the selection of surfaces by barnacle cyprids(*Balanus amphitrite*)during settlement[J]. Biofouling,2010,26(3):287 - 299.

[81] YUAN Z,CHEN H,TANG J,et al. A novel preparation of polystyrene film with a superhydrophobic surface using a template method[J]. Journal of Physics D Applied Physics,2007,40(11):3485-3489.

[82] GREEN D W,LEE K H,WATSON J A,et al. High quality bioreplication of intricate nanostructures from a fragile gecko skin surface with bactericidal properties[J]. Scientific Reports,2017,7:41023.

[83] ZHENG T F,WANG C H,MIAO B G,et al. Biomimetics studies of *Salvinia molesta* for fabrication[J]. Micro. & Nano. Letters,2016,11(6):291-294.

[84] 闫征宇. 不同防污性能的微纳米涂层表面生物菌群结构差异的研究[D]. 哈尔滨:哈尔滨工业大学,2018.

[85] NYLUND G M,PAVIA H. Inhibitory Effects of red algal extracts on larval eettlement of the barnacle,*Balanus Improvisus*[J]. Marine Biology,2003,143(5):875-882.

[86] LIU Y,LI G. A new method for producing "Lotus Effect" on a biomimetic shark skin[J]. Journal of Colloid & Interface Science,2012,388(1):235-242.

[87] MANN E E,MANNA D,METTETAL M R,et al. Surface micropattern limits bacterial contamination[J]. Antimicrobial Resistance & Infection Control,2014,3(1):28-30.

[88] LING G C,LOW M H,ERKEN M,et al. Micro-fabricated polydimethyl siloxane (PDMS) Surfaces regulate the development of marine microbial biofilm communities[J]. Biofouling,2014,30(3):323-335.

第6章

亲疏水调控仿生防污材料

自然环境中,很多生物能基于其特殊的亲疏水特征(即润湿特性)防止污损发生。如荷叶、水稻叶、芋头叶,以及多种鸟类羽毛、蝉翼等,能通过表面的超疏水特性实现自清洁;鲨鱼表皮盾鳞覆有呈现疏水特性的纳米级刺状突起及皮肤腺体分泌的亲水性黏液,使藻类和孢子难以附着;甚至人体内红细胞外膜具有亲水电中性磷酸胆碱结构的磷脂质,不会引发血液凝结……这为海洋防污材料研制提供了借鉴和可能。

水对材料表面的润湿程度常以静态水接触角 θ 的大小来判断。当静态水接触角 $0° \leqslant \theta < 5°$ 时,水在材料表面几乎完全铺展,为超亲水表面;当静态水接触角在 $5° \leqslant \theta < 90°$ 时,水能较好地润湿材料表面,为亲水表面;当静态水接触角在 $90° \leqslant \theta < 150°$ 范围时,水在材料表面难以润湿,为疏水表面;当静态水接触角 $\theta \geqslant 150°$ 时,材料表面为超疏水表面。因此,通常可按静态水接触角的大小将防污材料分为超疏水防污材料、低表面能防污材料(疏水防污材料)、亲水防污材料、超亲水防污材料和特殊润湿性(双亲性、亲疏水可转换等)防污材料。

6.1 疏水型仿生防污材料

6.1.1 低表面能防污材料

1. 低表面能防污机制

表面能是恒温恒压下增加单位表面积时体系自由能的增量,表示的是一表面与另一表面连接的能力,是影响污损生物附着的重要因素。一般认为,随表面能的降低,生物在材料表面的附着变得困难,当材料表面能低于 $25mJ/m^2$(或静态水接触角大于98°)时,生物就难以实现附着。例如,绿藻孢子通过胞外黏附物质在材料表面进行附着,黏附物质的润湿面积受接触角影响显著,见图6-1,其在亲水(高表面能)表面上润湿面积大,疏水(低表面能)表面上润湿面积小[1],随表面能的降低,孢子附着强度也随之降低[2]。

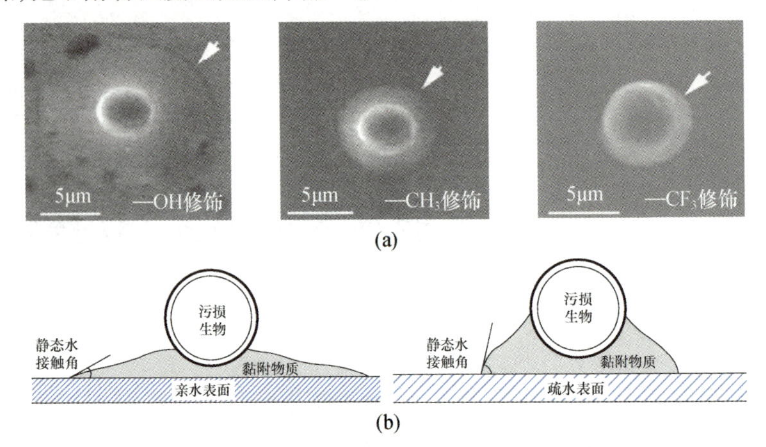

图6-1 不同材料表面绿藻孢子黏附物质的润湿图

(a)环境扫描电镜图;(b)黏附物质在亲疏水表面润湿的示意图。

Baier 等[3]考察了不同表面能材料对污损生物附着的影响,发现当表面能从 $70mJ/m^2$ 递减到 $25mJ/m^2$ 时,污损生物的附着数量随之递减,23~$25mJ/m^2$ 时附着最少,表面能继续降低时,生物附着数量反而增加,由此提出了 Baier 曲线,见图6-2,成为低表面能防污材料设计的重要依据。由于海洋环境中污损生物种类繁多、附着方式多样,Baier 曲线的适用范围有一定局限,如藤壶在表面能低于 $30mJ/m^2$ 时脱除所需要的力最小[4],而海洋细菌则在表面能 20~$30mJ/m^2$ 时难以附着[5],生物附着的最终结果取决于表面能与其他作用的叠加[6-7],如弹性模量和涂层厚度等,多个因素共同作用影响着低表面能防污材料的防污效果。

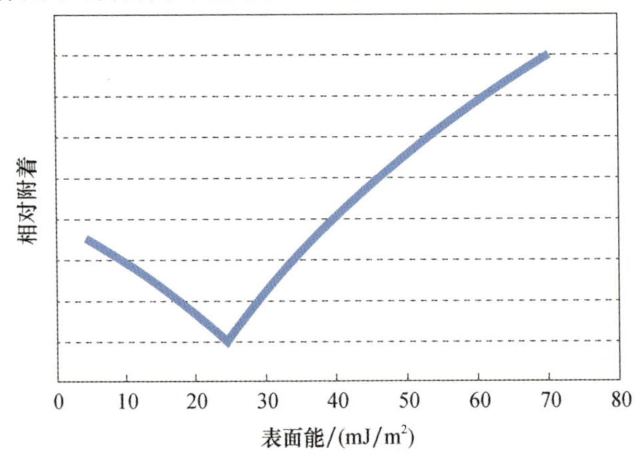

图6-2 Baier 曲线

弹性模量是材料在外力作用下产生单位弹性变形所需的应力，是反映材料抵抗弹性变形能力的指标。研究发现，对于相同厚度的有机硅涂层，在55Pa剪切力的作用下，已附着石莼孢子在弹性模量0.2MPa的表面可脱落80%，弹性模量9.4MPa的表面脱落不到10%；对于相同弹性模量的表面，厚度较大涂层表面的石莼孢子更容易脱落[8]。藤壶及其模型脱落所需的临界作用力也随涂层弹性模量的增加而增大，随涂层厚度的增加而减小[9]。附着物从弹性材料表面脱离的临界脱附力(f_c)与附着物半径(a)、表面能(γ)、泊松比(ν)、弹性模量(E)、弹性体厚度(h)之间关系符合Kendall公式[10-12]：

$$f_c = (kE\gamma)^{1/2} \tag{6-1}$$

当$a \ll h$，$k = 8\pi a^3/(1-\nu^2)$；当$a \gg h$，$k = 2\pi^2 a^4/[3h(1-2\nu)]$。

由上可以看出，无论对尺寸远大于涂层厚度的藤壶等宏观污损生物，还是尺寸远小于涂层厚度的藻类等微观污损生物，临界脱附力均与涂层弹性模量和表面能乘积的1/2次方成正比；对于宏观污损生物，临界脱附力还与涂层厚度的1/2次方成反比。

Brady[13]认为弹性模量影响着附着物的脱附方式，弹性模量低，附着物脱附倾向于剥离方式，这种方式所需的外力小，如有机硅弹性体涂层；弹性模量高，附着物脱附则倾向于剪切方式，如氟碳树脂涂层。换言之，一个物体（如海洋生物）附着于另一个物体上时，剥离它们需要的功等于附着能加变形能，被附着物体弹性模量小，剥离所需的功就小。涂层厚度也影响附着物从涂层表面脱附的方式，与弹性模量相反，涂层越厚越倾向于剥离方式，剥离所需的力就越小。

2. 低表面能防污材料的研究和应用

低表面能防污材料设计的关键在于低表面能和低弹性模量。材料表面富集的基团性质决定了其临界表面能，—CH_2—($31mJ/m^2$) >—CH_3($22mJ/m^2$) >—CF_2—($18mJ/m^2$) >—CF_2H($15mJ/m^2$) >—CF_3($6mJ/m^2$)[14]，聚二甲基硅氧烷（PDMS）的表面能约为$23mJ/m^2$，聚四氟乙烯（PTFE）的表面能约为$18mJ/m^2$。有机硅和含氟聚合物都是常见的低表面能材料，含氟聚合物的表面能更低，但弹性模量较高（表6-1），因而兼具低表面能和低弹性模量性质的有机硅在防污材料中的应用更为广泛。

表6-1 部分材料的表面能及弹性模量数据[6-7]

材料	表面能 γ/(mJ/m^2)	弹性模量 E/GPa	$(\gamma E)^{1/2}$
PHFP	16.2	0.5	2.9
PTFE	18.6	0.5	3.1
PDMS	23.0	0.002	0.2

续表

材料	表面能 γ/(mJ/m^2)	弹性模量 E/GPa	$(\gamma E)^{1/2}$
PVF	25.0	1.2	5.5
PE	33.7	2.1	8.4
PS	40.0	2.9	10.8
PMMA	41.2	2.8	10.7
尼龙 66	45.9	3.1	11.9

1)有机硅低表面能防污材料

有机硅聚合物是指分子主链由 Si—O 重复单元组成,且硅原子上连接两个有机基团的聚合物,如聚二甲基硅氧烷、聚甲基苯基硅氧烷等。由于 Si—O 键键长(1.83Å)较 C—O 键键长(1.43Å)长[15],Si—O—Si 键角(大于 150°)较 C—O—C 键角(112.3°)大[16],有机硅主链具有更高的柔顺性和旋转自由度,容易呈现甲基朝外、硅氧键向内的低表面能结构。同时 Si—O 键解离能(460kJ/mol)高于 C—O 键解离能(345kJ/mol)[17],使得有机硅聚合物具有较高的热稳定性和化学稳定性。因此,有机硅聚合物独特的低表面能、低弹性模量和热稳定等性质[18-20],使其成为低表面能防污材料的重要基体,与硅油等配合使用可在较低水流剪切作用下脱除大型污损生物[21]。

低表面能防污材料的优点是环境友好和服役期效长。其防污性能的实现不依赖于防污剂的释放,涂料的固含量通常较高(大于 70%),挥发性有机化合物含量较低;同时,有机硅基体树脂在海水环境中非常稳定,涂层基本不会磨蚀或抛光,防污期效可达 5 年以上。此外,低表面能防污涂层的表面粗糙度低于磨蚀型和自抛光型防污材料,涂覆后可减小船舶航行的摩擦阻力,减少燃油消耗和温室气体排放。

1987 年,低表面能有机硅防污材料开始实船应用试验,1993 年,开始全船应用试验,并于 1996 年正式推广应用,其主要应用目标为快速渡轮和海军舰艇,这些船只高速航行(30kn)时的水流冲刷作用可使涂层表面保持清洁状态。2000 年左右,国际上主要的海洋涂料公司开始大量推出应用于高在航率、高航速(15kn 以上)船舶的低表面能防污材料,应用对象包括集装箱船、邮轮、大型滚装船等,涂装部位包括船体、螺旋桨等。由于这类防污材料主要利用自身的低表面能、低弹性模量等特性使得污损生物难以附着或附着不牢,即使产生部分污损,亦可通过船舶航行时的水流冲刷作用而去除,因而也被称为污损释放型防污材料(fouling release coatings, FRC),低表面能防污材料也被认为是第一代污损释放型防污材料。

然而,低表面能防污材料在大量研究和使用中也暴露出一些不足,主要包括:

①低表面能防污材料在静态条件下的防污性能不太理想，特别是对由细菌和硅藻组成的黏液的防除能力尤不理想，一旦发生黏液污损，即使在高速水流冲刷下也很难清除[22-24]，适用船舶的目标市场受到局限；②有机硅聚合物结构为高度柔顺的硅氧烷主链，分子链之间作用力相对较弱，弹性模量低的同时机械强度也低，服役过程中容易遭受剐蹭、撕裂等损伤；③由于非极性特征，有机硅防污材料除了与污损生物间的黏附作用较弱外，与防腐底漆的层间结合力也较差，需要涂装中间连接漆（含有氨基、环氧基、烷氧基硅烷等官能团）进行配套，否则容易从防腐底漆上脱落，影响涂层的服役期效；④对涂装环境要求较高，单位面积涂装成本高于磨蚀型与自抛光型防污材料。

为提高或完善有机硅材料的防污性能和力学性能，采取的措施主要是化学结构优化或物理改性，如引入氟进行改性、聚氨酯/环氧改性增强、超疏水表面构筑、表面形貌结构构筑、表面/基体亲水改性（详见6.2节、6.3节）等。

2）氟改性有机硅防污材料

全氟甲基（$—CF_3$）的临界表面能为$6mJ/m^2$，$—CF_2H$的临界表面能为$15mJ/m^2$，较$—CH_3$的临界表面能$22mJ/m^2$低很多，将其引入有机硅材料中有利于降低表面能，赋予材料更好的防污性能。将含氟基团引入有机硅材料的方式主要有两种，即物理共混含氟聚合物和有机硅化学接枝含氟基团。

物理共混的含氟聚合物主要有PTFE、聚偏二氟乙烯（PVDF）、聚三氟氯乙烯/乙烯基醚（PEVE）、聚氟乙烯（PVF）等的微粉，或含氟聚合物的溶液及分散液，采用冷拼法与有机硅树脂进行混合，获得的改性材料较有机硅表面能更低。如将聚丙烯酸酯-氟化聚硅氧烷共聚物与PDMS共混，含氟聚合物可在材料表面富集，对PDMS的弹性模量影响很小，却具有比未改性PDMS更高的石莼孢子和藤壶去除率[25]。

有机硅化学接枝含氟基团可通过含氟聚合物（或共聚物）与有机硅进行化学反应制备。常见的反应包括三氟丙基乙烯基硅氧烷聚合物与含氢聚硅氧烷，三氟丙基羟基硅氧烷聚合物与正硅酸乙酯，以及环氧基封端含氟硅烷与氨丙基封端聚硅氧烷等，制备的涂层具有较低的弹性模量和良好的疏水性。

3）树脂改性增强有机硅防污材料

用于改性增强有机硅的树脂有聚氨酯树脂、环氧树脂、聚酯树脂、丙烯酸树脂、醇酸树脂等。改性方法有物理共混和化学共聚改性两种，一般化学共聚改性树脂的性能要优于物理共混树脂的性能。

聚氨酯一般由二异氰酸酯和多元醇加聚而成，具有力学性能好、耐磨、耐油、耐撕裂、耐辐射、粘接性好等特点。通过聚氨酯改性增强有机硅防污材料，利用聚硅氧烷或聚醚软段使材料具有良好弹性，聚氨酯或聚脲硬段使材料保持较高强度，有望将有机硅和聚氨酯的优点结合起来，得到性能更好的防污材料，改性方法主要有硅醇(≡Si—OH)改性法、氨烷基聚硅氧烷改性法和羟基聚硅氧烷改性法。

环氧基体树脂一般由环氧基化合物与胺类化合物(或酚类、酸酐等)加聚而成，具有机械强度高、附着性好、耐碱防腐等特点。环氧改性有机硅可改善有机硅的机械强度和层间附着力，化学共聚改性方法主要有以下几种途径：聚有机硅氧烷中的烷氧基与环氧树脂中的羟基进行酯交换反应；环氧丙烯醚与聚有机硅氧烷中硅原子上的氧原子进行加成反应；双酚 A 钠盐、环氧氯丙烷与带有烷基氯的聚有机硅氧烷进行缩聚反应；硅原子上带有的不饱和双键与环氧反应。

聚氨酯、聚脲或环氧改性有机硅具有良好的力学性能，但弹性模量通常比传统有机硅更高，不利于污损生物的脱除，高度自分层化的涂层结构有望最大限度地保持有机硅的低弹性模量特性。由于聚氨酯与有机硅之间的溶解度参数相差大，交联型聚氨酯-有机硅自涂层在成膜过程中两种组分会自发分离，有机硅向表面富集，聚氨酯向涂层底部聚集，材料具有较好的漆膜附着力和污损脱附能力[26-27]。Fang 等[28]制备的有机硅-聚脲涂层，用原子力显微镜可观察到有机硅与聚脲微相分离产生的微结构，可降低污损附着力，但石莼孢子在其表面的附着率比纯 PDMS 高，水枪冲洗下石莼孢子的脱附能力与 PDMS 类似，在有机硅-聚脲中添加黏土可进一步提高其污损脱附性能。

4)添加纳米粒子改性有机硅防污材料

有研究发现[29-30]，添加 0.05% 多壁碳纳米管(MWCNT)的 PDMS 弹性体能使藤壶的附着强度减半，原因是 MWCNT 与 PDMS 的甲基之间形成 CH—π 电子相互作用，使得 PDMS 的链段运动性变弱，减少了表面的重构，而表面氟化 MWCNT 加入更可使 PDMS 对仿真藤壶的去除力降低 67%。表面氟化纳米金刚石与 PDMS 基聚脲材料共混得到复合涂层[31]，可降低材料的表面自由能，增强层间附着力，同时材料能保持较低的弹性模量，具有比 PDMS 基聚脲更好的污损脱附性能。在 PDMS 中添加天然海泡石[32]，也可增强其对石莼孢子的脱附能力，但藤壶的脱附性能变差。

6.1.2 超疏水防污材料

1. 自然界超疏水现象及相关理论

超疏水表面是指静态水接触角≥150°、滚动角<10°的固体表面。自然界中有很多超疏水现象[33]，见图 6-3，水滴在荷叶表面的静态水接触角和滚动角分别为 161.0°和 2°，超疏水性质使得荷叶产生了自清洁效应，见图 6-4，雨水落到荷叶表面很容易滚落并带走污染物。除荷叶外，还有许多植物叶片具有超疏水特性，如芋头叶、水稻叶等；一些动物身体某些部位也具有超疏水特性，水黾腿的静态水接触角高达 167.6°，一些蝴蝶的翅膀、鸟的羽毛等也具有超疏水特性。

图6-3　自然界的超疏水现象[33]

(a)飞蛾眼睛;(b)蝴蝶翅膀;(c)壁虎脚;(d)水黾;(e)荷叶。

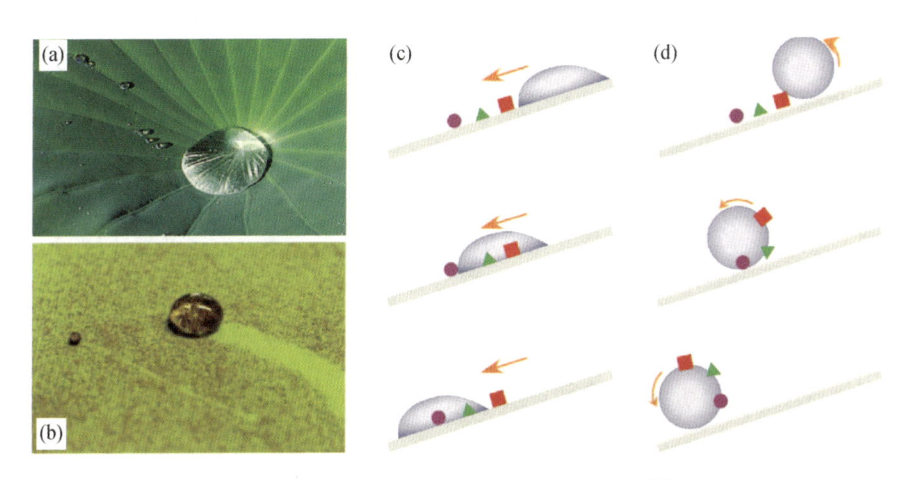

图6-4　荷叶表面的自清洁效应示意图[34]

(a)荷叶上的水珠;(b)荷叶的自清洁作用;(c)水滴在灰尘污染平面上的运动;
(d)水滴在灰尘污染微结构疏水表面上的运动。

Neinhuis 和 Barhlott[34]通过观察植物叶片表面的微观结构,认为荷叶效应是由粗糙表面上双层结构的微突体及其表面蜡状物共同作用的结果。荷叶表层均匀分布了大小5~9μm的微突体,这些表层微突体是由一些更小的棒状结构材料堆积而成,微米级的微突体下面还分布了一些大小很均匀的纳米微突体,为直径50~70nm的棒状结构,荷叶这种特殊的表面微纳米复合结构有效地降低了固体和液体之间紧密的接触,影响了三相接触线的形状、长度和连续性,从而大大降低了滚动角,使得水滴在荷叶上易于滚动。

由 Young 方程可知,对于组成均一、平滑的理想表面,静态水接触角是气、液、固三相界面间表面能平衡的结果，降低材料表面能，静态水接触角就会增加，疏水性就会增强。理论计算可以发现，光滑材料表面即使被—CF_3完全覆盖，材料表面能最低约为 6mJ/m^2，静态水接触角也不过在 120°左右。而对于表面粗糙的非理想表面，表面实际面积要大于其表观投影面积，导致实际静态水接触角与 Young 方程的理论计算值发生偏差。为此，人们提出了 3 种理论模型来量化静态水接触角与表面粗糙度之间的关系。

1）Wenzel 模型

Wenzel[35]提出液体与粗糙表面接触时能完全填满所接触的粗糙表面，见图 6－5（a），表面粗糙度对润湿性有放大作用，并在材料表面粗糙形貌尺度远小于液滴大小的假设条件下，基于 Young 方程提出 Wenzel 方程来阐述表观接触角与表面粗糙度之间的关系：

$$\cos\theta_W = r\cos\theta \tag{6-2}$$

式中：θ_W为 Wenzel 模型中液滴在粗糙表面的表观接触角；θ 为液滴在理想表面的本征接触角；r 为表面粗糙度因子，是材料实际表面积与其在水平面投影面积的比值。

由于 $r \geq 1$，当 $\theta < 90°$时，$\theta_W < \theta$，表面变粗糙会使其更亲水；当 $\theta > 90°$时，$\theta_W > \theta$，表面变粗糙会使其更疏水。

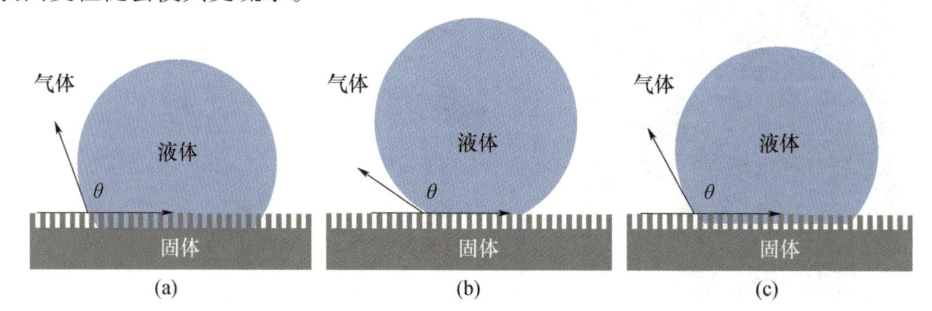

图 6－5　液滴接触粗糙固体表面的三种不同的润湿模型

（a）Wenzel 模型；（b）Cassie－Baxter 模型；（c）过渡状态。

2）Cassie－Baxter 模型

Cassie 等[36]提出，由于固体表面组成的不均一性，不能仅考虑粗糙度对表观接触角的影响，还要考虑表面化学组成的作用。在粗糙材料表面，液体不能完全润湿粗糙表面的空隙，材料表面与液体间还截留有空气，实际接触面是一个由材料和空气组成的复合界面，见图 6－5（b），并且符合以下方程：

$$\cos\theta_C = f(1 + \cos\theta) - 1 \tag{6-3}$$

式中：θ_C为 Cassie－Baxter 模型中液滴在复合界面的表观接触角；f 为固－液接触面积占复合界面总面积的比值。

对于两种不同化学组成的材料表面，Cassie－Baxter 方程也可表示为

$$\cos\theta_C = f_1\cos\theta_1 + f_2\cos\theta_2 \tag{6-4}$$

式中：f_1，f_2为不同化学组成表面积占总表面积的比值，且$f_1 + f_2 = 1$。

3）Wenzel 和 Cassie－Baxter 模型间的过渡状态

除了上述两种润湿模型外，通过对材料表面形貌结构进行控制和改变，能使液滴在材料表面的状态由 Wenzel 状态向 Cassie－Baxter 状态转变[37]，出现介于 Wenzel 模型与 Cassie－Baxter 模型之间的过渡状态，见图 6－5（c），过渡状态的临界接触角 θ_T可以由式（6－5）计算[38]：

$$\cos\theta_T = \frac{f-1}{r-f} \tag{6-5}$$

2. 超疏水材料表面制备技术

Wenzel 模型和 Cassie－Baxter 模型都是模型化的结果，是对非理想表面表观接触角的良好近似，给出了粗糙表面和光滑表面与本征接触角之间关系的定量评价，为更好设计和预测具有特殊润湿性的功能表面提供了重要理论依据。基于以上理论模型，超疏水防污表面的构建途径主要有两种：一是在粗糙材料表面上修饰低表面能化学物质，其中低表面能化学物质主要有氟碳类物质、有机长碳链和有机硅物质等；二是在疏水表面上构建粗糙的微细形貌结构，微结构形成方法包括阳极氧化、化学刻蚀、电化学沉积、气相沉积、溶胶－凝胶、层层自组装、静电纺丝、微相分离、粒子填充等。

1）粗糙材料表面上修饰低表面能化学物质

用于修饰粗糙材料表面的低表面能化学物质主要有氟碳类物质、有机长碳链和有机硅物质等。Shirtcliffe 等[39]通过电化学沉积法将铜元素沉积到基体表面，使其具有一定的粗糙度，之后再用氟碳聚合物进行化学修饰，制备的超疏水表面静态水接触角达到 165°。Lau 等[40]在氧化单晶硅表面烧结一层 Ni 晶体岛，之后生长碳纳米管阵列，再用聚四氟乙烯进行修饰得到超疏水表面，水的前进角与后退角分别达到 170°和 160°。Hsieh 等[41]通过 TiO_2 纳米颗粒和全氟烃基－甲基丙烯酸共聚物覆盖在不同粗糙度的表面上，可形成静态水接触角 164°的超疏水表面。Li 等[42]在导电玻璃上制备了具有粗糙结构的 ZnO 薄膜，静态水接触角为 128.3°，经氟硅烷修饰后静态水接触角为 152°。乌学东等[43]在硅基底上定向生长 ZnO 纳米晶体，再用不同碳链长度的烷基酸调整其表面润湿能力，发现烷基酸碳链长度大于 16 时，可得到静态水接触角大于 150°的超疏水表面，而碳链长度为 8～14 时获得的表面则容易向 Wenzel 状态转变。

Ming 等[44]首先制备了粒径 700nm 左右的环氧基功能化 SiO_2粒子和粒径 70nm 左右的氨基功能化 SiO_2粒子，通过氨基和环氧基间形成共价键将小粒径 SiO_2接枝到大粒径 SiO_2表面得到微纳尺度的粗糙表面，再用聚二甲基硅氧烷进行低表面能处理,获得静态水接触角151°的超疏水表面。

2)疏水表面上构建粗糙的微细形貌结构

Schlenoff等[45-46]通过层层自组装法制备出全氟聚电解质多层薄膜,该薄膜具有良好的超疏水性,静态水接触角为168°。Zhao等[47]使用聚甲基丙烯酸甲酯和氟化聚亚氨酯通过一步铸造法制备出具有类似荷叶表面的微纳米双重结构,不需要进一步化学修饰即可获得超疏水表面,还使用聚丙烯-聚甲基丙烯酸甲酯嵌段共聚物通过溶剂挥发制备出超疏水表面[48]。Erbil等[49]使用聚丙烯在恰当的溶剂和适当的温度下制备出超疏水聚丙烯薄膜,其静态水接触角大于160°。江雷等[50]利用模板挤压法制备聚丙腈纳米纤维,末端平均直径为104.6nm,纤维平均间距为513.8nm,未修饰时静态水接触角可达173.8°。

3. 超疏水防污技术的发展现状

对于超疏水材料用于水下防污,Scardino等[51]通过喷涂含气相二氧化硅(SiO_2)的硅氧烷制备了3种超疏水(SHC)材料,SHC1、SHC2、SHC3静态水接触角分别为169°、155°、169°,其中SHC1和SHC2具有微米/纳米粗糙形貌,SHC3仅有纳米粗糙形貌。4种典型污损生物(硅藻、石莼孢子、草苔虫、藤壶幼虫)的附着实验结果表明,SHC3能够抑制以上4种生物的附着,而其余两种表面均有不同程度的生物选择附着现象,小角X射线散射表征发现,相对于SHC1和SHC2,SHC3涂层在浸泡后未被润湿部分的面积更大,表明这种超疏水表面在水下未润湿部分的面积对防污性能具有重要影响。Zhang等[52]通过气相二氧化硅、三烷氧基硅烷、聚硅氧烷等调整表面粗糙度制备了静态水接触角75°的聚硅氧烷光滑涂层和169°的超疏水涂层,浅海浸泡试验发现超疏水涂层在6个月内具有良好的防污性能,其原因可能是超疏水表面存在相当数量的气泡,大幅减少了生物附着的接触面积。实海挂板测试结果表明,挂板1个月时,光滑聚硅氧烷表面污损生物覆盖面积约为10%,主要为藤壶,超疏水材料表面附着有绿藻(低于5%覆盖面积)和少量藤壶(低于2%覆盖面积);挂板2个月时,两种材料表面均出现了较为严重的污损,附着生物中藻类约占10%~20%、藤壶5%~10%,苔藓虫50%~60%。

4. 水环境中超疏水材料的界面稳定性

材料表面之所以具有超疏水性能,主要归因于微结构表面形成了大比例的液-气界面,液-气界面是实现Cassie-Baxter状态的必要条件,也是实现大静态水接触角、小滚动角超疏水特性的关键。将超疏水表面浸没于水中,气体将会被水封闭在微结构中,静水压强的影响非常显著,同时气体会不断地向周围水体中扩散溶解,导致液-气界面失去稳定性,发生润湿状态转变。超疏水液-气界面的稳定性主要受到静水压强、微结构与周围水体中气体交换(即水下停留时间)等因素的影响[53-54]。如果微结构表面处于流场中,则液-气界面还将受到流体流动剪切作用的影响[55]。因此,水下超疏水表面的润湿状态受到多种因素共同影响,情况更加复杂。

1)静水压强的影响

压强对润湿状态转变的影响无论对于液滴系统还是水下浸没环境都是不可忽略的,大量研究表明,压强增大到临界值时会触发液－气界面失稳,发生润湿状态转变[56]。对水下处于 Cassie－Baxter 状态的表面,静水压强作用下微结构液－气界面的构型由 Young－Laplace 方程给出:

$$\Delta p = 2\gamma\mathcal{H} \tag{6-6}$$

式中:Δp 为液－气界面两侧液体与气体的压强差;γ 为液－气界面张力;$\mathcal{H}$为液－气弯液面的平均曲率。

在静水压强和微结构内气体分压的相互作用下,液－气界面在表面张力的影响下会发生弯曲,产生附加压强 $2\gamma\mathcal{H}$,形成弯液面。当液气压差与附加压强相等时,液－气界面可以维持一定形状而处于稳定状态;当静水压强增大,导致液气压差大于附加压强时,液－气界面将失去稳定性,发生润湿状态转变、气层消失,微结构表面失去超疏水性能。Lei 等[57]发现具有光栅结构的超疏水 PDMS 表面在10kPa 压强下由 Cassie－Baxter 状态完全转变为 Wenzel 状态,Samaha等[54]的研究也表明压强越大,超疏水性能越容易消失。

2)气体扩散的影响

水下微结构表面的润湿状态不仅受静水压强的影响,气体扩散过程也会影响液－气界面的动态演化。由于超疏水表面浸没于水下,气体会被水封在微结构内部。一方面,如果水中溶解的气体分压与微结构内的气体分压存在分压梯度,那么气体就会在微结构和水中进行交换[58];另一方面,在同一温度条件下,不同的静水压会使水体中的气体溶解度不同[54],水体可能处于不饱和或者过饱和的状态,此时微结构和水体就会发生气体交换。即只要系统处于不平衡状态,气体扩散过程就会发生,影响系统的润湿状态。由此可见,气体交换对液－气界面的稳定性具有极大影响,气体扩散溶解是导致水下微结构表面润湿状态转变的关键因素。

Bobji 等[59]观测到水下不同微结构疏水表面的气层随时间延长逐渐消失,溶解到周围水体中,同时发现气体扩散时间尺度与微结构形貌和静水压强有关。施加的静水压强越大,微结构内气体被压缩得越严重,气体从微结构到水中的扩散过程越快,气层消失得越快。

3)流体流动的影响

液－气界面的形态演化除了受到静水压强以及气体扩散的影响,还将受到流体流动剪切作用的影响。一方面,随着流速的增加,对流效应将加强[60],气体从微结构中扩散溶解到水中的速度加快,导致润湿状态转变过程加快;另一方面,静水压强的变化以及液－气界面形状也会对气体扩散过程产生影响[61],最终在多种因素的作用下，液－气界面下陷失稳，气层逐渐消失，微结构表面的疏水性降低。

此外，超疏水材料的细微结构相对较为复杂，当其暴露在复杂的海水环境中时，容易遭受各种机械磨损、污染，导致微纳米特性受到伤害，也可能造成表面超疏水性丧失。

6.2 亲水型仿生防污材料

蛋白质是由氨基酸构成的具有生物活性的大分子化合物，蛋白质无处不在，极易造成吸附和污染，如血管内血栓、人工脏器凝血和海洋污损等。医用材料，尤其与人类血液和组织相接触的支架、血液透析系统、人工心脏瓣膜、心脏起搏器和人工血管等，会发生蛋白类物质的吸附现象，其中血浆蛋白中的凝血因子，如纤维蛋白原的大量吸附，会促进血小板等的黏附并进一步引起凝血，形成血栓。研究发现，红细胞内层膜会引发血液凝结，而红细胞外层膜却不会，其原因在于内层膜含较多带负电磷脂质（如脑磷脂），而外层则是以双离子电中性磷酸胆碱结构的磷脂质居多[62]。受此启发，相关研究发现修饰有亲水性、双离子电中性聚合物的材料表面具有强结合水分子的能力，可形成致密的水化层[63-64]，对蛋白吸附产生了物理及能量上的障碍，进而减少了蛋白吸附，提高了材料的生物相容性。

蛋白类物质吸附也是海洋生物污损发生的关键过程之一。如藤壶通过体内分泌的藤壶胶附着在材料表面，藤壶胶的成分为蛋白（大于70%）、少量的碳水化合物（小于3%）和灰尘。贻贝分泌一种非常特殊的贻贝黏着蛋白（MAP），由于MAP的特殊组成和结构，贻贝具有极其特殊的黏着能力，其足丝附着基由至少5种类型的足丝蛋白（Mefp）构成，且都含有3,4－二羟基苯丙氨酸（DOPA），DOPA的存在实现了MAP分子内部的交联，使黏着蛋白质固化并具有防水黏着的优异性能。对于硅藻，尽管目前尚未明确其胞外聚合物中的何种成分主导硅藻细胞的附着过程，但相关研究[65]认为硅藻胞外蛋白糖调节细胞附着和滑行过程很大程度上取决于其分子的蛋白结构部分。巨型海藻类的附着污损依靠特殊的孢子，孢子的最初附着借助于鞭毛或周围的黏液和胶黏剂，胶黏剂也是多聚糖－蛋白络合物。

鉴于海洋生物污损与人体内“污损”有很大相似性，发展亲水型仿生防污材料，防止海洋生物黏液中的黏附蛋白在其表面上的吸附，从而抑制海洋生物污损的发生，有望成为开发环境友好型防污材料的重要途径。

6.2.1 水凝胶防污材料

水凝胶是一类具有交联的三维网络结构、可吸收大量水分形成弹性溶胀体且能保持一定形状不被溶解的高分子聚合物，如海藻酸类、琼脂类、胶原蛋白类、聚乙二醇(PEG)类、聚乙烯醇(PVA)类、聚丙烯酰胺(PAM)类、聚氨酯(PU)类和丙烯酸酯类聚合物等[66]。水凝胶的三维网络结构可通过共价键、物理缠结、氢键或者链段间较强的范德瓦耳斯力来维持,根据分子间相互作用的不同,又可将其分为化学交联凝胶和物理交联凝胶。化学交联凝胶是通过共价键交联的,溶胀平衡度取决于聚合物与水之间的相互作用和交联密度;物理交联凝胶是通过分子的缠结或者离子键、氢键或者疏水相互作用形成的网络结构,是一种可逆凝胶。

早在1993年,人们在研究水凝胶材料与人体的生物相容性时,发现聚甲基丙烯酸羟乙酯水凝胶能有效降低铜绿假单胞菌在其表面的吸附。后来人们又发现水凝胶类材料不仅能够抑制细菌的附着,还能有效降低蛋白、多糖、海洋微藻等在其表面的吸附。目前,可用于海洋防污的凝胶材料主要有以下几类。

1. 聚乙二醇水凝胶

PEG是一种以—CH_2CH_2O—为结构单元的高分子聚合物,主链结构中氧原子极性较强,表面含有较多的羟基,导致其与水具有较强的结合力,从而可以抵制污损生物的附着。PEG水凝胶一般是对PEG端羟基进行修饰引入一些可化学交联的功能性基团,然后实现凝胶化[67]。如通过酯化法在PEG两个末端修饰上乙烯基,然后在多元硫醇存在的条件下进行巯基-烯加成反应即可形成凝胶[68]。Lundberg[69]通过紫外光引发的巯烯加成反应制备了基于PEG的水凝胶涂层,发现水凝胶涂层对细菌 *Cobetia marina* 和藻类 *Amphora coffeaeformis* 附着具有良好抑制作用,且长链PEG结构更有利于抑制生物附着。然而,PEG聚合物存在不耐高温的缺点,35℃以上即会发生构象改变,在含有氧气和过渡金属的环境下,极易氧化而失去活性,限制了其在海洋防污领域的应用。

2. 聚乙烯醇水凝胶

PVA是一种以—$CH_2CH(OH)$—为结构单元的高分子聚合物。早在20世纪50年代,人们就开始关注PVA水溶液的凝胶化现象,发现PVA水凝胶除具有一般水凝胶的特点外,还具有高机械强度和高弹性模量的性质。

PVA水凝胶的制备方法主要有两种:一是通过辐射或化学试剂进行化学交联,如利用γ射线对PVA、柠檬酸和水的混合溶液进行辐射交联获得水凝胶,利用戊二醛与PVA化学反应形成水凝胶等;二是通过反复冷冻解冻进行物理交联,将PVA溶解于二甲基亚砜和水的混合溶液中,在低温条件下反复进行冷却和解冻,使得PVA分子结晶形成凝胶,再用水取代凝胶中的二甲基亚砜,即可获得高机械强度的PVA水凝胶。如质量分数14%的PVA水溶液经过3次循环冷冻过程和液氮冷冻冰干,再经溶胀平衡后得到的PVA水凝胶拉伸强度可达5.74MPa[70]。Rasmussen等[71]研究了藤壶在海藻酸盐(强阴离子型)、壳聚糖(强阳离子型)、光敏性吡啶基团取代聚乙烯醇(PVA-SbQ,低阳离子型)和琼脂糖(中性)4种水凝胶上的附着,发现所有凝胶都能抑制藤壶的附着,其中改性聚乙烯醇水凝胶 PVA-SbQ 的防污效果最好。

3. 聚丙烯酸酯水凝胶

Wu 等[72]以丙烯酸丁酯为主要单体,引入具有抑菌性功能单体 N-(2-羟基-3-甲基丙烯酰胺-4,5-二甲基苄基)丙烯酰胺、低表面能单体 γ-甲基丙烯酰氧基丙基三甲氧基硅烷以及交联剂,形成结构紧密的网络结构,该网络结构涂层表面与海水接触后形成一层动态柔软的水凝胶层,可以显著地阻止污损生物的附着,在污损生物生长旺季挂板 60 天后仅有少量污损生物附着。

4. 季铵盐类水凝胶

季铵盐水凝胶是一种阳离子水凝胶,其合成方式主要有两种:通过共聚方式将含季铵盐单体引入到水凝胶体系中;对凝胶中的伯胺、仲胺、叔胺进行季铵化改性。已有研究表明,季铵盐水凝胶在抗污染和防生物附着方面具有良好效果。以苄乙基三甲基氯化铵为单体交联聚合得到的水凝胶涂层具有良好的抗菌性能[73];利用季铵化壳聚糖与 PVA、聚氧化乙烯(PEO)进行复合制备的季铵化水凝胶,具有良好的溶胀能力和力学性能,对大肠杆菌和金色葡萄球菌均具有良好的抑制生长的效果[74]。

5. 两性离子聚合物水凝胶

两性离子聚合物是指分子结构中同时含有阴、阳离子基团的高分子聚合物,如磷酸基胆碱类(MPC)、磺酸基甜菜碱类(SBMA)、羧酸基甜菜碱类(CBMA)以及混合两性离子聚合物等,常用单体的分子结构如图 6-6 所示。

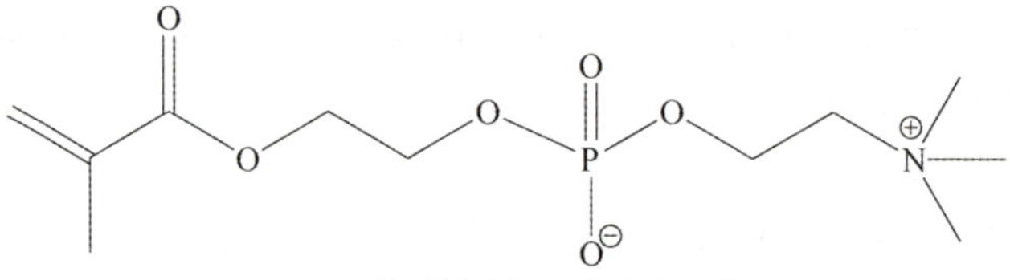

2-甲基丙烯酰氧乙基磷酸胆碱

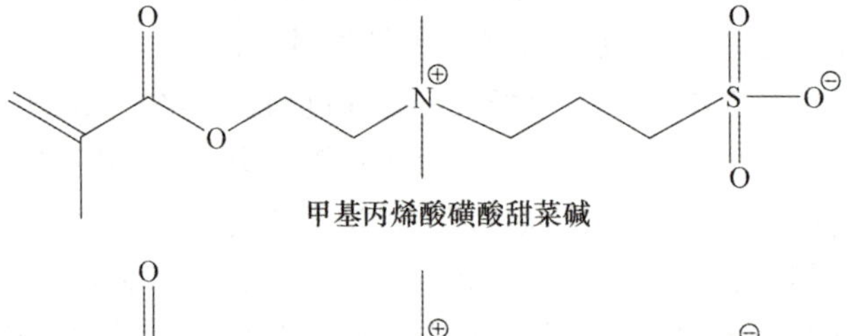

甲基丙烯酸磺酸甜菜碱

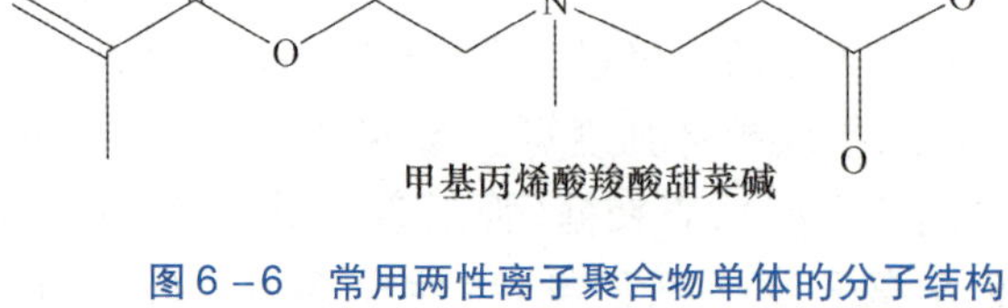

甲基丙烯酸羧酸甜菜碱

图 6-6 常用两性离子聚合物单体的分子结构

Venault 等[75]通过3-磺丙基甲基丙烯酸酯(SA)、甲基丙烯酰氧乙基三甲基氯化铵(TMA)与*N*-异丙基丙烯酰胺共聚制备了一种混合两性离子水凝胶,表面附着的*Escherichia coli*、*Staphylococcus epidermidis* 和 *Streptococcus mutans* 三种细菌比聚*N*-异丙基丙烯酰胺(PNIPAM)水凝胶表面下降了近3个数量级,对蛋白吸附的抑制效果是PNIPAM水凝胶的5倍以上。Eshet 等[76]通过调节水凝胶的组成(交联剂浓度、丙烯酰胺浓度和两性离子单体浓度)来控制凝胶特性,发现水凝胶溶胀性越高,细菌 *P. fluorescens* F113 附着越少,两性离子单体浓度越高,对细菌附着的抑制能力越好。Murosaki 等[77-78]发现水凝胶的弹性模量及化学组成都对生物附着有影响,弹性模量过高或者过低都会使得附着量增加,带有磺酸基和羟基的水凝胶具有较高的抗藤壶污损性能。

尽管水凝胶材料已显示了良好的防污效果,但要实现工程化应用,仍需进一步解决以下问题:①水凝胶材料结构中孔隙越大、结构越疏松则吸水性越强,但其吸水后凝胶材料强度较低,容易被破坏;②现有船舶涂层体系一般先涂装环氧防腐底漆,而水凝胶材料与之结合力差,在海洋环境中容易脱落;③防污的耐久性不理想,尤其物理交联凝胶,容易在海水环境中溶解(或分解)流失。因此要保持水凝胶材料既具有强吸水性,同时具有较强的机械强度和基底附着力,以及海水环境的耐久性难度较大,现有研究已发展的解决方案主要有以下3种:①提高水凝胶材料自身力学性能及自修复性能,如将短链壳聚糖(CS)整合到共价PAM网络中以构建复合水凝胶(PAM-CS复合水凝胶),形成壳聚糖微晶和链纠缠网络,将复合水凝胶转变成高强度的混合双网络水凝胶(PAM-CS DN水凝胶),拉伸强度可达2MPa;②通过在材料表面修饰水凝胶材料来获得较好的防污性能,同时保持基材的强度和涂层界面黏结力;③将水凝胶以助剂方式与防污材料基材结合,以渗脂方式迁移到材料表面形成水凝胶层,解决层间附着力和耐久性问题(详见7.2.1节)。

6.2.2　表面修饰亲水防污材料

1. 表面修饰聚乙二醇的防污材料

PEG在水溶液中拥有独特的吸水性及体积排斥效应,不易与其他分子产生作用。通常在材料表面修饰PEG,使其形成一层亲水、无毒性及抗蛋白吸附的高分子层,可减少蛋白质以及污损生物的附着。Ekblad 等[79]通过紫外光引发聚合,在玻璃、硅、聚苯乙烯、金表面修饰PEG水凝胶,并研究了藤壶幼虫 *Balanus amphitrite*、石莼孢子 *Ulva linza*、硅藻 *Navicula perminuta* 以及3种海洋细菌 *Cobetia marina*、*Marinobacter hydrocarbonoclasticus* 和 *Pseudomonas fluorescens* 在其表面的附着性能,结果显示PEG水凝胶修饰表面具有良好的防污性能,藤壶幼虫在水凝胶修饰表面上附着量比玻璃基体减少75%以上,石莼孢子和硅藻的附着量仅有玻璃表面上的1/10和1/6,3种细菌在其表面的附着量及水流冲刷后脱除率与细菌亲疏水性有关;另外,该水凝胶修饰表面在人工海水和去离子水中具有长期的稳定性,6个月浸泡仅损失5%左右。

PEG的衍生物甲基丙烯酸基聚乙二醇酯(PEGMA)可在各种表面,如金、硅、二氧化硅、钛、不锈钢和聚二甲基硅氧烷上引发聚合,构建具有良好抗污性能的聚合物刷,对纤维蛋白原、牛血清白蛋白等有良好的抗污效果,对细胞和细菌也有稳定的抗污性能[80]。PEGMA聚合物刷的抗蛋白能力取决于PEG的链长和表面接枝密度,当聚合物的接枝密度确定时,其抗蛋白性能随着聚合物链长的增加而逐渐增强。由于基材单位面积上接枝的聚合物链数目有限,因此利用增加聚合物链长可在基底表面形成有效阻抗非特异性吸附的动力学屏障。

2. 表面修饰两性离子聚合物的防污材料

磷酸胆碱类单体很容易进行聚合反应,可通过原子转移自由基聚合(ATRP)方法接枝到材料表面,进而构建防污表面。Feng等[81]在单晶硅表面修饰MPC聚合物刷,考察了polyMPC链长和接枝密度对纤维蛋白原吸附的影响。结果表明,在pH=7.4的环境下,纤维蛋白原的吸附量随接枝密度和链长的增加而显著下降,且接枝密度的影响强于链长的影响。由于常用的磷酸胆碱单体MPC合成过程较为复杂、成本较高,限制了其在海洋防污领域的应用。

与磷酸胆碱类聚合物相比,甜菜碱聚合物具有合成简单、性能稳定的特点,通过ATRP修饰到玻璃表面的polySBMA分子刷,几乎可以完全抑制石莼孢子的附着,且硅藻的附着也显著减少,polySBMA和polyCBMA聚合物刷也可以抑制藤壶金星幼虫的附着[82]。Vaisocherova等[83]通过ATRP方法将甜菜碱两性离子聚合物分子刷修饰在多种基材表面,不仅在模拟人体生理环境中蛋白质黏附量低于5ng/cm^2,且在复杂蛋白质体系中(100%血清和血浆)、细胞环境和细菌环境中仍具有优良的防污性能。同时,此方法构建的防污涂层可在空气或水中放置1个月以上仍保持超低污染性能,具有优异的稳定性。

Ladd等[84]对PEG类聚合物与两性离子聚合物的抗污性能进行了比较,发现两类聚合物修饰表面均能有效阻抗蛋白质黏附,polyCBMA聚合物刷表面几乎实现了蛋白质的零黏附,且ATRP修饰表面的防污性能远高于表面自组装方式构建表面的性能,进一步证实了抗污性能与聚合物刷的链长和接枝密度呈正比。Zhang等[85]通过合成正负带电基团间隔距离为1、2、3、5个亚甲基的羧酸甜菜碱丙烯酰胺聚合物刷表面,发现间隔距离越小,聚合物刷表面抗蛋白质吸附的效果越好。

3. 聚合物分子刷在材料表面的修饰方法

通过在基体材料表面键接功能基团或利用带功能基团的大分子链进行化学修饰，是改变材料表面亲疏水性质的重要方法，一般可分为 grafting - to 和 grafting - from 两种途径。grafting - to 首先合成含有能与基材表面发生反应的活性大分子聚合物，再将活性大分子聚合物修饰到材料表面[86]；grafting - from 先将能与大分子单体反应的引发剂固定到基材表面，然后在一定的条件下，在基材表面的引发位点进行聚合，从而在基材表面修饰上大分子聚合物。以上两种途径中，关键是：①如何将活性大分子或引发剂固定到材料表面；②如何精确控制大分子聚合物的物化性质，尤其是大分子的链段长度。

1）通过化合物的活性端基与基底之间产生化学键合和化学吸附固定于材料表面[86]

化学键合固定方式主要包括有机硅烷/无机材料（SiO_2、Al_2O_3、玻璃、硅等）表面、有机硫化物（硫醇、硫醚或双硫化合物）/金属（金、银、铂和铜等）表面等。其中有机硅烷/无机材料体系，有机硅烷一端的可反应性官能团（Si—Cl，Si—OEt 或 Si—OMe）在特定条件下可发生水解产生硅羟基（Si—OH），硅羟基可通过自身缩合反应及与基材表面羟基之间的缩合反应，在基材表面固定；硫醇化合物/金体系，主要通过硫醇化合物的巯基与金发生化学反应，—SH 氧化加成到金表面。有机硅烷、硫醇化合物分子另一端的结构可为大分子聚合物，以 grafting - to 的方式进行表面修饰，也可为特定的引发基团，以 grafting - from 的方式进行表面修饰。

化学吸附固定方式主要是利用多巴类化合物进行黏附。贻贝分泌的黏蛋白能黏附在包括聚四氟乙烯在内的几乎所有材料表面，其原因是贻贝黏蛋白含有大量的 DOPA，DOPA 中儿茶酚基团具有强配位能力，能与金属形成有机金属络合物，且儿茶酚被氧化成醌后也能与很多基团反应形成共价键，产生较强附着。受此启发，可通过模仿贻贝黏蛋白分子结构设计仿生化合物，用于表面接枝改性[87]。如通过将 PEG、两性离子等功能聚合物与含 DOPA 结构的仿生化合物相结合，然后接枝到材料表面，获得良好的防污性能。

2）通过可控聚合反应精确控制大分子聚合物的链段长度

常用可控聚合反应方法有原子转移自由基聚合（ATRP）、可逆加成 - 断裂链转移（RAFT）聚合、活性/可控自由基聚合（包括引发链转移终止（Iniferter）聚合和氮 - 氧稳定自由基聚合（NMP）等），见图 6 - 7。

ATRP 以简单的有机卤化物为引发剂，过渡金属络合物为卤原子载体，通过氧化还原反应，在活性种和休眠种之间建立可逆动态平衡，从而实现对聚合反应的控制，是一种适用单体范围广、反应条件温和、分子设计能力强的可控活性聚合。根据 ATRP 的反应原理，将引发剂结合到基材的表面，利用表面引发的 ATRP 反应就可在表面高效地接枝功能性聚合物刷。通过对组成、工艺的控制能够调控聚合物刷的长度、组成和分布,实现材料功能化表面特性的调控。

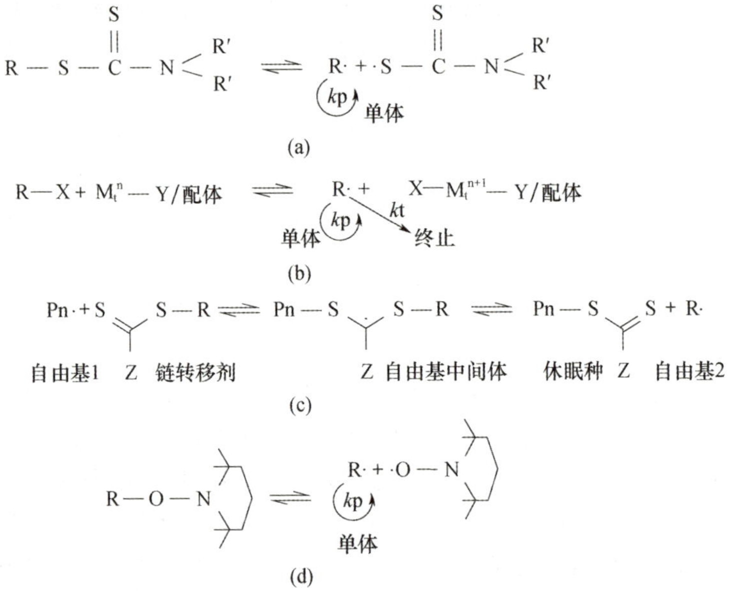

$$R-S-\overset{S}{\overset{\|}{C}}-N\begin{smallmatrix}R'\\R'\end{smallmatrix} \rightleftharpoons R\cdot + \cdot S-\overset{S}{\overset{\|}{C}}-N\begin{smallmatrix}R'\\R'\end{smallmatrix}$$

kp 单体

(a)

$$R-X + M_t^n-Y/\text{配体} \rightleftharpoons R\cdot + X-M_t^{n+1}-Y/\text{配体}$$

单体 kp kt 终止

(b)

Pn·+S(=C(Z))S—R ⇌ Pn—S—Ċ(Z)—S—R ⇌ Pn—S(C(Z)=S) + R·

自由基1 Z 链转移剂 Z 自由基中间体 休眠种 Z 自由基2

(c)

R—O—N ⇌ R· + ·O—N

kp 单体

(d)

图 6-7 4 种活性/可控自由基聚合机理图

(a)Iniferter 聚合法;(b)ATRP 法;(c)RAFT 聚合法;(d)NMP 法。

与 ATRP 相似,RAFT 也是一种可控的聚合反应,通常加入双硫酯衍生物 SC(Z)S—R 作为链转移剂,与增长链自由基 Pn·形成休眠的中间体(SC(Z)S—Pn),限制了增长链自由基之间的不可逆双基终止副反应,使聚合反应得以有效控制。SC(Z)S—Pn 可自身裂解,释放出新的活性自由基 R·,结合单体形成增长链,加成或断裂的速率要比链增长的速率快得多,双硫酯衍生物在活性自由基与休眠自由基之间迅速转移,使分子量分布变窄。

6.2.3 超亲水防污材料

1997 年,Wang 等[88]首次报道了有关二氧化钛(TiO_2)超亲水表面的研究,展示了其在自清洁、防雾、油水分离、减阻等方面的潜在应用价值。材料表面实现超亲水特性的途径主要有两种。

(1)在亲水物质表面构造一定的粗糙度,当亲水粗糙表面与水滴接触时,基于 Wenzel 模型表面粗糙度对浸润性的放大作用,水滴会浸润并铺展到微纳结构中形成超亲水表面。

(2)光致超亲水:基于光(尤其是紫外光)的催化作用,材料表面疏水有机物被催化降解,仅留存亲水性光催化活性物质,或在光作用下光催化活性物质(TiO_2、ZnO 等)表面形成电子 - 空穴对,空穴与表面桥位氧离子发生氧化反应生成氧空位,空气中的水被吸附到氧空穴中形成含羟基的高度亲水微区,在宏观上显示出超亲水特性[89]。

例如,采用 PVD 和等离子体增强化学气相沉积法制备出 TiO_2涂层,当紫外光照射后,可达到超亲水状态,放回黑暗环境中又恢复到原来的状态[90];多孔结构的 ZnO/TiO_2复合表面甚至可在无光照条件下达到超亲水状态,具有自清洁和防雾功能[91]。然而,超亲水表面具有高的表面能,容易向低表面能方向进行转化以达到稳定状态,同时也容易受外界光、热、氧等条件影响,导致其失去超亲水性能。

6.2.4　亲水防污材料的防污机制

1. 立体排斥作用机制

Joen 和 Andrade 在解释 PEG 改性表面防污机制时,假设 PEG 为柔顺的惰性长链分子,修饰于疏水性基材表面,当蛋白靠近 PEG 分子膜层时,蛋白分子会和膜层分子及基材产生范德瓦耳斯力,同时,PEG 分子受蛋白分子挤压形成立体排斥力,由于 PEG 分子和蛋白分子间的范德瓦耳斯力较弱,因此立体排斥力就成为 PEG 分子层抗蛋白吸附的关键[92]。

Halperin 进一步提出了蛋白产生吸附的 3 种主要作用方式[93],见图 6 - 8,分别为:

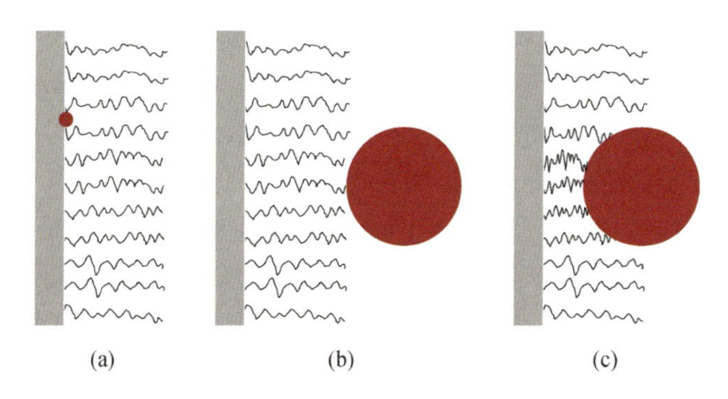

图 6 - 8　蛋白产生吸附的 3 种主要作用方式[93]

(a)基本吸附;(b)次级吸附;(c)压缩吸附。

(1)基本吸附(primary adsorption)方式,当高分子的接枝密度低或蛋白分子足够小时,蛋白分子可通过扩散穿越高分子膜层,直接与基材作用而吸附;

(2)次级吸附(secondary adsorption)方式,当蛋白分子与材料表面接枝的分子

具有较强吸引作用时,蛋白分子即使不接触基材表面,也可通过与接枝分子间的作用力而发生吸附;

(3)压缩吸附(compressive adsorption)方式,当蛋白分子和基材间的吸引作用大于立体排斥力时,蛋白分子可通过挤压高分子层在材料表面产生吸附。

因此,若要防止以上3种蛋白吸附的作用方式,首先接枝修饰分子本身与蛋白之间的作用力要弱;其次修饰分子的接枝密度要高,分子间隙比蛋白质分子小;最后接枝修饰分子的分子量和链长要大,可产生足够的立体排斥力。部分试验结果也证实了以上假设中分子链长及接枝密度对于材料表面抗蛋白吸附的作用[94-96]。

2. 水合作用机制

Prime等[97]研究发现,亲水的乙烯乙二醇自组装单层膜能有效降低蛋白吸附,而疏水的甲基单层膜却会大量吸附蛋白[98]。Zheng等在金表面制备了一系列末端带有不同基团的自组装单层膜,蛋白吸附测试发现,抗蛋白吸附并非聚乙二醇自组装单分子层(PEG-SAM)独有的特性,而表面分子只要基本上符合以下条件,几乎都能降低表面的蛋白质吸附:①亲水;②具有氢键受体(hydrogen-bond acceptors);③不具有氢键予体(hydrogen-bond donors);④电中性。分子模拟研究也发现,适当密度的PEG-SAM周围结合的水分子比起CH_3-SAM或分子排列太密集的PEG-SAM多,膜表面分子结合的水分子越多,抗蛋白吸附性能越好。

对PDMS和polySBMA防污表面的分子动力学模拟研究表明[63],当聚合物膜与水分子接触时,水分子会聚集在聚合物膜附近或者部分进入膜中,形成稳定的氢键网状结构。由于氢键作用属于弱键作用,仅有氢键作用的PDMS聚合物膜对水分子的束缚较弱,而具有正负电荷的双离子特性聚合物膜polySBMA在静电诱导和氢键共同作用下,引起聚合物膜附近水分子扩散系数降低和弛豫时间增长,可束缚或结合更多水分子,在空间上形成溶剂化层阻碍蛋白分子吸附。其中,正负电荷中心在聚合物表面均匀分布是形成稳定网状结构的重要原因,特别是柔性polySBMA具有束缚水分子的空间优势,使得更多的水分子能够在聚合物表面及内部存在,形成的水化层更稳定,见图6-9。溶菌酶*Lysozyme*蛋白分子与PDMS和polySBMA膜间的作用力和结合能,及其与基底结合位点附近结构的分子动力学模拟分析结果也表明,polySBMA膜防污性能更好[99],其原因:一是蛋白吸附需要克服两者表面水化层引起的物理障碍和能量势垒,见图6-10,polySBMA膜通过表面氢键、静电作用和笼效应束缚了一层紧密结合的水化层,表面结合水难以脱附,水化层分子的去溶剂化需要克服的能量势垒高;二是蛋白质与PDMS的作用在结合能上更具优势,比polySBMA与蛋白质间的结合更加稳定,不利于蛋白质的脱附。

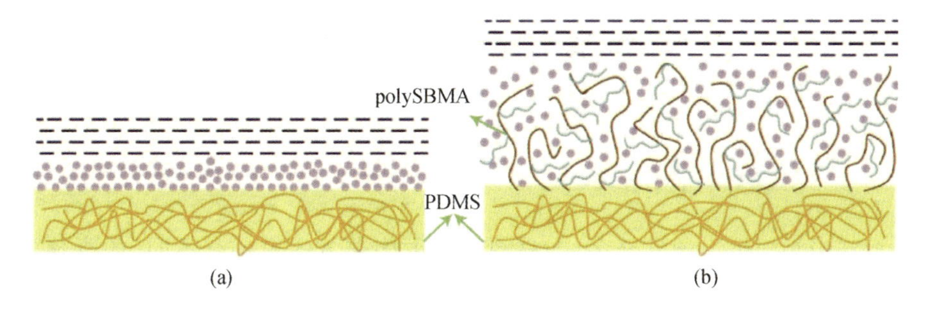

图6-9　两种聚合物膜的结构及表面水分子分布示意图

(a)PDMS;(b)polySBMA(结合水以圆点代表,体相自由水用虚线表示)。

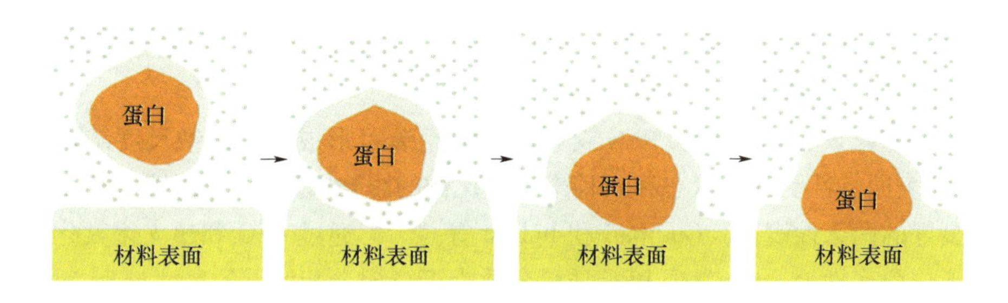

图6-10　蛋白质吸附的去溶剂化过程

3. 低弹性模量机制

水凝胶材料因含有大量水而非常柔软、弹性模量低,见表6-2。由于污损生物从弹性材料表面脱离所需的临界脱附力(f_c)与表面能(γ)、弹性模量(E)之间关系符合$f_c=(kE\gamma)^{1/2}$,导致污损生物在水凝胶材料表面附着不牢,容易脱落。

表6-2　常见水凝胶材料的弹性模量

材料	弹性模量/kPa	材料	弹性模量/kPa
胶原	约3~100	PAM	约0.1~100
透明质酸	约1至几十	PEG	几十至几百
明胶	约1至几十	PVA	约1至几十
壳聚糖	约1至几十	PDPA-PMPC-PDPA	约1~40
天然或人工氨基酸	约1至几十	PVME	约90~900

6.3 特殊亲疏水性质的防污材料

6.3.1 两亲性防污材料

海洋中污损生物种类繁多，在材料表面的附着方式也各有不同，如石莼孢子 *Ulva* spores 倾向于在亲水表面牢固附着，而硅藻 *Navicula* 则倾向于在疏水表面进行牢固附着，导致仅依靠材料表面的疏水或亲水特性设计，难以实现广谱防污的目的。由于大多数污损生物仅倾向附着在疏水或亲水的表面，而两亲性防污材料中同时含有亲水基团和亲油基团（大多为疏水基团），在一定条件下可形成均匀的亲水－疏水微分相区域，可同时对亲水/疏水附着倾向的污损生物附着产生"迷惑"作用，进而在一定程度上减少生物污损附着。

疏水含氟聚合物和亲水 PEG 交联进行自组装可形成具有微纳尺度结构的复杂表面，表面特性受浸水状态和两种聚合物比例的影响，通过合理调控可获得防污性能良好的两亲性表面。Gudipati 和 Imbesi 等[100-101]通过 PEG 和超支化氟化单元交联形成两亲性聚合物，发现 PEG 质量分数为 45% 时分相区域的尺寸最小，对牛血清白蛋白、刺松藻凝集素等蛋白的抗蛋白吸附效果最好，对石莼孢子也具有良好的防污性能。Martinelli 等[102-103]通过原子转移自由基聚合在聚苯乙烯骨架上制备了类似的两亲性共聚物，由于组分之间的不相容而在热力学作用下产生微相分离，在水中，亲水 PEG 片段会迁移到表面，同时疏水含氟基团依然存在，形成两亲性表面，与 PDMS 涂层相比，该两亲性表面对附着倾向截然相反的两种生物——石莼 *Ulva* 和硅藻 *Navicula* 均具有良好的防污作用。Park 等[104-105]在基底材料上涂覆低模量热塑性弹性体并化学改性，将亲水性寡聚乙二醇链段和含氟链段接枝到侧链上，得到低模量的两亲性嵌段共聚物，与 PDMS 涂层相比，该材料对石莼孢子和舟形藻均有良好的防污性能。

Krishnan 等[106]制备了 PEG－PDMS 嵌段共聚物 SiEG，将其共混至 PDMS 交联体中，当 SiEG 添加量为 4% 时，涂层对石莼孢子的去除率较 PDMS 显著提高，对藤壶的防污性能亦优于 PDMS 涂层。Faÿ 等[107]在有机硅涂层中添加 PEO－硅烷两亲性共聚物修饰的二氧化硅，当改性二氧化硅含量为 5% 和 10% 时，涂层具有良好的防污性能，1% 的含量也可显著减少藻类 *C. closterium* 在有机硅涂层表面的附着。

6.3.2 亲疏水转换型防污材料

两亲性聚合物中的疏水部分在空气环境中倾向于向聚合物/空气界面富集，一旦浸没于水中，亲水部分倾向于向聚合物/水界面迁移，发生重构，有时这种重构现象是可逆的,可以改变表面亲疏水性质,提高防污性能。亲/疏水组分的连接方式、亲/疏水链长度以及外界环境因素等均会影响表面重构、微相分离和防污性能。Wang 等[108-110]将单官能度和双官能度 PEG 分别与全氟聚醚(PFPE)交联固化,制备了一系列两亲性聚合物刷,在水环境中,由单官能度 PEG 和疏水性 PFPE 组成的表面,PEG 链段容易迁移到表面并发生微相分离,表现出良好的抗水藻和藤壶附着性能;而双官能度 PEG 和 PFPE 构成的表面,PEG 链段运动受限,抗水藻和藤壶附着性能稍差;PEG 链的长度以及固化环境的湿度也对防污性能有影响,PEG 链越长、湿度越大,PEG 链段越容易迁移到表面,防污性能越好。

材料表面的亲疏水性也可通过光催化作用、温度转变、pH 值变化进行调控。Liu 等[111]通过金催化化学沉积法制备的 ZnO 表面,在紫外光下呈现超亲水状态,将该表面放入黑暗环境中或在加热条件下能转变到超疏水状态,静态水接触角达 164.3°。Song 等[112]制备的 TiO_2 纳米管堆,紫外光照射后,其表面呈现超亲水状态,表面修饰含氟聚合物后,静态水接触角可达 163.2°,经紫外光照射后可由超疏水状态再次转变为超亲水状态。Fan 等[113]采用苯乙烯、丙烯酸和二乙烯基苯为原料,采用无皂乳液聚合成功制备出 P(S-AA)树莓状结构微球,该结构具有温敏亲和性转变特性,低于玻璃化转变温度(T_g)时呈现超疏水特性(静态水接触角 154°),温度高于 T_g 时呈现亲水性。Shi 等[114]通过分子自组装和电化学方法在金表面构造出对 pH 值敏感的超疏水性表面,当水滴的 pH 值变化时,表面可从超疏水状态转化为超亲水状态。

6.4　材料表面亲疏水性表征方法

在一个水平放置的光滑固体(S)表面上滴一滴液体(L),若液体不能完全润湿,将形成一个平衡液滴,液滴的液-固界面水平线与气-液界面切线形成的相对夹角即为接触角 θ,见图 6-11。对于理想固体表面的静态接触角,若不考虑化学异质性、表面粗糙度、表面重建、溶胀和溶解等因素,液滴平衡后的形状取决于固-气界面自由能(即固体表面能 γ_S)、液-气界面自由能(即液体表面能或表面张力 γ_L)、固-液界面自由能(γ_{SL})和液体膜压(π_e,对于表面自由能低于 $100mJ/m^2$ 的低能固体表面,$\pi_e=0$)间的平衡关系,通常情况下符合 Young 方程[115]:

$$\gamma_L \cos\theta = \gamma_S - \gamma_{SL} - \pi_e = \gamma_S - \gamma_{SL} \tag{6-7}$$

接触角是最容易观测的界面现象,也是固-液、固-气、气-液和液-液分子相互作用的直接体现,通过接触角测量和表面能计算,可获得上述界面相互作用的许多信息,是目前表征防污材料表面亲疏水性最常用的方法。

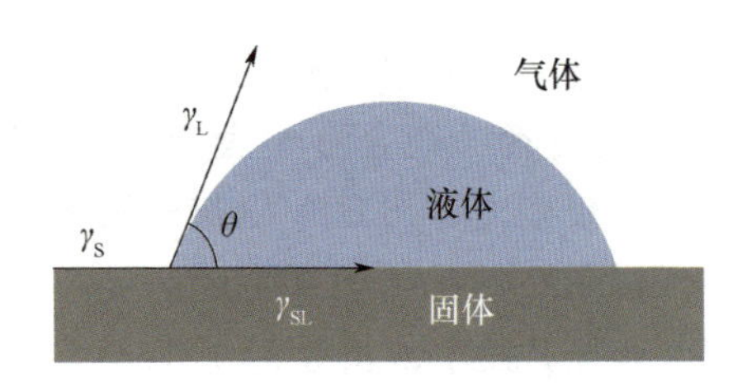

图 6-11　接触角示意图

6.4.1　接触角测量方法

基于 Young 方程进行接触角测量，当固体表面是刚性、均匀和光滑的，且固体表面是惰性的，没有发生膨胀和化学反应时，该理想表面接触角、前进接触角和后退接触角的取值应是一致的。而具有的粗糙结构、材料表面的化学性质不均一，或受固体表面流动性、液体渗透性等因素的影响时，实际材料表面会产生接触角滞后现象，需要分别测定前进接触角（前进角）和后退接触角（后退角），前进角（θ_A）和后退角（θ_R）之间的差被定义为接触角滞后（$\Delta\theta = \theta_A - \theta_R$），接触角滞后越小，液滴越易从固体表面上滚落。有时也根据三相接触线是否移动，将接触角分为静态接触角和动态接触角（前进角、后退角等），测量方法上也有不同。

1. 躺滴法和捕泡法

1）躺滴法

躺滴接触角测量（图 6-11）是通过注射器将液滴坐落于材料表面，分析液滴图像进行接触角测量的一种方法，由于方法简单、易于操作，是静态接触角和动态接触角测量最为广泛使用的方法。

已有研究表明[116-117]，液滴由于受到表面张力和重力的共同作用，其形状与理想球形之间有偏差，该偏差随着液滴体积的增大而增大。实际上，液滴的形状偏差是重力作用与液滴表面张力作用平衡的结果，而重力作用与液滴表面张力作用间的平衡本质上通过液滴内部的压强平衡实现，这就意味着大接触角情况下，液滴与表面间较小的接触面积将导致较大的液滴内部压强，此时液滴相对于理想球的形状偏差将增大。另外，液体表面张力的变化也会影响液滴系统的平衡状态，若液体受污染会对接触角测量产生较大影响。因此，不仅液滴体积对液滴形状有影响，表面的润湿性能和液体的表面张力也都会影响液滴形状，为尽量消除以上影响，测量过程中一般选用纯度较高的液体，并将液滴体积控制在 6μL 以下[118]。

对于静态接触角测量，为防止液体挥发引起三相接触线后退，导致测量值并非静态接触角，有时需要将被测样品放入由光学玻璃构成的封闭系统，使液体蒸气相处于饱和状态。但对沸点高于 100℃ 的液体（包括水），室温下测量一般不需要进行封闭测量[119]。

对于动态接触角,常用测量方法有 3 种。一是通过微量注射器往液滴中注入或抽出少量液体,见图 6-12(a),待达到平衡后测量接触角(通常在加液和抽液后 10s 内),即为前进角或后退角。二是通过微量注射器从液滴下部注入或抽出少量液体,见图 6-12(b),其余测量过程与前者相似。以上测量时注射器针尖应留在液滴内部,虽然这样会引起针尖附近发生毛细现象以及整个表面的变形,但不会改变接触角。这是因为接触角由界面张力决定,在接触线附近弯月面的形状几乎不受远离接触线液面形状变化的影响(然而实验中最好还是使用针尖小的注射器或者稍大的液滴)。三是斜板法测量,见图 6-12(c),通过注射器将液滴坐落于材料表面,徐徐转动载样台改变倾斜角度,当液滴开始在材料表面滚动时,停止转动,记录下此时的转动角度,即为液滴的滚动接触角(滚动角 α)。相较于前进角与后退角,滚动角可更直观地反映出接触角滞后的大小,液滴滚落时滚动角与前进角、后退角之间的关系符合 Furmidge 公式[120]:

$$mg\sin\alpha = \gamma_L W(\cos\theta_R - \cos\theta_A) \tag{6-8}$$

式中:α 为滚动角;θ_A 和 θ_R 分别为前进角和后退角;γ_L 为液体表面张力;g 为重力加速度;m 为液滴的质量;W 为被液滴润湿接触面的周长。

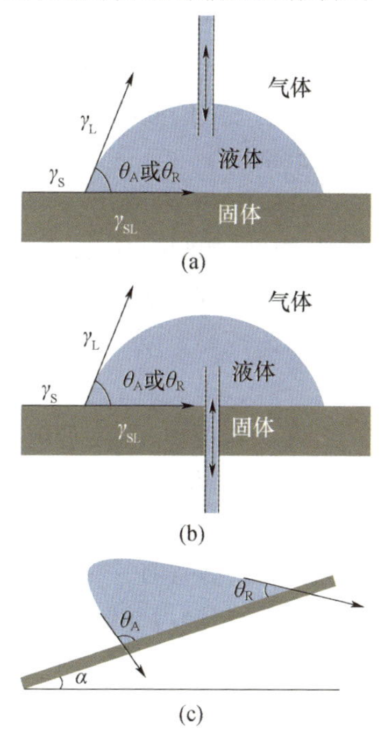

图 6-12　动态水接触角测量方法示意图

(a)上部注入法;(b)底部注入法;(c)斜板法。

2)捕泡法

捕泡法接触角测量(图6-13)是将被测样品浸泡于液体中,待测面朝下,通过注射器将气泡打到材料表面,分析气泡图像进行接触角测量的一种方法。

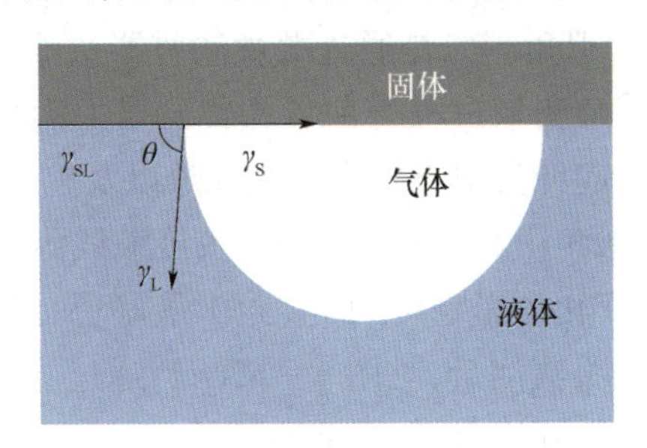

图6-13 捕泡法接触角测量

3)接触角图像数据计算方法

目前,接触角图像数据计算方法主要包括量高法和轮廓拟合法。

量高法:基于球形液滴假设,认为当液滴足够小时,重力作用可以忽略,液滴是理想的球冠形,则

$$\tan\frac{\theta}{2}=\frac{2H}{D_d}\frac{D_d^3}{V}=\frac{24\sin^3\theta}{\pi(2-3\cos\theta+\cos^3\theta)} \tag{6-9}$$

分别测量液滴的高(H)、润湿接触面直径(D_d)或者体积(V)就可得到接触角,测量极为方便。实际操作中,对于空气中的液滴,要实现接触角测量误差在±0.1°范围内,其底面直径一般不大于5mm[119]。

轮廓拟合法:对已拍摄的液滴轮廓图像,采用图像识别技术拟合图像的边缘,将图像边缘曲线与曲线方程进行拟合,如圆拟合、椭圆拟合、Spline 曲线和 Young - Laplace 方程拟合等,得到曲线方程后,在接触的两端点处求导并进而得到接触角数值,精度相对较高,可达±0.01°。

2. Wilhelmy 吊片法

吊片法由 Wilhelmy 于1863年首次提出,经发展该技术已日趋成熟,成为躺滴法之后广泛使用的方法。其测量原理为将待测样板通过金属丝连接于电子天平,当样板未插入液体时,只受重力作用,$F_1=mg$;当样板竖直插入液体中,除受重力外,还受液体的浮力与表面张力,当样板处于不同的浸没深度 h' 时,$F_2=mg+p\gamma_L\cos\theta-ph'\Delta\rho g$。故样板插入液体前后测力装置的读数差为

$$\Delta F=F_2-F_1=p\gamma_L\cos\theta-ph'\Delta\rho g \tag{6-10}$$

式中:p 为样板润湿周长;γ_L为液体表面张力;$\Delta\rho$ 为气液两相的密度差。

Wilhelmy 吊片法不仅可以测量理想表面的平衡接触角,也可测量实际材料表面的动态接触角,而且测量值与线性张力作用无关。缺点是对测样品的要求较高,

必须制备成薄板,各处的性质必须完全相同,沿样板浸没方向周长恒定。实际测量时,保持恒定速度使移动平台上升,直至样板浸没深度达到预期值 h',然后平台保持同样速度开始下降,直至样板脱离液面为一个测试周期,测量得到相应实验速度下的前进角和后退角。

此外,还有最大高度法、竖板毛细升高法、竖板毛细升高和 Wilhelmy 吊片组合法、镜面反射法和平行光束法等接触角测量方法。

6.4.2 表面能计算方法

表面能是指产生新的单位面积表面时,系统自由能的增加,它作为材料自身的一种重要特征,对材料的界面性质及界面反应均会造成显著的影响,如表面吸附、润湿和结合现象等,均会在一定程度上受到表面能的制约[119]。固体表面能,一般是通过测量某种液体与固体的接触角,并借助关系方程来进行计算的。

1. Owens – Wendt 几何平均法

Fowkes 等[121]认为,液体表面张力和固体表面张力由分子间的色散分量(γ^d)和极性分量(γ^p)组成,即 $\gamma = \gamma^d + \gamma^p$。其中 γ^d 为范德瓦耳斯力产生的分子间相互作用,称为色散相互作用,包括非极性分子之间的相互作用,通常受密度的影响;γ^p 为非范德瓦耳斯力产生的分子间相互作用,包括偶极和氢键的相互作用,其值大小受表面极性因素的影响。Owens[122]在 Fowkes 研究的基础上提出:

$$\gamma_{SL} = \gamma_S + \gamma_L - 2\sqrt{\gamma_S^d \gamma_L^d} - 2\sqrt{\gamma_S^p \gamma_L^p} \tag{6-11}$$

结合 Young 方程可得:

$$\gamma_L(1+\cos\theta) = 2\sqrt{\gamma_S^d \gamma_L^d} + 2\sqrt{\gamma_S^p \gamma_L^p} \tag{6-12}$$

因此,只需要知道两种已知 γ_L、γ_L^d和 γ_L^p的液体与被测固体间接触角 θ,便可以求得固体表面能的 γ_S^d和 γ_S^p分量,从而计算获得固体材料的表面能。

2. Wu 倒数平均法

在 Fowkes 研究的基础上,Wu[123]对 Fowkes 表面能计算方法进行了扩展,采用倒数平均法替代几何平均法,提出:

$$\gamma_{SL} = \gamma_S + \gamma_L - \frac{4\gamma_S^d \gamma_L^d}{\gamma_S^d + \gamma_L^d} - \frac{4\gamma_S^p \gamma_L^p}{\gamma_S^p + \gamma_L^p} \tag{6-13}$$

结合 Young 方程可得:

$$\gamma_L(1+\cos\theta) = \frac{4\gamma_S^d \gamma_L^d}{\gamma_S^d + \gamma_L^d} + \frac{4\gamma_S^p \gamma_L^p}{\gamma_S^p + \gamma_L^p} \tag{6-14}$$

因此,只需要知道两种已知 γ_L、γ_L^d和 γ_L^p的液体与被测固体之间夹角 θ,便可以求得固体表面能的 γ_S^d和 γ_S^p分量,从而计算获得固体材料的表面能。

3. van Oss 酸碱法

van Oss 等[124-125]认为，固体的表面能可以表示为 Lifshitz - van der Waals 分量(γ^{LW})和 Lewis 酸碱分量(γ^{AB})，而 Lewis 酸碱分量又可表示为 Lewis 酸分量(γ^{+})和 Lewis 碱分量(γ^{-})，即

$$\gamma = \gamma^{LW} + \gamma^{AB} = \gamma^{LW} + 2\sqrt{\gamma^{+}\gamma^{-}} \tag{6-15}$$

所以固液界面的相互作用关系为：

$$\gamma_{SL} = \gamma_S + \gamma_L - 2\left(\sqrt{\gamma_S^{LW}\gamma_L^{LW}} + \sqrt{\gamma_S^{+}\gamma_L^{-}} + \sqrt{\gamma_S^{-}\gamma_L^{+}}\right) \tag{6-16}$$

结合 Young 方程可得：

$$\gamma_L(1+\cos\theta) = 2\left(\sqrt{\gamma_S^{LW}\gamma_L^{LW}} + \sqrt{\gamma_S^{+}\gamma_L^{-}} + \sqrt{\gamma_S^{-}\gamma_L^{+}}\right) \tag{6-17}$$

由式(6-17)可知，只需要知道 3 种已知 γ^{LW}、γ^{+} 和 γ^{-} 的液体(表 6-3)及其与被测固体间接触角 θ，便可以求得固体表面能的 γ_S^{LW}、γ_S^{+} 和 γ_S^{-} 分量，从而计算获得固体材料的表面能。

表 6-3　接触角测试常用液体的表面能组成数据

液体	温度/℃	表面能/(mJ/m²)				
		γ_L	γ_L^d 或 γ_L^{LW}	γ_L^p 或 γ_L^{AB}	γ_L^+	γ_L^-
水	20	72.8	21.8	51.0	25.5	25.5
	37	70.1	21.0	49.1	24.5	24.5
二碘甲烷	20	50.8	50.8	0	0	0
	37	48.3	48.3	0	0	0
乙二醇	20	48.0	29.0	19.0	1.92	47.0
	37	46.5	28.1	18.4	1.86	45.5
甲酰胺	25	58.0	39.0	19.0	2.3	39.6
α-溴萘	25	44.6	44.6	0	0	0

4. 状态方程法

Neumann 和 Li 等[126-128]先后提出：

$$\gamma_{SL} = \gamma_S + \gamma_L - 2\sqrt{\gamma_S\gamma_L}\,e^{-\beta_1(\gamma_L-\gamma_S^2)} \tag{6-18}$$

$$\gamma_{SL} = \gamma_S + \gamma_L - 2\sqrt{\gamma_S\gamma_L}\left[1-\beta_2(\gamma_L-\gamma_S^{\,2})\right] \tag{6-19}$$

结合 Young 方程分别可得：

$$\gamma_L(1+\cos\theta) = 2\sqrt{\gamma_S\gamma_L}\,e^{-\beta_1(\gamma_L-\gamma_S^2)} \tag{6-20}$$

$$\gamma_L(1+\cos\theta) = 2\sqrt{\gamma_S\gamma_L}\left[1-\beta_2(\gamma_L-\gamma_S^{\,2})\right] \tag{6-21}$$

式中：$\beta_1 = 0.0001247(\mathrm{m/mN})^2$；$\beta_2 = 0.0001057(\mathrm{m/mN})^2$。

通过以上两个公式，只需要知道 1 种已知 γ_L 液体及其与被测固体间的接触角 θ，便可以求得固体表面能。

6.5 相关研究案例

6.5.1 静态水接触角对硅藻和石莼孢子附着的影响研究

1. 不同亲疏水性自组装膜表面的制备

在单晶硅表面镀铬、喷金后，利用十二硫醇（1 - dodecanethiol）、11 - 巯基 - 十一醇（11 - mercapto - 1 - undecanol）、三氟 - 十二硫醇（tridecafluoro - 1 - decanethiol）在金表面进行自组装，通过调节—CF_3、—CH_3 和—OH 端基的比例，制备静态水接触角从 48.8°到 115.4°的自组装表面，见表 6 - 4[129]。由于材料的基底相同，自组装分子的碳链长度基本一致，尽可能避免了由于弹性模量、表面形貌不同带来的影响。

表 6 - 4 不同端基组成对材料表面静态水接触角的影响

序号	—CF_3	—CH_3	—OH	θ_{AW}/(°)	标准差
1	2	0	0	115.4	2.9
2	1	1	0	97.7	4.5
3	0	2	0	94.5	2.1
4	0	1.3	0.7	79.8	1.8
5	0	1	1	67.2	2.0
6	0	0	2	48.8	1.2

2. 静态水接触角对硅藻和石莼孢子静态附着的影响

由图 6 - 14 可以看出，两种硅藻的附着数量与材料表面静态水接触角基本呈线性关系，随静态水接触角的增大，硅藻的附着数量减少，抑制率增加；石莼孢子附着数量与材料表面静态水接触角也呈一定的线性关系，但随静态水接触角的增大，石莼孢子附着数量增加，与硅藻的附着规律相反。

由图 6 - 15 可以看出，经过一定的水流冲刷后，两种硅藻的脱除率随材料表面静态水接触角的增大而降低，与接触角的余弦值呈一定线性关系，随余弦值增大，脱除率升高，这意味着硅藻在疏水性表面上附着更为牢固；而石莼孢子与之相反，脱除率随材料表面静态水接触角的增大而变大，脱除率与静态水接触角的余弦值成反比。

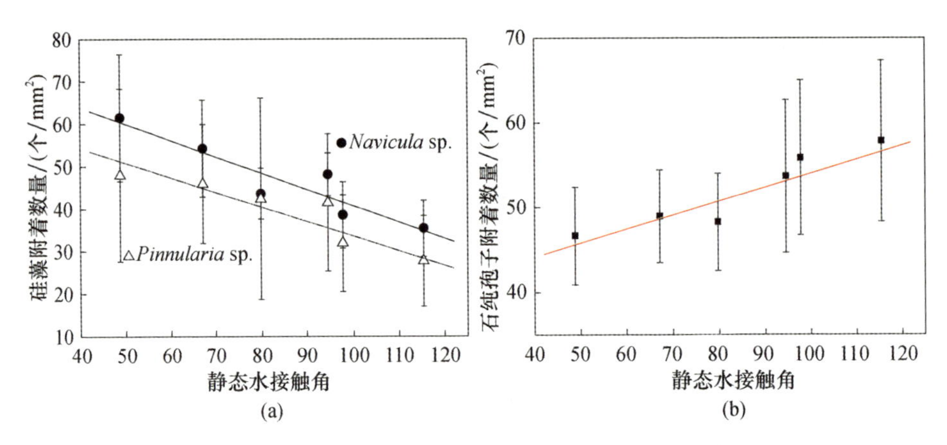

图 6-14 静态水接触角对硅藻和石莼孢子附着数量的影响

(a)硅藻;(b)石莼孢子。

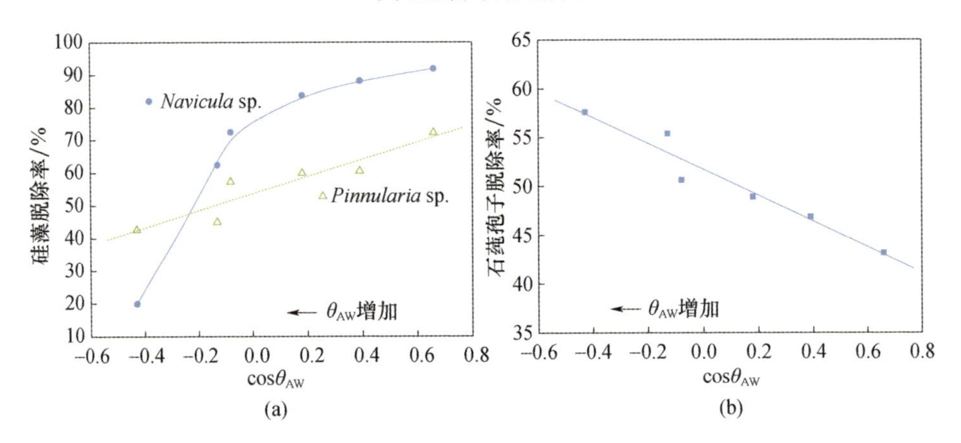

图 6-15 静态水接触角余弦值对硅藻和石莼孢子(b)脱除率的影响

(a)硅藻;(b)石莼孢子。

6.5.2 聚磺酸甜菜碱接枝表面材料对硅藻附着的影响

1. 聚磺酸甜菜碱接枝表面材料的制备[130]

利用原子转移自由基聚合(ATRP),调节 ω - Mercaptoundecyl bromoisobutyrate (MUBr)与 SBMA 添加摩尔比(1∶5、1∶10、1∶50、1∶100、1∶200),控制喷金玻片表面 polySBMA(图 6-16)的理论链段长度,制备聚磺酸甜菜碱接枝表面材料,并分别标记为 S1、S2、S3、S4、S5。

2. 聚磺酸甜菜碱接枝表面材料的表征

聚磺酸甜菜碱接枝表面材料的静态水接触角如表 6-5 所列,随 polySBMA 链段长度的增加,材料的静态水接触角呈下降的趋势。这是由于 polySBMA 两性离子聚合物具有亲水性，polySBMA 与水分子的氢键作用、正负电荷中心与水分子之间的静电诱导作用，以及聚合物对扩散到其内部的水分子空间上的笼效应，共同降低了表面水分子的迁移，引起聚合物膜附近水分子扩散系数的降低和弛豫时间的增长，形成稳定的水化层。随着 polySBMA 链段长度的增加，镀金表面组装的 polySBMA 分子逐渐将金表面覆盖，见图 6－17，在链段长度为 50 时已经看不到金表面的形貌，当链段长度为 200 时，材料表面呈现的是 polySBMA 高分子膜较规则的形貌。随 SBMA 单体聚合度的增加，polySBMA 两性离子聚合物的柔韧性增加，而 polySBMA 高分子链的柔韧性具有束缚水分子的空间优势，使更多的水分子能够在聚合物表面及聚合物分子链之间稳定存在，材料表面变得更加亲水。

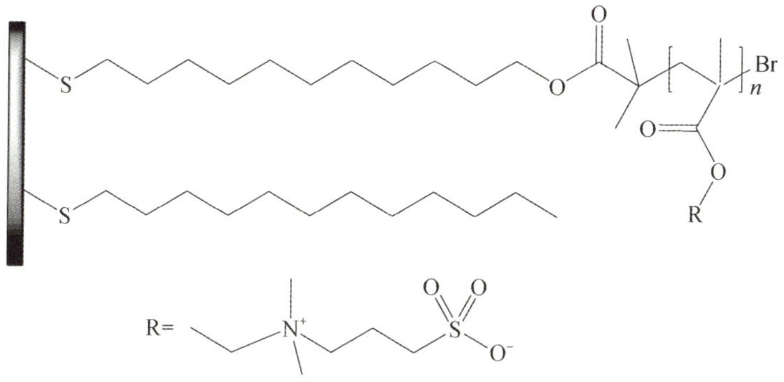

图 6－16　polySBMA 组装膜的化学结构

表 6－5　聚磺酸甜菜碱接枝材料表面的静态水接触角

序号	S1	S2	S3	S4	S5
静态水接触角/(°)	83.8	80.0	75.6	73.8	68.9
标准差	1.4	3.7	2.3	3.0	1.3

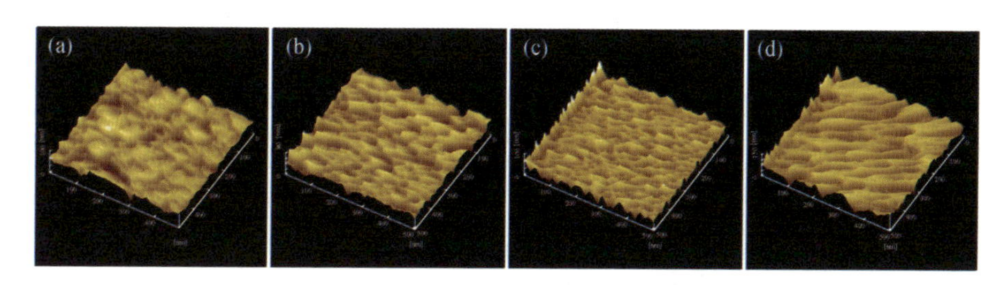

图 6－17　聚磺酸甜菜碱接枝材料的原子力显微镜图

(a) Au；(b) S2；(c) S3；(d) S5。

3. 聚磺酸甜菜碱接枝表面材料的防污性能

硅藻在聚磺酸甜菜碱接枝材料表面的静态附着情况如图 6－18 所示，由图可以看出,随链段长度的增加,硅藻的附着数量逐渐减少。S1 试样表面附着硅藻的数量为 58 个/mm^2,S5 试样表面附着硅藻的数量仅为 22 个/mm^2,S5 试样对硅藻附着的抑制率较 S1 提高了 62%。随 polySBMA 链段长度的增加,聚磺酸甜菜碱接枝材料表面的静态水接触角逐渐降低,硅藻的附着数量逐渐减少。

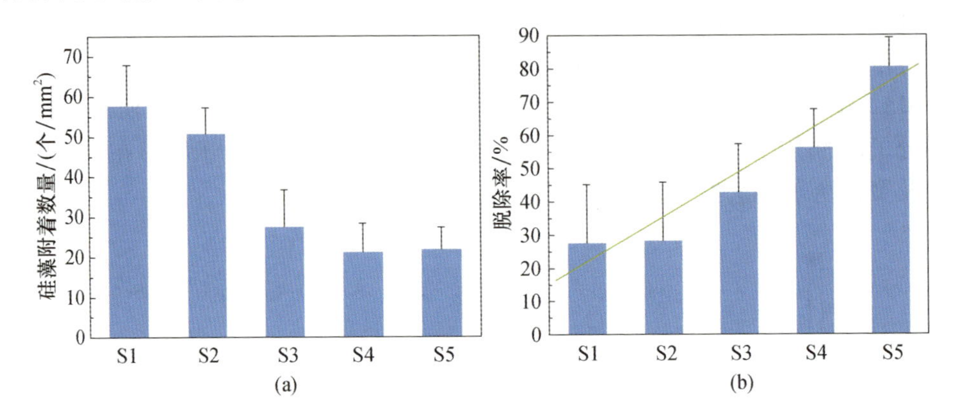

图 6-18 聚磺酸甜菜碱接枝材料表面的硅藻静态附着数量和脱除率

(a)硅藻附着数量;(b)脱除率。

硅藻在附着过程中,EPS 中蛋白糖分子中的蛋白结构部分具有调节细胞附着和滑行的作用,是影响硅藻初始附着的关键。在水环境中,蛋白和聚合物膜会在表面极化出一层紧密结合的水化层,而蛋白在聚合物膜表面的吸附作用是聚合物膜与水化层分子作用之间相互竞争的结果。蛋白质要在聚合物膜表面吸附,首先就要克服水化层的能量势垒,使聚合物膜表面和蛋白质表面去溶剂化,然后蛋白质逐渐接近聚合物膜表面形成附着。随 polySBMA 链段长度的增加,材料表面的水化层更加稳定,蛋白吸附需要克服的能量势垒增大,从而导致硅藻难以附着,静态附着数量大幅减少。

由图 6-18 还可以看出,硅藻在聚磺酸甜菜碱接枝材料表面的脱除率随 polySBMA 链段长度的增加而变大。S1 试样表面硅藻的脱除率仅为 27.5%,而 S5 试样表面硅藻的脱除率高达 80.5%。这个结果与硅藻的脱除率随静态水接触角的增大而减小的规律是一致的。其原因可能是:①硅藻 EPS 的重要成分多糖具有疏水性质,疏水多糖在疏水表面上能够牢固附着,从而导致硅藻的脱除率随静态水接触角的增大而减小;②在靠近聚合物表面时,蛋白会在聚合物膜表面原子的诱导下通过骨架的转动来完成一系列的构象转变,进而与聚合物膜之间通过形成氢键、静电作用、亲/疏水作用,以及尽可能大的接触面积来实现稳定吸附。分子动力学模拟数据显示,疏水表面与蛋白之间在不同距离处均存在吸引力,吸引力随距离的减小逐渐增大,硅藻的附着力较大,不易脱除;而 polySBMA 膜表面对蛋白的作用力要小于疏水表面与蛋白之间的作用力，并且在水化层(0.5nm)附近存在一定的排斥力，因此蛋白在 polySBMA 膜表面的吸附较弱，致使硅藻的附着力较低，容易在水流的冲刷作用下脱除。

低表面能材料表面对于不同污损海洋生物附着的影响是不同的：对于硅藻，静态水接触角高的表面能够减少硅藻的静态附着数量，但硅藻的附着力较高，难以脱除；对于石莼孢子，静态水接触角高的表面石莼孢子的静态附着数量较多，但附着力较低，在外力的作用下容易脱除。由此导致低表面能防污材料难以兼顾静态防污性能与动态防污性能，仅适用于航速较高的船舶。聚磺酸甜菜碱接枝防污表面材料通过改变 polySBMA 链段长度可显著减少硅藻的静态附着数量，并有效降低硅藻的附着力，具有静态防附着和动态易脱除的特点。同时，随 polySBMA 聚合度的增加，聚磺酸甜菜碱接枝防污表面材料的静态防污性能和动态防污性能随之提高，将有助于新型防污材料的设计和研制。

参考文献

[1] CALLOW J A, CALLOW M E, ISTA L K, et al. The influence of surface energy on the wetting behaviour of the spore adhesive of the marine alga *Ulva* linza (synonym *Enteromorpha* linza) [J]. Journal of the Royal Society Interface, 2005, 2(4): 319 – 325.

[2] FINLAY J A, CALLOW M E, ISTA L K, et al. The influence of surface wettability on the adhesion strength of settled spores of the green alga *Enteromorpha* and the diatom *Amphora* [J]. Integrative and Comparative Biology, 2002, 42(6): 1116 – 1122.

[3] BAIER R E, DEPALMA V A. Management of occlusive aterial disease [M]. Chicago: Yearbook Medical Publishers, 1971.

[4] BECKER K. Attachment strength and colonization patterns of two macrofouling species on substrata with different surface tension (in situ studies) [J]. Marine Biology, 1993, 117(2): 301 – 309.

[5] ZHAO Q, WANG S, MÜLLER – STEINHAGEN H. Tailored surface free energy of membrane diffusers to minimize microbial adhesion [J]. Applied Surface Science, 2004, 230(1): 371 – 378.

[6] BRADY R F, SINGER I L. Mechanical factors favoring release from fouling release coatings [J]. Biofouling, 2000, 15(1 – 3): 73 – 81.

[7] BERGLIN M, LÖNN N, GATENHOLM P. Coating modulus and barnacle bioadhesion [J]. Biofouling, 2003, 19(supl): 63 – 69.

[8] CHAUDHURY M K, FINLAY J A, CHUNG J Y, et al. The influence of elastic modulus and thickness on the release of the soft – fouling green alga *Ulva* linza (syn. *Enteromorpha*linza) from poly(dimethylsiloxane) (PDMS) model networks [J]. Biofouling, 2005, 21(1): 41 – 48.

[9] KIM J, NYREN – ERICKSON E, STAFSLIEN S, et al. Release characteristics of reattached barnacles to non – toxic silicone coatings [J]. Biofouling, 2008, 24(4): 313 – 319.

[10] SUN Y, GUO S, WALKER G C, et al. Surface elastic modulus of barnacle adhesive and release characteristics from silicone surfaces[J]. Biofouling, 2004, 20(6): 279 – 289.

[11] CHUNG J Y, CHAUDHURY M K. Soft and hard adhesion[J]. The Journal of Adhesion, 2005, 81 (10 – 11): 1119 – 1145.

[12] KENDALL K. The adhesion and surface energy of elastic solids[J]. Journal of Physics D: Applied Physics, 2002, 4(8): 1186 – 1195.

[13] BRADY JR R F. A fracture mechanical analysis of fouling release from nontoxic antifouling coatings[J]. Progress in Organic Coatings, 2001, 43(1): 188 – 192.

[14] 刘国杰. 氟化改性有机硅的性能及在涂料中应用:第八届全国涂料与涂装技术信息交流会[C]. 广州:中国氟硅有机材料工业协会, 2005.

[15] SOMASUNDARAN P, MEHTA S C, PUROHIT P. Silicone emulsions[J]. Advances in Colloid and Interface Science, 2006, 128 – 130: 103 – 109.

[16] YILGÖR E, YILGÖR İ, YURTSEVER E. Hydrogen bonding and polyurethane morphology. I. Quantum mechanical calculations of hydrogen bond energies and vibrational spectroscopy of model compounds[J]. Polymer, 2002, 43(24): 6551 – 6559.

[17] VORONKOV M G, MILESHKEVICHVP, YUZHELEVSKIYUA, et al. The siloxane bond: Physical properties and chemical transformations[M]. New York: Consultants Bureau, 1978.

[18] HOFMAN D, GONG G, PINCHUK L, et al. Safety and intracardiac function of a silicone – polyurethane elastomer designed for vascular use[J]. Clinical Materials, 1993, 13(1): 95 – 100.

[19] SHIT S C, SHAH P. A review on silicone rubber[J]. National Academy Science Letters, 2013, 36 (4): 355 – 365.

[20] EDUOK U, FAYE O, SZPUNAR J. Recent developments and applications of protective silicone coatings: A review of PDMS functional materials[J]. Progress in Organic Coatings, 2017, 111: 124 – 163.

[21] GALHENAGE T, HOFFMAN D, SILBERT S, et al. Fouling – release performance of silicone oil – modified siloxane – polyurethane coatings[J]. ACS Applied Materials & Interfaces, 2016, 8(42): 29025 – 29036.

[22] MAGIN C M, COOPER S P, BRENNAN A B. Non – toxic antifouling strategies[J]. Materials Today, 2010, 13(4): 36 – 44.

[23] CHAMP M A. A review of organotin regulatory strategies, pending actions, related costs and benefits[J]. Science of the Total Environment, 2000, 258(1): 21 – 71.

[24] LEJARS M, MARGAILLAN A, BRESSY C. Fouling release coatings: A nontoxic alternative to biocidal antifouling coatings[J]. Chemical Reviews, 2012, 112(8): 4347 – 4390.

[25] MIELCZARSKI J, MIELCZARSKI E, GALLI G, et al. The surface – segregated nanostructure of fluorinated copolymer – poly(dimethylsiloxane) blend films[J]. Langmuir, 2009, 26(4): 2871 – 2876.

[26] EKIN A, WEBSTER D C, DANIELS J W, et al. Synthesis, formulation, and characterization of

siloxane – polyurethane coatings for underwater marine applications using combinatorial high – throughput experimentation[J]. Journal of Coatings Technology and Research,2007,4(4):435 – 451.

[27] BODKHE R B,THOMPSON S E M,YEHLE C,et al. The effect of formulation variables on fouling – release performance of stratified siloxane – polyurethane coatings[J]. Journal of Coatings Technology and Research,2012,9(3):235 – 249.

[28] FANG J,KELARAKIS A,WANG D,et al. Fouling release nanostructured coatings based on PDMS – polyurea segmented copolymers[J]. Polymer,2010,51(12):2636 – 2642.

[29] MINCHEVA R,BEIGBEDER A,JEUSETTE M,et al. On the effect of carbon nanotubes on the wettability and surface morphology of hydrosilylation – curing silicone coatings[J]. Journal of Nanostructured Polymers and Nanocomposites,2009,5(2):37 – 43.

[30] KIM S D,KIM J W,IM J S,et al. A comparative study on properties of multi – walled carbon nanotubes(MWCNTs) modified with acids and oxyfluorination[J]. Journal of Fluorine Chemistry, 2007,128(1):60 – 64.

[31] 刘超. 有机硅基聚脲海洋防污材料的制备及性能研究[D]. 广州:华南理工大学,2017.

[32] BEIGBEDER A,DEGEE P,CONLAN S L,et al. Preparation and characterisation of silicone – based coatings filled with carbon nanotubes and natural sepiolite and their application as marine fouling – release coatings[J]. Biofouling,2008,24(4):291 – 302.

[33] GENZER J,EFIMENKO K. Recent developments in superhydrophobic surfaces and their relevance to marine fouling:a review[J]. Biofouling,2006,22(5):339 – 360.

[34] NEINHUIS C,BARTHLOTT W. Characterization and distribution of water – repellent,self – cleaning plant surfaces[J]. Annals of Botany,1997,79(6):667 – 677.

[35] WENZEL R N. Resistance of solid surfaces to wetting by water[J]. Industrial & Engineering Chemistry,1936,28(8):988 – 994.

[36] CASSIE A B D,BAXTER S. Wettability of porous surfaces[J]. Transactions of the Faraday Society,1944,40:546 – 551.

[37] JOPP J,GRüLL H,YERUSHALMI – ROZEN R. Wetting behavior of water droplets on hydrophobic microtextures of comparable size[J]. Langmuir,2004,20(23):10015 – 10019.

[38] BICO J,THIELE U,QUÉRÉ D. Wetting of textured surfaces[J]. Colloids and Surfaces A:Physicochemical and Engineering Aspects,2002,206(1):41 – 46.

[39] SHIRTCLIFFE N J,MCHALE G,NEWTON M I,et al. Superhydrophobic copper tubes with possible flow enhancement and drag reduction[J]. ACS Applied Materials & Interfaces,2009,1(6):1316 – 1323.

[40] LAU K,BICO J,TEO K,et al. Superhydrophobic carbon nanotube forests[J]. Nano Letters, 2003,3(12):1701 – 1705.

[41] HSIEH C T,YANG S Y,LIN J Y. Electrochemical deposition and superhydrophobic behavior of ZnO nanorod arrays[J]. Thin Solid Films,2010,518(17):4884 – 4889.

[42] LI M,ZHAI J,LIU H,et al. Electrochemical deposition of conductive superhydrophobic zinc oxide

thin films[J]. Journal of Physical Chemistry B,2003,107(37):9954 – 9957.

[43] WU X D,ZHENG L J,WU D. Fabrication of superhydrophobic surfaces from microstructured ZnO – based surfaces via a wet – chemical route[J]. Langmuir,2005,21(7):2665 – 2667.

[44] MING W,WU D,VAN BENTHEM R,et al. Superhydrophobic films from raspberry – like particles[J]. Nano Letters,2005,5(11):2298 – 2301.

[45] JABER J A,SCHLENOFF J B. Recent developments in the properties and applications of polyelectrolyte multilayers[J]. Current Opinion in Colloid & Interface Science,2006,11(6):324 – 329.

[46] JISR R M,RMAILE H H,SCHLENOFF J B. Hydrophobic and ultrahydrophobic multilayer thin films from perfluorinated polyelectrolytes[J]. Angewandte Chemie International Edition,2005,44(5):782 – 785.

[47] ZHAO N,XIE Q,WENG L,et al. Superhydrophobic surface from vapor – induced phase separation of copolymer micellar solution[J]. Macromolecules,2005,38(22):8996 – 8999.

[48] ZHAO N,XU J,XIE Q,et al. Fabrication of biomimetic superhydrophobic coating with a micro – nano – binary structure[J]. Macromolecular Rapid Communications,2005,26(13):1075 – 1080.

[49] ERBIL H Y,DEMIREL A L,AVCı Y,et al. Transformation of a simple plastic into a superhydrophobic surface[J]. Science,2003,299(5611):1377 – 1380.

[50] JIANG L,ZHAO Y,ZHAI J. A lotus – leaf – like superhydrophobic surface: A porous microsphere/nanofiber composite film prepared by electrohydrodynamics[J]. Angewandte Chemie(International ed. in English),2004,43(33):4338 – 4341.

[51] SCARDINO A J,ZHANG H,COOKSON D J,et al. The role of nano – roughness in antifouling[J]. Biofouling,2009,25(8):757 – 767.

[52] ZHANG H, LAMB R, LEWIS J. Engineering nanoscale roughness on hydrophobic surface – preliminary assessment of fouling behaviour[J]. Science and Technology of Advanced Materials, 2005,6(3):236 – 239.

[53] POETES R,HOLTZMANN K,FRANZE K,et al. Metastable underwater superhydrophobicity[J]. Physical Review Letters,2010,105(16):166104.

[54] SAMAHA M,TAFRESHI H,GAD – EL – HAK M. Sustainability of superhydrophobicity under pressure[J]. Physics of Fluids,2012,24(11):112103.

[55] BARTH C A,SAMAHA M A,TAFRESHI H V,et al. Convective air mass transfer in submerged superhydrophobic surfaces[C]. Pittsburgh:Bulletin of the American Physical Society,2012.

[56] EMAMI B,BUCHER T M,TAFRESHI H V,et al. Simulation of meniscus stability in superhydrophobic granular surfaces under hydrostatic pressures[J]. Colloids and Surfaces A:Physicochemical and Engineering Aspects,2011,385(1):95 – 103.

[57] LEI L,LI H,SHI J,et al. Diffraction patterns of a water – submerged superhydrophobic grating under pressure[J]. Langmuir,2010,26(5):3666 – 3669.

[58] 吕鹏宇,薛亚辉,段慧玲. 超疏水材料表面液 – 气界面的稳定性及演化规律[J]. 力学进展,2016,46(1):179 – 225.

[59] BOBJI M, KUMAR S, ASTHANA A, et al. Underwater sustainability of the "cassie" state of wetting[J]. Langmuir: the ACS Journal of Surfaces and Colloids, 2009, 25(20): 12120 - 12126.

[60] SAMAHA M, TAFRESHI H, GAD - EL - HAK M. Influence of flow on longevity of superhydrophobic coatings[J]. Langmuir: the ACS Journal of Surfaces and Colloids, 2012, 28(25): 9759 - 9766.

[61] SAMAHA M, TAFRESHI H, GAD - EL - HAK M. Modeling drag reduction and meniscus stability of superhydrophobic surfaces comprised of random roughness[J]. Physics of Fluids, 2011, 23(1): 012001.

[62] LEWIS A L. Phosphorylcholine - based polymers and their use in the prevention of biofouling[J]. Colloids and Surfaces B: Biointerfaces, 2000, 18(3): 261 - 275.

[63] 张恒，王华，蔺存国，等. 聚合物防污材料表面水化层的分子动力学模拟[J]. 化学学报，2013, 71(4): 649 - 656.

[64] 张恒，胡立梅，蔺存国，等. 溶菌酶蛋白与聚合物防污膜相互作用的分子动力学模拟[J]. 高分子学报，2014(1): 99 - 106.

[65] LIND J L, HEIMANN K, MILLER E A, et al. Substratum adhesion and gliding in a diatom are mediated by extracellular proteoglycans[J]. Planta, 1997, 203(2): 213 - 221.

[66] 董磊，刘永志，等. 水凝胶海洋防污材料研究进展[J]. 工程塑料应用，2020, 48(4): 155 - 158.

[67] 席征，蒿银伟，张志国，等. 化学交联聚乙二醇水凝胶的制备方法[J]. 化学推进剂与高分子材料，2011, 9(3): 36 - 43.

[68] EKBLAD T, BERGSTRöM G, EDERTH T, et al. Poly(ethylene glycol) - containing hydrogel surfaces for antifouling applications in marine and freshwater environments[J]. Biomacromolecules, 2008, 9(10): 2775 - 2783.

[69] LUNDBERG P, BRUIN A, KLIJNSTRA J W, et al. Poly(ethylene glycol) - based thiol - ene hydrogel coatings - curing chemistry, aqueous stability, and potential marine antifouling applications[J]. ACS Applied Materials & Interfaces, 2010, 2(3): 903 - 912.

[70] 周学华，刘克硕，叶海木，等. 高强度多孔聚乙烯醇水凝胶的制备[J]. 合成材料老化与应用，2016, 45(4): 16 - 21.

[71] RASMUSSEN K, OSTGAARD K. Adhesion of the marine bacterium *Pseudomonas* sp. NCIMB 2021 to different hydrogel surfaces[J]. Water Research, 2003, 37(3): 519 - 524.

[72] WU G, LI C C, JIANG X H, et al. Highly efficient antifouling property based on self - generating hydrogel layer of polyacrylamide coatings[J]. Journal of Applied Polymer Science, 2016, 133(42): 1 - 11.

[73] HE H K, ADZIMA B, ZHONG M J, et al. Multifunctional photo - crosslinked polymeric ionic hydrogel films[J]. Polymer Chemistry, 2014, 5(8): 2824 - 2835.

[74] FAN L H, YANG J, WU H, et al. Preparation and characterization of quaternary ammonium chitosan hydrogel with significant antibacterial activity[J]. International Journal of Biological Macromolecules, 2015, 79: 830 - 836.

[75] VENAULT A, ZHENG Y S, CHINNATHAMBI A, et al. Stimuli - responsive and hemocompatible

pseudozwitterionic interfaces[J]. Langmuir,2015,31(9):2861 -2869.

[76] ESHET I,FREGER V,KASHER R,et al. Chemical and physical factors in design of antibiofouling polymer coatings[J]. Biomacromolecules,2011,12(7):2681 -2685.

[77] MUROSAKI T,NOGUCHI T,KAKUGO A,et al. Antifouling activity of synthetic polymer gelsagainst cyprids of the barnacle(*Balanus amphitrite*) in vitro[J]. Biofouling,2009,25(4):313 -320.

[78] MUROSAKI T,AHMED N,GONG J P. Antifouling properties of hydrogels[J]. Science & Technology of Advanced Materials,2011,12(6):1 -7.

[79] EKBLAD T,BERGSTRöM G,EDERTH T,et al. Poly(ethylene glycol) - containing hydrogel surfaces for antifouling applications in marine and freshwater environments[J]. Biomacromolecules,2008,9(10):2775 -2783.

[80] ZHANG Z,WANG J,TU Q,et al. Surface modification of PDMS by surface - initiated atom transfer radical polymerization of water - soluble dendronized PEG methacrylate[J]. Colloids & Surfaces B:Biointerfaces,2011,88(1):85 -92.

[81] FENG W,BRASH J L,ZHU S. Non - biofouling materials prepared by atom transfer radical polymerization grafting of 2 - methacryloloxyethyl phosphorylcholine:Separate effects of graft density and chain length on protein repulsion[J]. Biomaterials,2006,27(6):847 -855.

[82] LI L,CHEN S,ZHENG J,et al. Protein adsorption on oligo(ethylene glycol) - terminated alkanethiolate self - assembled monolayers:The molecular basis for nonfouling behavior[J]. The Journal of Physical Chemistry B,2005,109(7):2934 -2941.

[83] VAISOCHEROVA H,YANG W,ZHANG Z,et al. Ultralow fouling and functionalizable surface chemistry based on a zwitterionic polymer enabling sensitive and specific protein detection in undiluted blood plasma[J]. Analytical Chemistry,2008,80(20):7894 -7901.

[84] LADD J,ZHANG Z,CHEN S,et al. Zwitterionic polymers exhibiting high resistance to nonspecmc protein adsorption from human serum and plasma[J]. Biomacromolecules,2008,9(5):1357 -1361.

[85] ZHANG Z,VAISOCHEROVA H,CHENG G,et al. Nonfouling behavior of polycarboxybetaine - grafted surfaces:Structural and environmental effects[J]. Biomacromolecules,2008,9(10):2686 -2692.

[86] GOODING J J,CIAMPI S. The molecular level modification of surfaces:From self - assembled monolayers to complex molecular assemblies[J]. Chemical Society Reviews,2011,40(5):2704 -2718.

[87] LEE H,DELLATORE S M,MILLER W M,et al. Mussel - inspired surface chemistry for multifunctional coatings[J]. Science,2007,318(5849):426 -430.

[88] WANG R,HASHIMOTO K,FUJISHIMA A,et al. Light - induced amphiphilic surfaces[J]. Nature,1997,388(6641):431 -432.

[89] ZUBKOV T,STAHL D,THOMPSON T L,et al. Ultraviolet light - induced hydrophilicity effect on TiO_2(110)(1 ×1). Dominant role of the photooxidation of adsorbed hydrocarbons causing wet-

ting by water droplets[J]. The Journal of Physical Chemistry B,2005,109(32):15454 – 15462.

[90] RICO V,ROMERO P,HUESO J L,et al. Wetting angles and photocatalytic activities of illuminated TiO_2 thin films[J]. Catalysis Today,2009,143(3 – 4):347 – 354.

[91] CHEN Y,ZHANG C,HUANG W,et al. Synthesis of porous ZnO/TiO_2 thin films with superhydrophilicity and photocatalytic activity via a template – free sol – gel method[J]. Surface & Coatings Technology,2014,258:531 – 538.

[92] MORRA M. On the molecular basis of fouling resistance[J]. Journal of Biomaterials Science, Polymer Edition,2000,11(6):547 – 569.

[93] HALPERIN A. Polymer brushes that resist adsorption of model proteins: Design parameters[J]. Langmuir,1999,15(7):2525 – 2533.

[94] PASCHE S,GRIESSER H J,et al. Effects of ionic strength and surface charge on protein adsorption at PEGylated surfaces[J]. Journal of Physical Chemistry B,2005,109(37):17545 – 17552.

[95] UNSWORTH L D,SHEARDOWN H,BRASH J L. Protein resistance of surfaces prepared by sorption of end – thiolated poly(ethylene glycol) to gold: Effect of surface chain density[J]. Langmuir,2005,21(3):1036 – 1041.

[96] HERRWERTH S,ECK W,REINHARDT S,et al. Factors that determine the protein resistance of oligoether self – assembledmonolayers – internal hydrophilicity,terminal hydrophilicity,and lateral packing density[J]. Journal of the American Chemical Society,2003,125(31):9359 – 9366.

[97] PRIME K L,WHITESIDES G M. Adsorption of proteins onto surfaces containing end – attached oligo(ethylene oxide): a model system using self – assembled monolayers[J]. Journal of the American Chemical Society,1993,115(23):10714 – 10721.

[98] ZHENG J,LI L,CHEN S,et al. Molecular simulation study of water interactions with oligo(ethylene glycol) – terminated alkanethiol self – assembled monolayers[J]. Langmuir,2004,20(20): 8931 – 8938.

[99] HENG Z,LIM H,CUNG L,et al. Molecular dynamics simulation of interaction between lysozyme and non – fouling polymer membranes[J]. Acta Polymerica Sinica,2014,014(1):99 – 106.

[100] GUDIPATI C S,FINLAY J A,CALLOW J A,et al. The antifouling and fouling – release performance of hyperbranched fluoropolymer(HBFP) – poly(ethylene glycol)(PEG) composite coatings evaluated by adsorption of biomacromolecules and the green fouling alga Ulva[J]. Langmuir,2005,21(7):3044 – 3053.

[101] IMBESI P M, FINLAY J A, ALDRED N, et al. Targeted surface nanocomplexity: two – dimensional control over the composition,physical properties and anti – biofouling performance of hyperbranched fluoropolymer – poly(ethylene glycol) amphiphilic crosslinked networks[J]. Polymer Chemistry,2012,3(11):3121 – 3131.

[102] MARTINELLI E,GUNES D,WENNING B M,et al. Effects of surface – active block copolymers with oxyethylene and fluoroalkyl side chains on the antifouling performance of silicone – based films[J]. Biofouling,2016,32(1):81 – 93.

[103] MARTINELLI E, AGOSTINI S, GALLI G, et al. Nanostructured films of amphiphilic fluorinated block copolymers for fouling release application[J]. Langmuir, 2008, 24(22): 13138 - 13147.

[104] PARK D, PAIK M Y, KRISHNAN S, et al. ABC triblock surface active block copolymer with grafted ethoxylated fluoroalkyl amphiphilic side chains for marine antifouling/fouling - release applications[J]. Langmuir, 2009, 25(20): 12266 - 12274.

[105] PARK D, WEINMAN C J, FINLAY J A, et al. Amphiphilic surface active triblock copolymers with mixed hydrophobic and hydrophilic side chains for tuned marine fouling - release properties[J]. Langmuir, 2010, 26(12): 9772 - 9781.

[106] KRISHNAN S, WANG N, OBER C K, et al. Comparison of the fouling release properties of hydrophobic fluorinated and hydrophilic pegylated block copolymer surfaces: attachment strength of the diatom navicula and the green alga *Ulva*[J]. Biomacromolecules, 2006, 7(5): 1449 - 1462.

[107] FAŸ F, HAWKINS M L, RÉHEL K, et al. Non - toxic, anti - fouling silicones with variable peo - silanern amphiphile content[J]. Green Materials, 2016, 4(2): 53 - 62.

[108] DESIMONE J M, WANG Y, BETTS D E, et al. Photocurable amphiphilic perfluoropolyether/poly(ethylene glycol) networks for fouling - release coatings[J]. Macromolecules, 2011, 44(4): 878 - 885.

[109] WANG Y P, PITET L M, FINLAY J A, et al. Investigationof the role of hydrophilic chain length in amphiphilic perfluoropolyether/poly(ethylene glycol) networks: towards high - performance antifouling coatings[J]. Biofouling, 2011, 27(10): 1139 - 1150.

[110] WANG Y P, FINLAY J A, et al. Amphiphilic co - networks with moisture - induced surface segregation for high - performance nonfouling coatings[J]. Langmuir, 2011, 27(17): 10365 - 10369.

[111] LIU H, FENG L, ZHAI J, et al. Reversible wettability of a chemical vapor deposition prepared zno film between superhydrophobicity and superhydrophilicity[J]. Langmuir, 2004, 20(14): 5659 - 5661.

[112] SONG R, LIANG J, LIN L, et al. A facile construction of gradient micro - patterned ocp coatings on medical titanium for high throughput evaluation of biocompatibility[J]. Journal of Materials Chemistry B, 2016, 4(22): 4017 - 4024.

[113] FAN X, JIA X, ZHANG H, et al. Synthesis of raspberry - like poly(styrene - glycidyl methacrylate) particles via a one - step soap - free emulsion polymerization process accompanied by phase separation[J]. Langmuir, 2013, 29(37): 11730 - 11741.

[114] SHI F, WANG Z, ZHANG X. Combining a layer - by - layer assembling technique with electrochemical deposition of gold aggregates to mimic the legs of water striders[J]. Advanced Materials, 2005, 17(8): 1005 - 1009.

[115] YOUNG T. An essay on the cohesion of fluids[J]. Philosophical Transactions of the Royal Society of London, 1805, 95: 65 - 87.

[116] HOORFAR M, NEUMANN A W. Recent progress in axisymmetric drop shape analysis(adsa)[J]. Advances in Colloid and Interface Science, 2006, 121(1 - 3): 25 - 49.

[117] SAAD S M I,POLICOVA Z,ACOSTA E J,et al. Range of validity of drop shape techniques for surface tension measurement[J]. Langmuir,2010,26(17):14004 - 14013.

[118] 杜文琴,巫莹柱. 接触角测量的量高法和量角法的比较[J]. 纺织学报,2007,28(7):29 - 32,37.

[119] 王晓东,彭晓峰,陆建峰,等. 接触角测试技术及粗糙表面上接触角的滞后性Ⅰ:接触角测试技术[J]. 应用基础与工程科学学报,2003,11(2):174 - 184.

[120] FURMIDGE C G L. Studies at phase interfaces. I. The sliding of liquid drops on solid surfaces and a theory for spray retention[J]. Journal of Colloid Science,1962,17(4):309 - 324.

[121] FOWKES F M. Determination of interfacial tensions,contact angles,and dispersion forces in surfaces by assuming additivity of intermolecular interactions in surfaces [J]. Journal of Physical Chemistry,1962,66(2):382 - 382.

[122] OWENS D K,WENDT R C. Estimation of the surface free energy of polymers[J]. Journal of Applied Polymer Science,1969,13(8):1741 - 1747.

[123] WU S. Calculation of interfacial tension in polymer systems[J]. Journal of Polymer Science: Polymer Symposia,1971,34(1):19 - 30.

[124] VAN OSS C J,GOOD R J,CHAUDHURY M K. The role of van der waals forces and hydrogen bonds in “hydrophobic interactions” between biopolymers and low energy surfaces[J]. Journal of Colloid and Interface Science,1986,111(2):378 - 390.

[125] VAN OSS C J,CHAUDHURY M K,GOOD R J. Interfacial lifshitz - van der waals and polar interactions in macroscopic systems[J]. Chemical Reviews,1988,88(6):927 - 941.

[126] NEUMANN A W,GOOD R J,HOPE C J,et al. An equation - of - state approach to determine surface tensions of low - energy solids from contact angles[J]. Journal of Colloid and Interface Science,1974,49(2):291 - 304.

[127] LI D,NEUMANN A W. A reformulation of the equation of state for interfacial tensions[J]. Journal of Colloid and Interface Science,1990,137(1):304 - 307.

[128] LI D,NEUMANN A W. Contact angles on hydrophobic solid surfaces and their interpretation[J]. Journal of Colloid and Interface Science,1992,148(1):190 - 200.

[129] ZHANG J W,LIN C G,WANG L,et al. The influence of water contact angle on the colonization of diatoms(naviculasp and pinnulariasp) and ulva spores(pertusa)[J]. Key Engineering Materials,2013,562 - 565:1229 - 1233.

[130] 张金伟,蔺存国,王彩萍,等. 聚磺酸甜菜碱接枝表面材料对硅藻附着的影响[J]. 腐蚀与防护,2014,35(1):210 - 213.

第7章

动物黏液功能仿生防污材料

动物黏液是动物分泌的一种凝胶状的湿滑液体，非水成分主要为黏蛋白、多糖、脂肪及无机盐，并含有抗菌物质，如溶菌酶、免疫球蛋白等，黏附于各种组织表面，在作为生物体保护性屏障和润滑方面有重要作用，是一种常见的生理现象。动物黏液层对外来细菌、毒素入侵的屏蔽（或抑制）作用与其水凝胶特性和免疫抗菌活性物质密切相关，这启发了动物黏液功能仿生防污材料的相关研究。

7.1 自然界动物的黏液

动物黏液可以分为体表黏液和体内黏液。体表黏液，如无鳞鱼泥鳅、鳗鲡和有鳞鱼葛氏鲈塘鳢、黄颡鱼等，由体表黏液细胞分泌；体内黏液，如人体消化道黏液主要由食道的囊状细胞、胃表面的上皮细胞以及肠道上皮的杯状细胞所分泌。动物黏液的分泌以及黏附对维持动物体的生命活动有重要意义[1]：一方面，通过屏障效应为细胞和组织提供免疫抗菌、保湿、润滑等功能；另一方面，通过黏附作用附着于有机体表面并黏附环境物质，为动物提供良好的体表微环境，有利于动物生存。

7.1.1 鱼类体表黏液

自然状态下鱼类分泌黏液是连续进行的，对鱼类呼吸、维持离子和渗透平衡、繁殖、排泄、防止微生物污染等过程非常重要，是鱼体与水环境接触的第一道物理和化学屏障。研究发现，大菱鲆鱼和香鱼在含有鳗弧菌的环境下，被刮去体表黏液后死亡率会显著上升[2-3]，表明体表黏液具有一定免疫抗菌作用；黄斑蓝子鱼体表黏液对金黄色葡萄球菌、霍乱弧菌、海豚链球菌、温和气单胞菌、溶藻弧菌和副溶血弧菌等细菌，以及刺激隐核虫、多子小瓜虫、布氏锥虫等寄生虫具有明显的抑制或杀灭效果[4]。

1. 体表黏液的分泌

鱼类皮肤的上皮组织中分布着大量的黏液细胞，黏液细胞是由基底膜正上方表皮生发层（即马氏层）的普通表皮细胞发育而来的[5]，有棒状、杯状和囊状等不同形态，其中杯状细胞最常见，是黏液分泌的生理基础。

在鱼的不同发育阶段，黏液细胞有所不同[5]。在形成阶段，一些表皮细胞经过修饰而转变为黏液细胞，在该阶段，黏液细胞只存在于表皮的生发层中，其形态学特征是：细胞为圆形，体积小，强烈 PAS（过碘酸 - Schiff 染色，即糖原染色）阳性反应。在成熟阶段，黏液细胞产生并积累了大量糖胺聚糖、黏蛋白等物质，其形态学特征为：整个细胞变长变大，细胞位于黏膜的中间层，PAS 阳性反应。在功能阶段，成熟的黏液细胞开口释放出大量的黏蛋白等黏液物质，黏液细胞的突起与周围的上皮细胞相接触，形成了镶嵌连接，黏液细胞位于黏膜的外周，与 PAS 反应为阳性。在退化阶段，当细胞释放出黏液以后，细胞变空，PAS 反应，着色很弱。

依据 AB - PAS（Alcian blue 与过碘酸 - Schiff 联合染色法）结果[6]，也可将黏液细胞分为 4 大类：Ⅰ型为红色，AB 阴性，PAS 阳性，含有中性糖胺聚糖；Ⅱ型为蓝色，AB 阳性，PAS 阴性，含有酸性糖胺聚糖；Ⅲ型为紫红色，AB 与 PAS 均为阳性，同时含有较多的中性糖胺聚糖和部分酸性糖胺聚糖；Ⅳ型为蓝紫色，AB 与 PAS 均为阳性，含有部分中性糖胺聚糖和较多的酸性糖胺聚糖。一般无鳞鱼黏液细胞比有鳞鱼多，深水层鱼类黏液细胞比浅水层鱼类多，鱼体前部比后部多，鳍部黏液细胞数比身体其他部位都少。葛氏鲈塘鳢、黄颡鱼以及泥鳅 3 种底栖淡水鱼类皮肤中黏液细胞分布数据（图 7 - 1）表明，葛氏鲈塘鳢黏液细胞集中分布在头部，体表黏液细胞中Ⅲ型细胞居多，黄颡鱼背部黏液细胞数量多，体表黏液细胞中Ⅰ型细胞最多，泥鳅背部具有丰富的黏液细胞，Ⅱ型细胞数量最为丰富；此外，无鳞鱼泥鳅体表的平均黏液细胞数量较葛氏鲈塘鳢、黄颡鱼多近 40%[7]。

环境因素也对黏液的分泌有影响。温度：在一定范围内，随外界温度的升高，鱼类体表黏液分泌量也逐渐增加[8]，但在高温条件下鱼类的体表黏液容易变性失活。如泥鳅体表黏液的流变行为研究发现，当温度高于 35℃ 时黏液变性，流变行为亦随之改变[9]。渗透压：将海水鱼转移到淡水中，其体表黏液的蛋白组分以及含量都会发生明显变化[10]。生理刺激：鱼类在生理状态异常或受到刺激时也会分泌大量黏液，如盲鳗在吃食、紧张或者愤怒时会因刺激分泌大量黏液，受挤压后产生黏液的组成也与正常黏液有所不同，溶解酶活性提高大约两倍，碱性磷酸酶、组织蛋白酶和蛋白酶含量比正常黏液增加 3 ~ 5 倍。其他的一些物理、化学及生物刺激也会引起鱼类在黏液分泌方面的保护性反应，但超过其最大容受限度时，其黏液分泌功能将遭到破坏[11]。

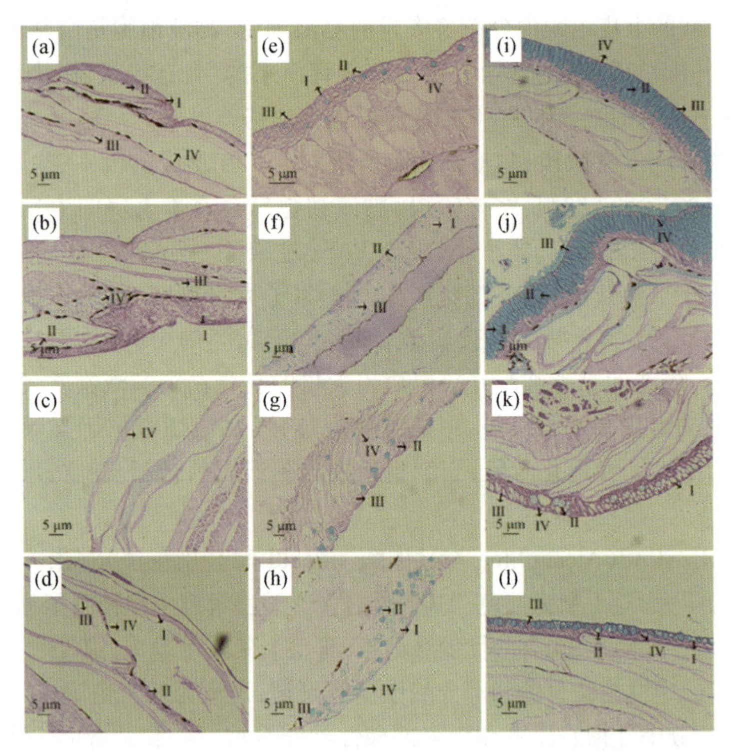

图 7-1　葛氏鲈塘鳢、黄颡鱼和泥鳅皮肤中黏液细胞在显微镜下观察(AB-PAS)[7]

(a)葛氏鲈塘鳢头部(100×)；(b)葛氏鲈塘鳢背部(100×)；(c)葛氏鲈塘鳢腹部(100×)；(d)葛氏鲈塘鳢尾部(100×)；(e)黄颡鱼头部(100×)；(f)黄颡鱼背部(40×)；(g)黄颡鱼腹部(100×)；(h)黄颡鱼尾部(100×)；(i)泥鳅头部(100×)；(j)泥鳅背部(100×)；(k)泥鳅腹部(100×)；(l)泥鳅尾部(100×)。

2. 鱼类体表黏液的组成与防污作用

鱼类体表黏液的主要成分为水，约占80%以上；非水物质含量较少，其中蛋白含量一般在50%以上，脂肪、氨基酸、多糖等含量次之。泥鳅体表黏液为无色透明凝胶状物质，非水物质仅占0.54%，其中蛋白质约占50%，脂肪和氨基酸大约各占20%，多糖仅占10%。

1）多糖类物质及其水凝胶屏障作用

泥鳅体表黏液的流变特性研究表明[12]，黏液呈现软凝胶的特性，这种特性使黏液附着在泥鳅的体表而不扩散到水中，形成一道亲水性的自然屏障，避免致病微生物入侵。泥鳅体表黏液主要由蛋白质、脂肪、氨基酸和多糖组成，其中仅多糖具有水溶性大分子链结构，对黏液的流变行为影响最大。多糖主要由分子量差别很大的两部分组成：重均分子量约 3.8×10^3 的寡糖，约占总糖含量的96%；重均分子量约 2.3×10^6 的多糖，约占总糖含量的4%，即在泥鳅体表黏液中，大分子多糖的含量仅为0.002%。推测认为[12]，水溶性的多糖分子链上连有带负电的蛋白质分子和疏水性脂肪基团，蛋白质分子之间的静电排斥作用使多糖分子链极为伸展，疏水基团缔合成的疏水区域在多糖分子链间起到物理交联的作用，从而形成网络结构，使黏液在极低的浓度下即可呈现凝胶屏蔽作用，同时疏水脂肪基团的存在也使黏液不易溶解到水中，减少黏液物质的消耗。

2）蛋白类物质及其抗菌免疫作用

蛋白类物质是鱼类体表黏液非水组分的主要组成，其中免疫球蛋白（Ig）、凝集素、溶菌酶和一些抗病毒（细菌）蛋白和肽类[13]在鱼类的免疫抗菌系统中发挥着重要的作用。Ig是具有抗体活性或化学结构上与抗体相似的球蛋白，主要作用是与抗原起免疫反应，生成抗体－抗原复合物，使病原体失去致病作用[14]。凝集素是一种与糖类结合的蛋白，既不是抗体类也非酶类，具有糖专一性，可促进细胞凝集，是鱼类体表黏液中的重要天然免疫因子[15]。如提取自日本鳗鲡的凝集素AJL－1、AJL－2具有较强的抵抗病原微生物能力，对致病菌、链球菌属均表现凝集活性；而从红鳍东方鲀体表黏液中提取的凝集素pufflectin与细菌并不发生凝集反应，但对寄生虫具有凝集活性。溶菌酶是一种能水解致病菌中糖胺聚糖的碱性酶，可使细胞壁不溶性糖胺聚糖分解成可溶性糖肽，导致细胞壁破裂，内容物溢出而使细菌溶解。此外，在鱼类体表黏液中还发现丝氨酸和半胱氨酸蛋白水解酶可以溶解寄生物，保护机体免受细菌和原生动物的侵袭；转铁蛋白可通过剥夺细菌基本营养物质，延长细菌增殖的时间实现抗菌作用。

7.1.2　哺乳动物体内黏液

哺乳动物体内黏液广泛分布于各种器官中，如呼吸道、消化道等都存在大量类似凝胶性质的黏液层，可为以上器官提供物理和生物化学上的保护。如呼吸道黏液能黏附吸入空气中的微粒，并通过呼吸道中黏膜纤毛（或黏蛋白纤维）清除吸收；胃黏液具有物理屏障作用，还含有免疫分子，能对病原体做出保护性免疫应答。肠道作为哺乳动物最大的器官之一，不仅具有消化吸收功能，还要抵抗肠腔内细菌和毒素入侵，维持着肠道内环境的平衡。肠黏液层覆盖在肠上皮细胞表面，是肠道避免细菌入侵多重防御体系的重要防线，一旦这一防线的完整性被破坏，外源性有害物质（细菌、毒素等）可入侵肠道组织，造成炎症和组织损伤。

1. 肠道黏液的分泌与组成

杯状细胞是肠上皮中专门分泌黏液的细胞，黏液从杯状细胞分泌后，迅速膨胀并附着于上皮，形成致密的黏液层[16-19]。肠黏液主要由黏蛋白（主要为糖蛋白)组成,另外含有约2%的脂质和90%~95%的水、盐、细胞、电解质和其他细胞碎片的混合成分。黏蛋白是高分子糖蛋白,由寡糖通过糖苷键与黏液蛋白骨架上的丝氨酸或苏氨酸残基结合,按照表达组织特异性大致分为分泌型和细胞膜联合型。在小肠和结肠内,Muc2是主要的分泌型黏蛋白,蛋白单体由5000多个富含脯氨酸、丝氨酸和苏氨酸的结构域的氨基酸组成,后者与糖苷键共同连接到许多长度不同的寡糖侧链。Muc2黏蛋白单体高度糖基化的中心结构域在任一侧连接半胱氨酸富集结构域,包括半胱氨酸结构域和血管性血友病因子(vWF)的4个D结构域,并分别参与二聚化和寡聚化,形成高度黏稠的凝胶黏蛋白网络[20]。

2. 肠道黏液层的抑菌屏障作用

人体每天有将近10L的黏液分泌到胃肠道中,其中胃黏液层约180μm,结直肠黏液层约110~160μm。结直肠黏液分为两层,致密的内黏液层黏附在上皮细胞表面,通常是无菌的,外黏液层是内黏液层通过蛋白水解作用,转化成的可溶的、可供共生菌栖息的疏松结构。内黏液层具有重要的物理屏障作用,阻止细菌与上皮层接触[21-24],如黏蛋白Muc2表达缺陷的自发性肠炎动物模型,因缺乏黏液层保护结构,导致大量细菌频繁与上皮接触或侵犯隐窝结构,诱发炎症发生[25]。小肠的黏液层较薄[25],主要为杯状细胞分泌的黏液和潘氏细胞分泌的防御素和免疫球蛋白等抗菌物质,其主要作用为保护隐窝和隐窝基底部的干细胞不受细菌的侵犯,其次是润滑肠道、协助营养物质吸收。潘氏细胞主要分布在小肠肠腺,细胞内颗粒的一些成分,如溶菌酶、α-防御素(HD-5,Cryp)等具有抗菌活性[26-28],α-防御素还可随小肠内容物进入结肠,参与结肠的宿主防御[29]。

7.2 动物黏液功能仿生防污材料

鱼类表皮和哺乳动物体内器官组织通过分泌黏液层,对外来细菌、毒素的入侵产生屏蔽和抑制作用,从已有生物黏液分泌行为和黏液层组成的研究结果来看,其实现防污染(感染)的途径主要有3种方式:

(1)持续分泌黏蛋白形成可更新的高含水黏液层,黏液层具有一定的水凝胶特性,对微生物入侵(附着)具有物理屏障作用;

(2)黏液层中含有的一些免疫球蛋白、凝集素、溶菌酶、α-防御素等活性物质,具有一定免疫抗菌作用;

(3)物理屏障与活性物质协同作用。

受动物黏液免疫抗菌功能的启发,动物黏液仿生防污材料研究的主要途径也对应有3种:

(1)仿生黏液聚合物从基体中持续渗出(即渗脂),在材料表面形成物理屏蔽层,防止污损生物直接与材料基体接触;

(2)提取或化学模拟合成具有防污活性的小分子物质,利用驱避、拮抗等作用防止污损生物附着(详见第 3 章论述);

(3)物理屏蔽与防污活性物质协同防污。

7.2.1 渗脂型防污材料

1. 水凝胶渗出型防污材料

前面的论述中已提到,水凝胶材料具有良好的防污效果,但单独用于防污还存在较多的问题需要解决,如与基底的附着力问题、海洋环境使用的耐久性问题等,将水凝胶聚合物以助剂方式与防污基材结合,以渗“脂”方式迁移到材料表面形成水凝胶层,是解决以上问题的途径之一。

Lin 等[30-32]将改性聚丙烯酰胺共聚物和改性聚丙烯酰胺微球添加到有机硅树脂中,制备了可通过释放亲水性丙烯酰胺在表面形成不断更新的水凝胶层的防污材料,相对于低表面能有机硅材料,该复合涂层对硅藻附着的抑制率提高了 55%,贻贝足丝的附着数量减少了 50% 以上。Xie 等[33]通过氮丙啶交联剂、甲基丙烯酸甲酯、丙烯酸和甲基丙烯酸三丁基硅烷酯制备了一种自抛光涂料,在海水环境中随着 TBSM 水解形成一种动态水凝胶层,浅海挂板两个月的结果表明,添加更多的 TBSM 可以得到更亲水的表面和更好的防污性能。Hong 等[34]通过丙烯酰胺和甲基丙烯酸共聚制备微凝胶,与丙烯酸树脂结合,微凝胶在海水中吸水膨胀形成凸起的微观结构,进而形成一种柔软、具有微观结构、自剥落的动态防污表面,见图 7-2,具有良好的防污效果。

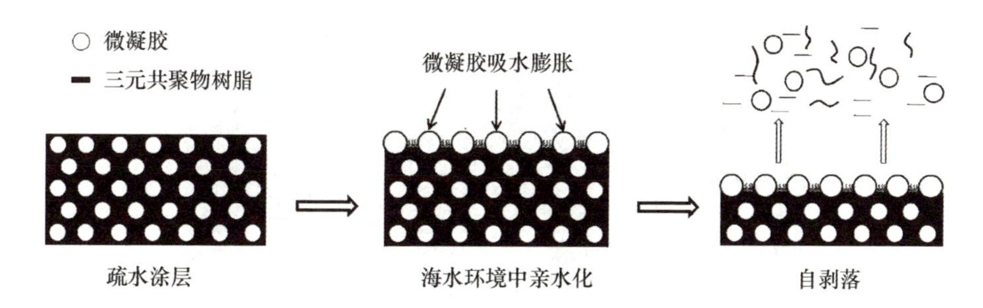

图 7-2 微凝胶动态防污表面示意图[34]

2. 硅油/氟油渗出型防污材料

常用的硅油有二甲基硅油、甲基苯基硅油,由于有机硅弹性体材料主链具有高度柔顺性，硅油可在其网络结构中自由扩散，向表面迁移并形成表面润滑层，减弱污损生物附着强度。如在有机硅材料中添加甲基苯基硅油后，涂层表面总海洋生物附着量有所减少，能显著降低藤壶的附着强度，牡蛎的附着强度也下降了 1/3，但管虫的附着强度基本没受影响[35]。王科、桂泰江等[36-37]研究发现甲基硅油和低苯基含量的甲基苯基硅油与 PDMS 具有良好的相容性，而高苯基含量的甲基苯基硅油与 PDMS 相容性较差，随硅油用量的增多，涂层表面渗出粒径大小不一的硅油颗粒，改变了涂层表面结构，提高了防污性能。Yuans 等[38]通过喷涂(聚苯乙烯-异丁烯-苯乙烯)超细纤维涂层，并注入硅油和全氟聚醚，注入后的涂层溶血程度由未处理纤维涂层的 6.5% 降低至 0.66% 和 0.96%，可有效抑制血细胞黏附，减少溶血的发生，见图 7-3。

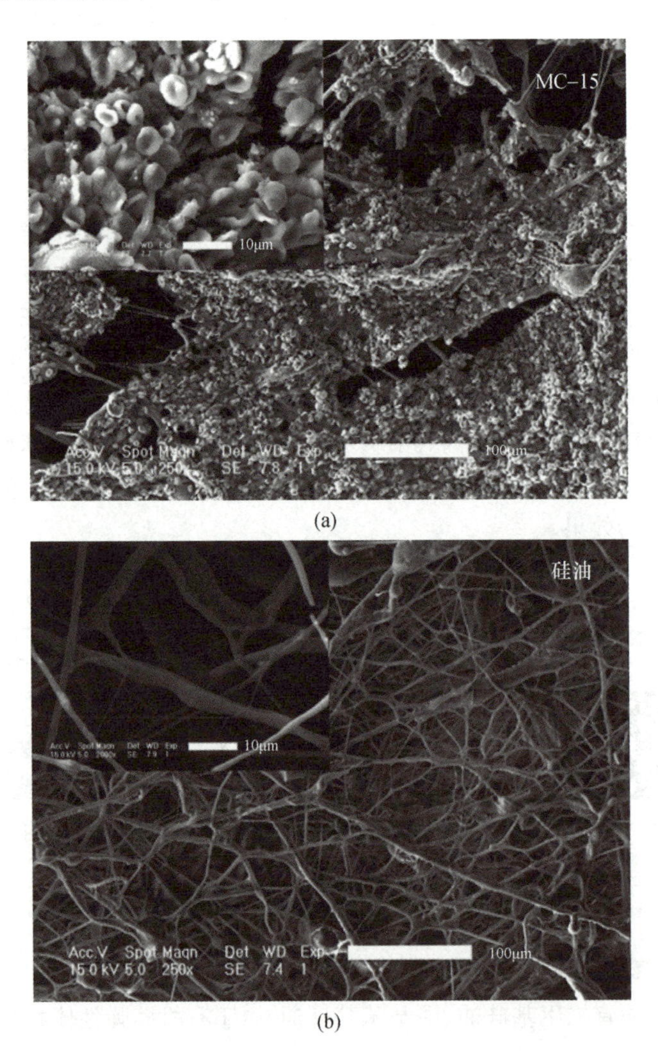

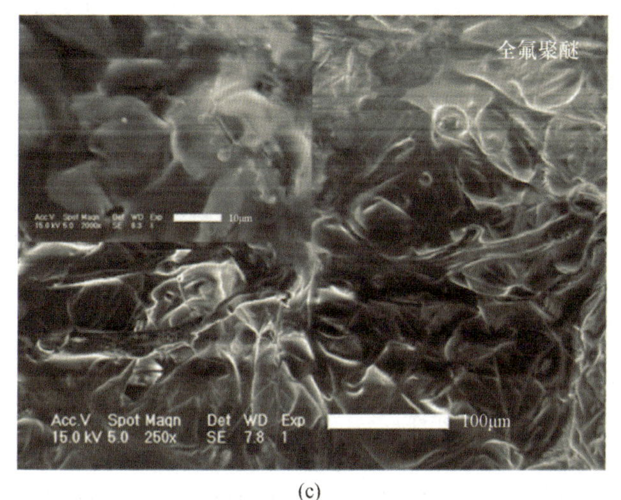

(c)

MC-15　硅油　全氟聚醚

(d)

图 7－3　超滑纤维涂层表面溶血现象 FESEM 图[38]

7.2.2　水凝胶与防污剂协同防污材料

1. 海藻酸铜防污水凝胶

海藻酸是从海洋植物中提取的一种多糖物质，是由 α－L－古罗糖醛酸和 β－D－甘露糖醛酸经过 1,4 键合形成的一种无规线性嵌段共聚物，内含大量羧基，可以与很多二价和三价金属阳离子形成配位络合物，如 Cu、Zn、Pb 和 Mn 等金属离子（Mg^{2+}除外）[39]。其中，海藻酸铜中 Cu^{2+}可透过微生物细胞膜与酶反应，阻碍电子转移和酶转换以破坏蛋白质结构和代谢等，产生抗菌作用。海藻酸铜水凝胶已应用于外伤敷料，兼具保湿和抑菌性能。另有研究发现，海藻酸铜通过水凝胶与 Cu^{2+}协同能阻止生物膜的形成，对三角褐指藻、小球藻等具有抑制作用，且掺杂钙的海藻酸铜水凝胶在人工海水中 200 天仅释放 Cu 离子总量的 23%[40]，有望维持较长防污效果。

2. 负载银纳米粒子的防污水凝胶

银作为抗菌剂主要有两种形式：一价银离子（Ag^{+}）和零价态银纳米粒子

(AgNP)。AgNP 相对于 Ag^+ 具有更低的毒性,可吸附在生物体细胞膜上改变其渗透性和离子穿透性,或与含巯基物质络合抑制多种细胞膜上酶的活性,以及扰乱 DNA 合成等,具有广谱抗菌作用。AgNP 自身尺寸小、易于团聚,而水凝胶三维网络结构有利于 AgNP 的分散与稳定,因此负载银纳米粒子水凝胶在抗菌领域具有良好发展前景。目前负载银纳米粒子水凝胶的制备途径主要有 3 种:①将水凝胶置于银盐溶液中吸附银离子,再将银离子还原成单质银;②将银纳米粒子分散于水凝胶前驱体溶液中,在凝胶形成的同时进行负载;③将银盐和凝胶前驱体混合,控制凝胶形成与银盐还原同步进行,获得负载银纳米粒子的水凝胶。Szabó 等[41]制备了明胶/AgNP 水凝胶微粒,并作为添加剂加入到涂层中,具有长效的防污效果(约 20 周无明显的生物膜附着)。

将水凝胶与树脂结合用于海洋防污已实船应用,如 Hempasil X3 防污涂层利用硅酮树脂与非反应型凝胶相结合,在接触海水时能在涂层表面形成水凝胶层,对海洋污损生物具有良好的防污作用;Actiguard® 活性硅烷水凝胶技术将具有低摩擦力的硅烷与活性防污剂相结合,使船舶表面光滑,降低燃油消耗,并有效防止污损生物附着。

7.3 相关研究案例

7.3.1 鲨鱼体表黏液的解析

鲨鱼(青鲨)体表黏液为透明状物质,pH 值为 6.4,主要成分为水(91.28%),非水物质仅占 8.72%,见表 7-1,其中,蛋白质约占非水物质的 74.9%,脂肪约占非水物质的 18.1%,而多糖约占 7%。黏液中氨基酸含量超过 0.1% 的种类有天门冬氨酸、谷氨酸、脯氨酸、甘氨酸、丙氨酸、缬氨酸、异亮氨酸、亮氨酸、赖氨酸和精氨酸。天门冬氨酸和谷氨酸均为酸性氨基酸,甘氨酸、丙氨酸、缬氨酸、异亮氨酸、亮氨酸为脂肪族类氨基酸,脯氨酸为亚氨基酸,赖氨酸和精氨酸为碱性氨基酸。

表 7-1 鲨鱼体表黏液的组成 (单位:%)

水	非水成分		
	蛋白质	脂肪	糖类等
91.28	6.53	1.58	0.61

鲨鱼体表黏液的稳态剪切曲线大致可分为 4 个区域,见图 7-4,黏度在低剪切速率(小于 $50s^{-1}$)下,随着剪切速率增加,黏度下降,黏液发生剪切变稀现象,为非

牛顿区;剪切速率继续增大($50\sim390s^{-1}$),黏度变化趋缓,近似为牛顿区;剪切速率继续变大,在 $390\sim475s^{-1}$ 区域内,黏度急剧下降,即切力变稀,在 $475s^{-1}$ 后又急剧上升,转变为切力增稠。

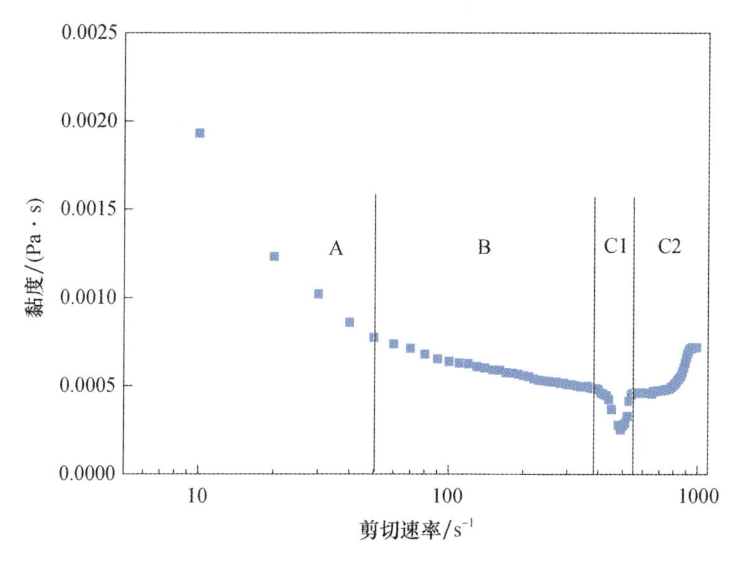

图7-4 鲨鱼体表黏液的稳态剪切曲线(25℃)

利用流变仪对鲨鱼体表黏液进行动态频率扫描,考察其动态储能模量(storage modulus)与动态损耗模量(loss modulus)随温度和角频率的变化,如图7-5所示,在15℃、25℃时,体表黏液的储能模量数值在不同角频率下基本大于损耗模量数值,且随角频率增大,两者差距增大,弹性占主导,体表黏液呈现凝胶的流变行为。

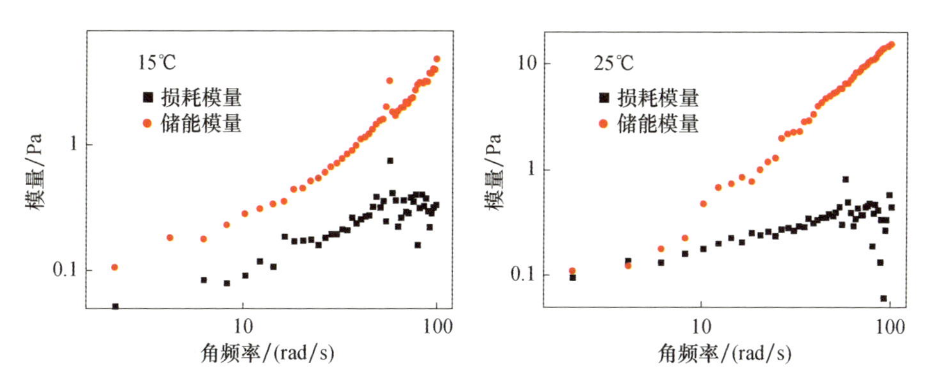

图7-5 不同温度下体表黏液动态模量的变化

综上分析可知,鲨鱼体表黏液的主要成分是水,具有非牛顿流体的剪切变稀性质,黏液的储能模量大于损耗模量,呈现水凝胶的流变行为。

7.3.2 仿生黏液聚合物的筛选与共混改性

对于0.5%的NPAM60、APAM60水溶液(图7-6),从其稳态剪切曲线(图7-7)可以看出,随着剪切速率的增加,黏度下降,水溶液发生剪切变稀现象,为非牛顿流体-假塑性流体,这与鲨鱼体表黏液在10~50s^{-1}剪切速率区间的稳态剪切行为相似。试验结束后放置30min,重新进行一次稳态剪切试验,两次试验结果基本接近,说明剪切史对以上两种聚丙烯酰胺水溶液的稳态剪切行为影响不大。

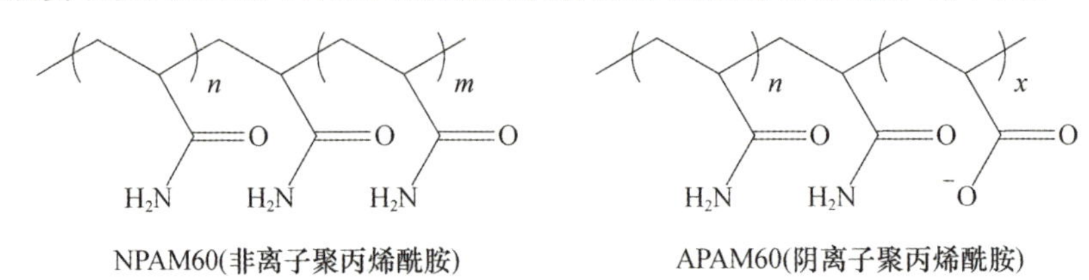

图7-6 聚合物的分子结构

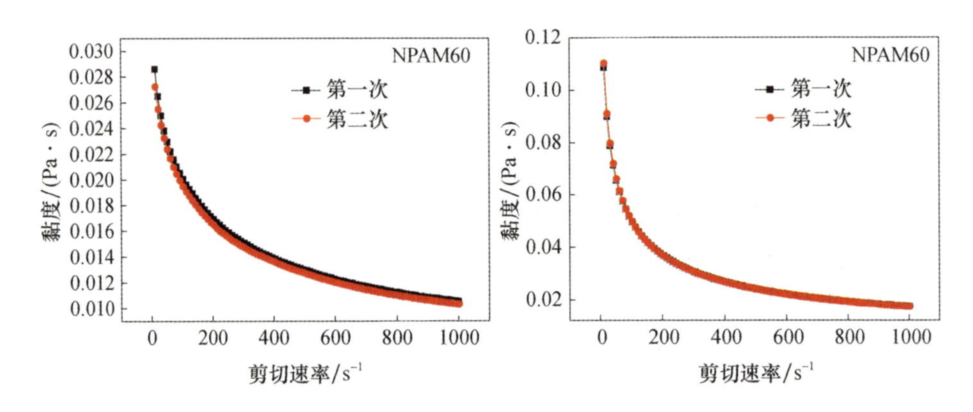

图7-7 剪切史对聚丙烯酰胺水溶液(0.5%)稳态剪切行为的影响

由图7-8可以看出,对于0.5%的NPAM60角频率低于22rad/s时,非离子聚丙烯酰胺水溶液的损耗模量略大于储能模量,黏性占主导,呈现一定的溶胶流变行为,随角频率增加,储能模量快速增大,损耗模量增速较低,弹性占主导,呈现凝胶的流变行为。APAM60水溶液的动态模量变化与NPAM60相似,也与鲨鱼体表黏液的动态模量变化规律相似。

将较低浓度下具有较高黏度的APAM60作为仿生黏液分子(以期减少仿生黏液分子的用量),添加到有机硅弹性体中,两者相共混,结果发现有机硅与APAM60不相混容,需要添加有机硅聚醚共聚物相容剂(5%)。对有机硅/有机硅聚醚共聚物、含2.5%APAM60的共混物进行浅海静态浸泡试验,试验显示7天时涂层有变白、龟裂、脱落现象,表明涂层中的APAM60吸水形成了水凝胶,破坏了涂层结构,见图7-9。

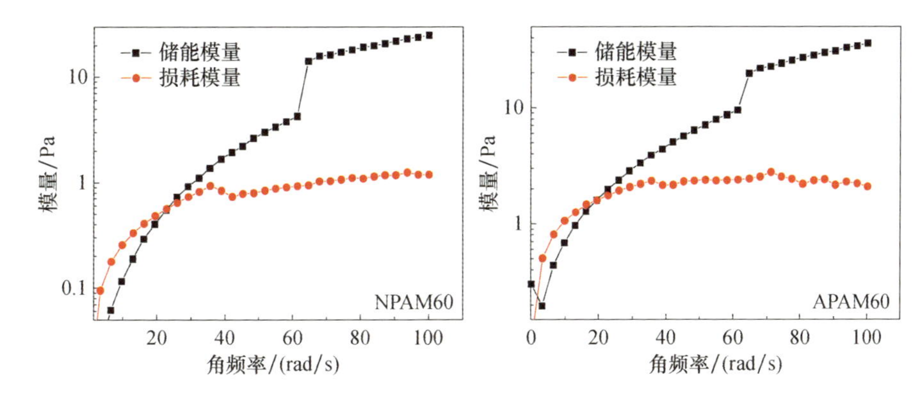

图7-8 聚丙烯酰胺水溶液(0.5%)动态模量的变化

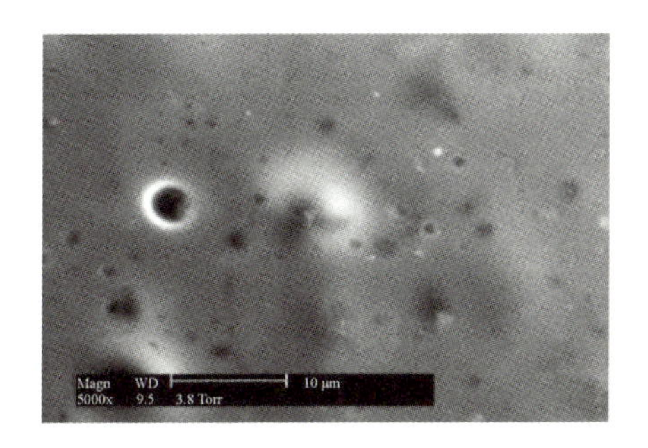

图7-9 有机硅/APAM60浸水7天后的SEM图

7.3.3 改性聚丙烯酰胺凝胶表面的制备与性能表征

为改善聚丙烯酰胺与有机硅材料的相容性,对聚丙烯酰胺进行了有机硅化学改性,见图7-10[30-32],通过调节丙烯酰胺(AM)单体与八甲基四硅氧烷(D4)的质量,分别制得质量比为5:1、2.5:1、1:1、1:2.5的共聚物COP(5:1)、COP(2.5:1)、COP(1:1)和COP(1:2.5)。

将以上COP共聚物添加到PDMS中进行共混(添加质量为0.5%),将制备的涂层进行硅藻附着试验,对硅藻附着数量进行统计,见图7-11,结果表明PDMS表面硅藻附着数量为405个/mm²,添加COP共聚物改性后PDMS表面硅藻附着数量明显减少,其中添加COP(5:1)的涂层硅藻附着数量仅为166个/mm²,较PDMS表面减少近60%,防污效果非常明显。同时还可以看出,不同COP共聚物对硅藻附着的抑制作用随共聚物中丙烯酰胺含量的增加而增强,COP(5:1)的硅藻附着最少,COP(2.5:1)次之,没有添加的PDMS表面附着最多。此外,COP(5:1)共聚物在PDMS中的含量对硅藻的附着数量也有一定的影响,见图7-12,随COP(5:1)含量的增加,硅藻附着数量呈先减少、后缓慢增加的趋势,当其含量为

0.5%时，共聚物共混改性 PDMS 对硅藻附着的抑制效果最好。

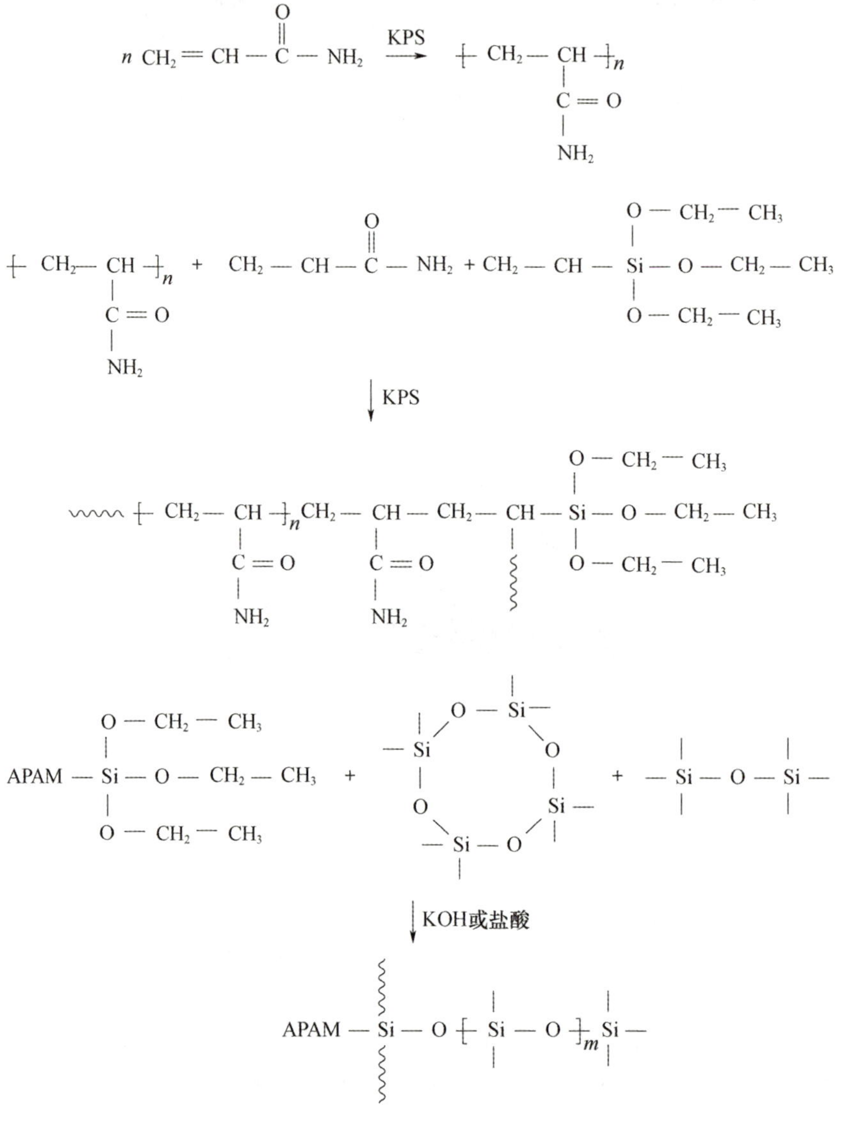

$$n\,CH_2=CH-C(=O)-NH_2 \xrightarrow{KPS} -[CH_2-CH(C(=O)NH_2)]_n-$$

$$-[CH_2-CH(C(=O)NH_2)]_n- + CH_2-CH-C(=O)-NH_2 + CH_2-CH-Si(O-CH_2-CH_3)_3$$

$$\downarrow KPS$$

$$\sim\sim -[CH_2-CH(C(=O)NH_2)]_n-CH_2-CH(C(=O)NH_2)-CH_2-CH(\sim)-Si(O-CH_2-CH_3)_3$$

$$APAM-Si(O-CH_2-CH_3)_3 + (-Si-O-)_4\ (\text{环}) + -Si-O-Si-$$

$$\downarrow KOH或盐酸$$

$$APAM-Si(\sim)_2-O-[Si-O]_m-Si-$$

图 7-10　聚丙烯酰胺-有机硅共聚物(COP)的合成路线图

COP(5∶1)共混改性 PDMS 对贻贝的足丝附着亦有良好的抑制作用，如图 7-13所示，贻贝通过足丝进行附着时具有选择性，共混有 COP(5∶1)的一侧，附着的足丝数量较少，而在 PDMS 一侧，选择附着的足丝数量较多。同步试验数据表明在 3h 时，贻贝在两侧附着足丝平均个数比为 0∶5，6h 时为 2∶8，24h 时为 14∶34。因此，COP 共聚物的添加可以延迟贻贝在 PDMS 表面形成有效附着的时

间，同时显著减少附着的足丝数量。

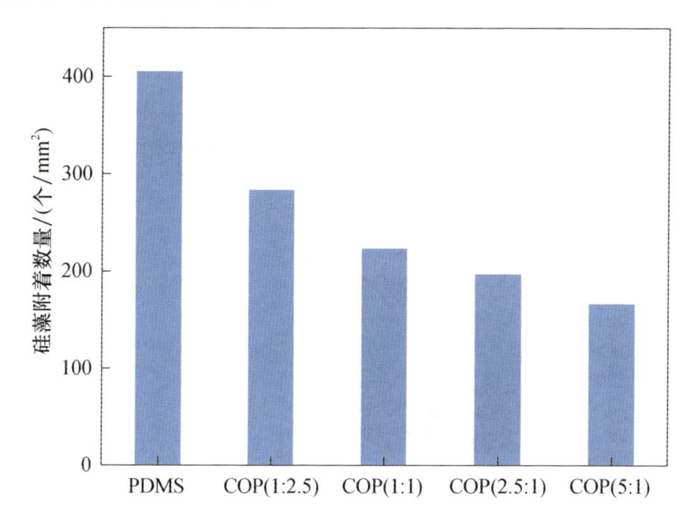

图7－11　不同COP共聚物改性PDMS表面的硅藻附着情况

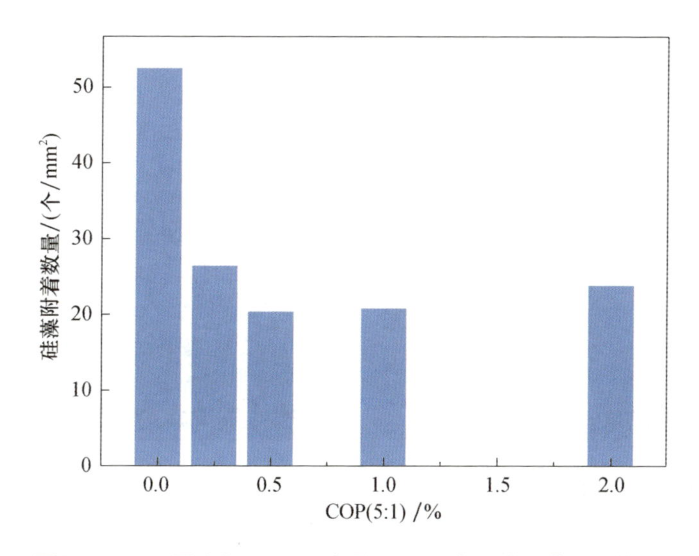

图7－12　不同COP(5：1)含量PDMS表面的硅藻附着情况

图7－14(a)为含量0.5%的COP/PDMS浸水3天后的环境扫描电镜照片，由图中可以看出，在COP/PDMS表面有微小的凝胶状物质生成，能谱分析显示，凝胶状物质中含硅31.13%、氧25.35%、碳32.54%、氮6.41%，氮元素出现表明凝胶中含有丙烯酰胺单体单元，此凝胶状物质为COP吸水后形成的；图7－14(b)、(c)分别是含量0.5%的COP/PDMS硅藻培养7天后的环境扫描电镜照片，絮状物为聚丙烯酰胺共聚物吸水后形成的微凝胶，长条状物为吸附在PDMS表面的硅藻，由图

中可以看出,在 PDMS 表面生成微小凝胶的区域基本没有或很少有硅藻存在,而在没有凝胶的区域,附着的硅藻较多;图 7-14(d)为 PDMS 硅藻培养 7 天的环境扫描电镜照片,在没有添加 COP 的 PDMS 表面没有 COP 的微状凝胶出现,附着的硅藻较多,数目约为 COP/PDMS 表面的两倍。以上试验结果表明,COP 的添加可在 PDMS 表面形成微状水凝胶,对硅藻附着具有明显抑制作用。

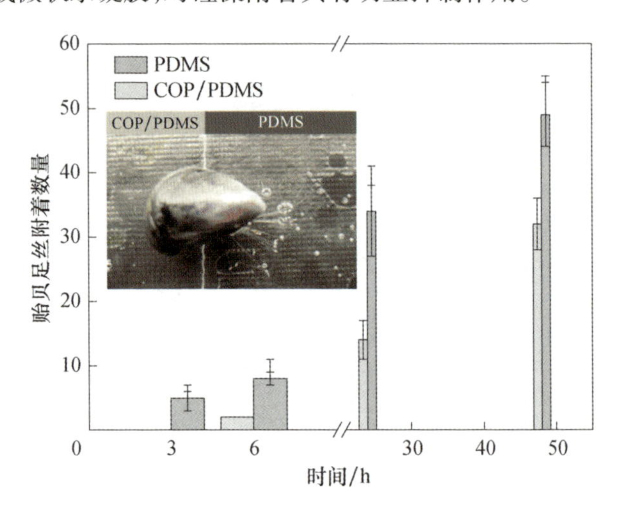

图 7-13　贻贝足丝在 PDMS 和 COP/PDMS 表面的选择附着数量

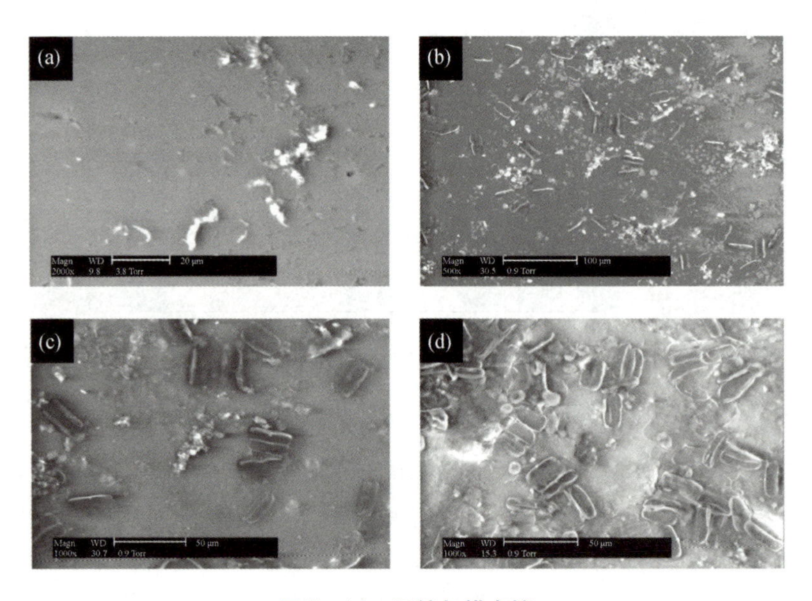

图 7-14　环境扫描电镜

(a)含量 0.5% 的 COP/PDMS 浸水 3 天;(b)、(c)含量 0.5% 的 COP/PDMS 硅藻培养 7 天;(d)PDMS 硅藻培养 7 天。

参考文献

[1] CHENG X, YI H, BAI X, et al. Animal mucus: Barrier effects and adhesion mechanisms (in Chinese)[J]. Chinese Science Bulletin, 2012, 57(22): 2051 - 2057.

[2] FOUZ B, DEVESA S, GRAVNINGEN K, et a1. Antibacterial action of the mucus of turbot[J]. Bulletin of European Association of Fish Pathologists, 1990, 10: 56 - 59.

[3] KANNO T, NAKAI T. Mode of transmission of vibriosis among ayu plecoglossusaltivelis[J]. Journal of Aquatic Animal Health, 1989, 1(1): 2 - 6.

[4] 刘芳. 黄斑蓝子鱼(*Siganus oramin*)皮肤黏液对多种病原菌和寄生虫的抑制杀灭作用[D]. 广州:中山大学,2010.

[5] SINHA G M. A histochemical study of the mucou cells in the bucco - pharyngeal region of four Indian freshwater fishes in relation to their origin, development, curarence and probable functions[J]. Acta Histochemica, 1975, 53(2): 217 - 223.

[6] 尹苗,安利国,杨桂文. 鲤鱼黏液细胞类型的研究[J]. 动物学杂志,2000,35(1):8 - 10.

[7] 陈楚,孙嘉,李滢钰,等. 三种底栖淡水鱼类皮肤黏液细胞分布与数量比较[J]. 动物学杂志,2018,53(6):931 - 937.

[8] SONG G, CHEN Q, HU L, et al. Apreliminary report onthe property intheslime onthe body surface of *Misgurnus anguillicaudatus* and *Paramisgurnus dabryanus*[J]. Acta Hydrobiologica Sinica, 1990, 14(3): 283 - 285.

[9] 刘德明,陶鑫峰,王一飞,等. 泥鳅体表黏液的流变行为[J]. 高分子学报,2010(4):468 - 473.

[10] OTTESEN O H, OLAFSEN J A. Ontogenetic development and compositionof the mucuos cells and the occurrence of sac - cular cells in the epidermis of Atlantic halibut[J]. Journal of Fish Biology, 1997, 50(3): 620 - 633.

[11] 杨桂文,安利国. 鱼类粘液细胞研究进展[J]. 水产学报,1999,23(4):403 - 408.

[12] 刘德明. 鱼类体表粘液流变行为的研究[D]. 杭州:浙江大学,2011.

[13] LEMAITREI C, ORANGE N, SAGLI P, et al. Characterization and ionchannel activities of novel antibacterial proteins from the skin mucosa of carp(*Cyprinus carpio*)[J]. European Journal of Biochemistry, 1996, 240: 143 - 149.

[14] 中国科学院水生生物研究所鱼病研究室. 鱼病学研究论文集(第二辑)[M]. 北京:海洋出版社,1995.

[15] 黄智慧,马爱军,雷霁霖. 鱼类体表粘液凝集素研究进展[J]. 动物学研究,2013,34(6):674 - 679.

[16] 史玉兰. 杯状细胞的研究进展[J]. 解剖科学进展,2001,7(4):358 - 361.

[17] PODOLSKY D K. Inflammatory bowel disease[J]. The New England Journal of Medicine, 2002, 347(6): 417 - 429.

[18] STRUGALA V, DETTMAR P W, PEARSON J P. Thickness and continuity of the adherent colonic

mucus barrier in active and quiescent ulcerative colitis and Crohn's disease[J]. International Journal of Clinical Practice,2008,62(5):762-769.

[19] HOLMEN L J M,THOMSSON K A,RODRIGUEZ-PINEIRO A,et al. Studies of mucus in mouse stomach,small intestine,and colon. III. Gastrointestinal Muc5ac and Muc2 mucin O-glycan patterns reveal a regiospecific distribution[J]. American Journal of Physiology. Gastrointestinal and Liver Physiology,2013,305(5):G357-G363.

[20] 朱继开,钟煜,王璐璇,等. 肠道杯状细胞与黏蛋白的研究进展[J]. 继续医学教育,2017,31(7):139-140.

[21] KIESSLICH R,DUCKWORTH C A,MOUSSATA D,et al. Local barrier dysfunction identified by confocal laser endomicroscopy predicts relapse in inflammatory bowel disease[J]. Gut,2012,61(8):1146-1153.

[22] LIU J J,WONG K,THIESEN A L,et al. Increased epithelial gaps in the small intestines of patients with inflammatory bowel disease:density matters[J]. Gastrointestinal Endoscopy. 2011,73(6):1174-1180.

[23] MEDDINGS J. The significance of the gut barrier in disease[J]. Gut,2008,57(4):438-440.

[24] PULLAN R D,THOMAS G A,RHODES M,et al. Thickness of adherent mucus gel on colonic mucosa in humans and its relevance to colitis[J]. Gut,1994,35(3):353-9.

[25] GOLL R,ATLE V B G. Intestinal barrier homeostasis in inflammatory bowel disease[J]. Scandinavian Journal of Gastroenterology,2015,50:3-12.

[26] GHOSH D,PORTER E,SHEN B,et al. Paneth cell trypsin is the processing enzyme for human defensin-5[J]. Nature Immunology,2002,3(61):583-590.

[27] HOOPER L V,STAPPENBECK T S,HONG C V,et al. Angiogenins:a new class of microbicidal proteins involved in innate immunity[J]. Nature Immunology,2003,4(3):269-273.

[28] ERICKSEN B,WU Z,LU W,et al. Antibacterial activity and specificity of the six human-defensins[J]. Antimicrobial Agents & Chemotherapy,2005,49(1):269-275.

[29] HORNEF M W,PUTSEP K,KARLSSON J,et al. Increased diversity of intestinal antimicrobial peptides by co-valent dimer form ation[J]. Nature Immunology,2004,5(8):836-843.

[30] LIN C,ZHANG J,WANG L,et al. Study on fouling-resistant performance improvement of silicone-based coating with poly(acrylamide-silicone)[J]. International Journal of Electrochemical Science,2013,8(5):6478-6492.

[31] 张金伟,蔺存国,周娟,等. 聚丙烯酰胺改性有机硅材料对硅藻、贻贝附着的影响[J]. 海洋环境科学,2010,29(6):130-133.

[32] 张金伟,蔺存国,邵静静,等. 聚丙烯酰胺-有机硅防污共聚物的制备与应用[J]. 现代涂料与涂装,2008,11(7):10-12.

[33] XIE L,HONG F,HE C,et al. Coatings with a self-generating hydrogel surface for antifouling[J]. Polymer,2011,52(17):3738-3744.

[34] HONG F,XIE L,HE C,et al. Novel hybrid anti-biofouling coatings with a self-peeling and

self – generated micro – structured soft and dynamic surface[J]. Journal of Materials Chemistry B,2013,1(15):2048 – 2055.

[35] TRUBY K, WOOD C, STEIN J, et al. Evaluation of the performance enhancement of silicone biofouling – release coatings by oil incorporation[J]. Biofouling,2000,15(1 – 3):141 – 150.

[36] 王科,于雪艳,陈绍平,等. 硅油对低表面能有机硅防污涂料性能的影响[J]. 涂料工业,2009,39(5):39 – 42.

[37] 桂泰江. 有机硅氟低表面能防污涂料的制备和表征[D]. 青岛:中国海洋大学,2008.

[38] YUAN S S, LI Z B, SONG L J, et al. Liquid – infused poly(styrene – b – isobutylene – b – styrene) microfiber coating prevents bacterial attachment and thrombosis[J]. ACS Applied Materials & Interfaces,2016,8(33):21214 – 21220.

[39] 杨鹏,夏延致,姜丽萍. 新型海藻酸铜纤维的制备和性能研究[J]. 化工新型材料,2008(09):38 – 40.

[40] 牡玲. 海藻酸铜水凝胶防污性能及应用研究[D]. 哈尔滨:哈尔滨工业大学,2019.

[41] SZABÓ T, MIHÁLY J, SAJÓ I, et al. One – pot synthesis of gelatin – based, slow – release polymer microparticles containing silver nanoparticles and their application in anti – fouling paint[J]. Progress in Organic Coatings,2014,77(7):1226 – 1232.

第8章

多特性协同防污材料

生物污损行为实际上是生物体和材料表面间相互结合作用的结果，能否最终导致污损发生取决于生物体与材料间界面作用的强弱。如果生物体通过分泌的黏附物质无法在材料表面获得足够的界面结合力，生物体就无法牢固地附着、生长，也就不会最终形成污损；反之，如果界面结合强度足够大，生物体就容易形成污损。因此，污损最终能否发生，一方面取决于生物体自身的选择行为，生物选择有利于自身附着的表面；另一方面也是材料表面和本体特性影响的结果，即材料能否与生物体形成较强的界面结合作用。由于海洋环境中污损生物种类繁多，包括微观污损生物（如细菌、单细胞藻类等）和宏观污损生物（动物和植物等），尺寸大小、生活习性和附着过程差异较大，在同一材料上阻止不同生物的污损附着极为困难，可行的途径是设计结合多种防污特性的“多功能涂层材料”，发挥不同防污特性间的协同作用来防止海洋生物污损发生。

8.1 影响防污性能的其他材料特性

前文已介绍了天然产物防污活性物质、防污活性酶、材料表面微观形貌、亲疏水性、黏液功能等仿生防污技术，从材料自身特性防污考虑，还有一些其他的材料特性对污损附着具有一定影响，如弹性模量、表面荷电特性和动态表面特性等。

8.1.1 弹性模量

污损生物在材料表面附着时，亲疏水性会影响生物黏附物质在材料/海水界面上的铺展、润湿和吸附，而当生物附着污损发生后，如何使污损生物脱附成为防污的重要任务。根据格里菲斯（Griffith）微裂纹理论，微裂纹是导致材料受力断裂的诱因。污损生物在材料表面的附着界面也存在微小裂纹（或缝隙），这些微裂纹成了污损生物受力脱附的重要诱因。低弹性模量表面容易产生横向收缩，使微裂纹扩展，以波浪状传递，见图 8－1；当受力增加，微裂纹发展成大的空穴，既减少了生物附着的接触面积，同时还会产生应力集中，从而使附着生物在较小外力作用下脱除。

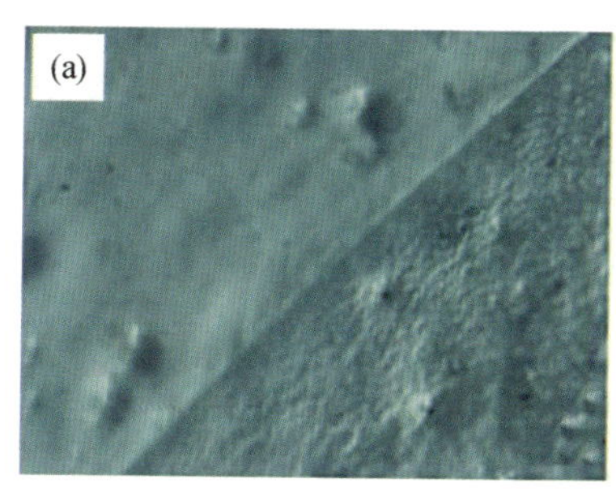

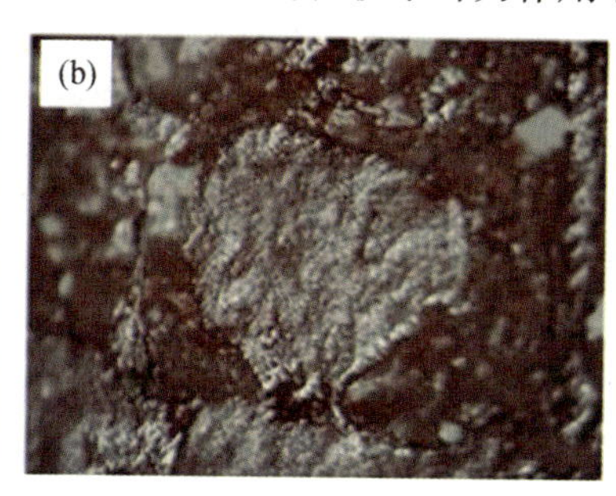

图 8－1 藤壶模型脱附后的材料表面形貌

（a）有机硅表面；（b）环氧树脂表面。

由图 8－2 可以看出，硅藻的脱除率随有机硅材料弹性模量的降低而增加，即硅藻的附着强度随弹性模量的降低而减小，在弹性模量为 3.014MPa 时，仅有 41.5% 的硅藻从有机硅弹性体表面脱除，而弹性模量为 0.225MPa 时，脱除的硅藻高达附着总量的 74%；石莼孢子附着力也受材料弹性模量的影响，石莼孢子的脱除率随有机硅弹性模量的降低而增加，脱除率由弹性模量为 2.35MPa 时的 32% 增加到弹性模量为 0.43MPa 时的 70%，与弹性模量对硅藻附着强度的影响规律相同。

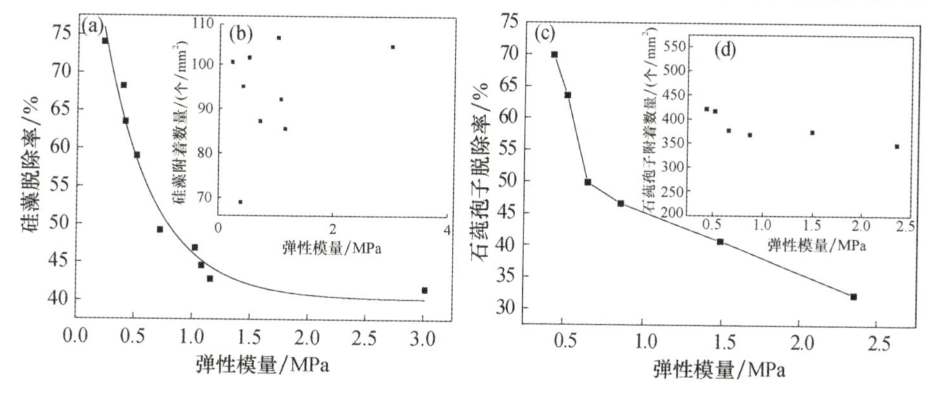

图 8－2 有机硅弹性模量对硅藻和石莼孢子脱除率和附着数量的影响

（a）弹性模量对硅藻脱除率的影响；（b）弹性模量对硅藻附着数量的影响；

（c）弹性模量对石莼孢子脱除率的影响；（d）弹性模量对石莼孢子附着数量的影响。

铝制藤壶模型附着试验数据也表明（图 8－3），藤壶模型的附着力随弹性模量的增加而变大，而弹性模量的 1/2 次方（$E^{1/2}$）对藤壶模型附着力的影响呈线性关系，与弹性模量对硅藻、石莼孢子附着强度的影响规律基本一致。

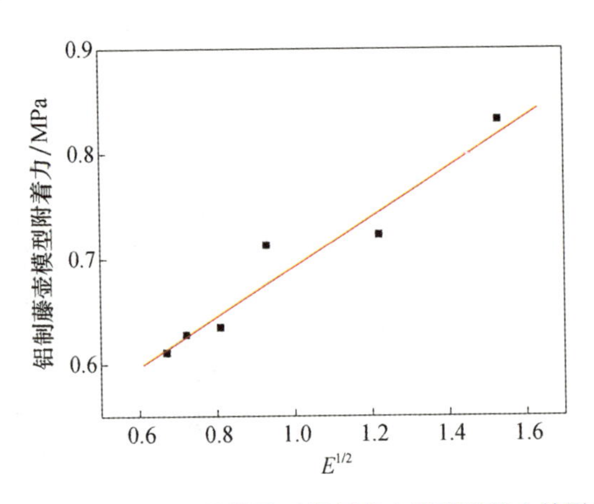

图 8－3　有机硅弹性模量对铝制藤壶模型附着力的影响

8.1.2　表面荷电特性

细菌、硅藻、单细胞藻类等微观污损生物是生物膜的重要组成，对大型污损生物的附着具有重要影响。微观生物细胞壁中含有多种活性物质，如肽聚糖（PG）、磷壁酸（TA）、脂多糖（LPS）、脂质 A 相关蛋白、脂磷壁酸以及脂蛋白等。

革兰氏阳性菌（G^+，等电点 pH 值一般为 2～3）的细胞壁一般含 90% PG 和 10% TA，不含或含很少 LPS，其中 TA 是一种酸性多糖，带有较多负电荷，具有较强吸附能力；而革兰氏阴性菌（G^-，等电点 pH 值一般为 4～5）的细胞壁包括 PG 层和外膜两层，外膜基本成分是 LPS，由脂质 A、核心多糖和 O－侧链多糖 3 部分组成，也带有较强的负电荷。G^+ 和 G^- 细胞壁结构及胞外代谢产物中含有大量羧基、羟基、磷酸基和氨基等功能基团，在溶液中容易发生解离而使细胞表面带电，影响其在材料表面的附着行为。枯草芽孢杆菌 *Bacillus subtilis*（G^+）和门多萨假单胞菌 *Pseudomonas mendocina*（G^-）在负电荷的石英表面亲和力较低，而在正电荷的氢氧化铁覆盖的石英表面亲和力较强，同时由于 G^+ 比 G^- 表面带有更多的负电荷，导致其在氢氧化铁覆盖石英表面的附着量更大[1]。

通常用 Zeta 电位表示材料及细胞表面的荷电特性，一般情况下，大多数细菌和单细胞藻类的 Zeta 电位为负值。受静电力作用的影响，微生物在不同荷电特性表面的附着量和附着强度大不相同。绿藻 *Ulva linza* 在负电荷高聚物表面上附着较少且附着强度较低[2]；铜绿假单胞菌 *Pseudomonas aeruginosa AK*1 Zeta 电位为－7mV，在正电荷（+12mV）材料表面的附着数量是负电荷（－18mV）材料表面的两倍[3]。

环境介质的 pH 值和离子强度可影响微生物和材料表面的荷电特性，进而影响微生物的附着。有研究表明，枯草芽孢杆菌在赤铁矿和石英两种矿物表面的附着数量随 pH 值降低而增加[4]。根据 DLVO 模型（Derjaguin－Landau－Verwey and

Overbeek models),随着离子强度的增加,带相同负电荷的固体和微生物表面的双电层被压缩,使两表面间距离减小,范德瓦耳斯力增大,促进了微生物的附着,即离子强度的增大可促进负电荷固体表面对微生物的吸附。

8.1.3 动态表面特性

一些海洋生物具有定期蜕皮或机械清理的行为,在一定程度上可防止生物污损的发生。借鉴这一机制,通过表面自更新、表面动态变化等材料设计也有利于防止生物污损的发生。

海水溶解或自抛光是涂层表面自更新最常见的方式,如松香树脂及其衍生物、改性聚乙烯醇树脂等可溶性成膜物,丙烯酸锌、丙烯酸铜、丙烯酸硅、乙烯基吡咯烷酮丙烯酸等丙烯酸自抛光聚合物可在海水中溶解或水解。现阶段,仅依靠材料表面自抛光(或溶解)更新还不能有效防除海洋生物污损,一般需要与防污剂配合使用,表面更新的同时控制防污剂释放以实现良好防污,是目前防污材料的主要作用方式。此外,基于其他功能性物质(如水凝胶)渗出 - 溶解平衡形成的自更新表面,如前文所述的聚丙烯酰胺渗出型防污材料、微凝胶 - 自抛光树脂结合的动态防污表面等,也具有良好的防污效果。

Liu 等[5]受棘皮海洋生物表皮形状变化启发,通过计算模型设计了基于凝胶和刚性柱双重防御机制的防污复合材料,见图 8 - 4。将热响应凝胶嵌入刚性柱阵列中,当温度高于其最低共溶温度(lower critical solution temperature,LCST)时,凝胶体积收缩(或倒塌),露出刚性柱阵列,减少固体颗粒附着的接触位点,即使少量附着也容易在水流剪切作用下脱除;当温度降低时,热响应凝胶膨胀,凝胶表面高于刚性柱阵列的顶端,可去除吸附在刚性柱阵列上的固体颗粒。

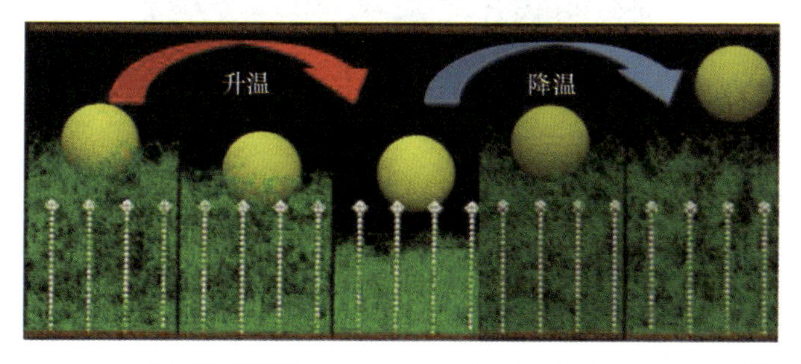

图 8 - 4 凝胶和刚性柱双重防御机制的防污复合材料示意图[5]

8.1.4 表面植绒

海狮表皮有一层细密的绒毛层,能随海水波动而左右摇摆,使其在海水环境中很少有污损生物附着。受此启发,将经电着处理的绒毛在高压静电场作用下,均匀地植入润湿状态的黏合剂中,固化后形成柔软光滑的绒毛层,进而防止海洋生物附着。植绒表面的防污原理主要有两方面[6]:①绒毛间隙小于污损生物的尺寸,使污损生物无法接近或吸附于基材表面;②绒毛随水流不停摆动,形成不稳定的活动表面,污损生物无法停留附着。绒毛长度、直径和植绒密度对防污性能具有重要影响,只有三者在一定合适范围内,才能获得一个绒毛在水中自由摆动的"灵活"表面,防止污损生物附着。

Breur 等[7]把未植绒聚氯乙烯样板和聚酰胺植绒样板浸泡于海水中 10 个月,未植绒样板附着了大量贝类、藤壶和藻类污损生物,而植绒样板没有污损生物附着。张淑玉等[8]选用丙烯酸树脂为黏合剂,将聚酰胺绒毛和黏胶绒毛在玻璃表面植绒,见图 8 - 5,大型污损生物贻贝和藤壶在植绒表面的附着数量明显降低,但对微观污损生物静态附着没有抑制作用,绒毛层附着的硅藻数量反而多于未植绒表面,但在水流冲刷作用下更容易脱除。Hiromichi 等[9]将 2mm 和 4mm 长的聚对苯二甲酸乙二醇酯和尼龙混纺的黑色绒毛植绒到渔网上,在海水中浸泡 1 个月时,未植绒试样已出现藻类和甲壳类污损生物附着,随着时间增长附着量增多;绒毛长为 2mm 的试样在 1 个月和 4 个月时没有污损生物附着,浸泡 9 个月时才有少量生物附着;绒毛长为 4mm 的试样防污效果最好,在试验期间均未发现污损生物附着。目前植绒防污技术已开始在水产养殖领域应用,如 Thorn - D 绒毛防污技术,利用纤维构筑类似海狮等动物表皮的表面绒毛层,通过尖刺和摇摆作用,使污损生物不容易附着。

图 8 - 5　植绒材料样品

8.1.5　纳米防污

纳米防污主要是将纳米粒子添加进材料体系来获得具有防污特性的纳米防污材料或者制备出具有一定微纳米形貌特征的防污涂层。Beigbeder 等[10-11]研究证实含有少量(0.05%)多壁碳纳米管(MWCNT)的 PDMS 涂层的静态防污与污损释放性能得到明显提高，且由于 PDMS 的甲基与 MWCNT 的芳香环之间相对复杂的 CH－π 相互作用，两者之间产生较强的分子作用力，从而降低 MWCNT 的释放量，减少对海洋环境可能产生的不利影响。Kang 等[12]研究表明，单壁碳纳米管（SWCNT）可通过与细胞膜直接接触，对细胞膜造成一定损伤，而展现出比 MWCNT 更好的抑菌效果。孙源等[13]发现碳纳米管（CNT）的管壁层数、长度、化学修饰等对 PDMS 防污性能具有重要影响，并不是所有的 CNT 均能够增强 PDMS 的防污性能；此外，不同 CNT 引入 PDMS 成膜体系不能显著改变疏水性与润湿性，表明不同 CNT/PDMS 复合涂层表面的疏水性和润湿性与其防污性能非直接相关，其防污机制可能与复合表面对污损早期真核微生物群落结构的调制作用有关。

8.2　基于材料自身特性的协同防污

8.2.1　弹性模量与亲疏水性的协同

正交设计具有不同静态水接触角和弹性模量的防污材料表面，考察其对硅藻附着和脱除率的影响。从图 8－6 可以看出，随静态水接触角的增大，硅藻的静态附着数量相应减少，且两者之间呈一定线性关系；弹性模量对硅藻静态附着数量的影响较小，同时也没有明显的统计学规律。此外，静态水接触角对硅藻静态附着数量影响的极差为 18.8，弹性模量对硅藻静态附着数量影响的极差仅为 8.5，与静态水接触角影响的极差相差较大。因此，对于硅藻的静态附着，涂层表面的静态水接触角为主效应[14]。

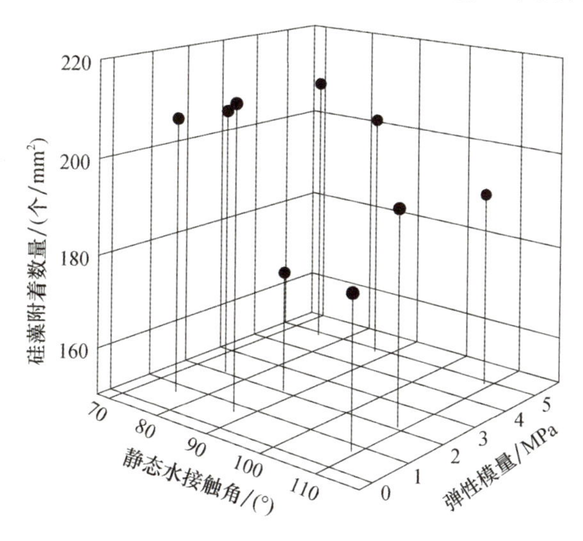

图 8－6　静态水接触角、弹性模量对硅藻静态附着数量的影响

从图 8-7 可以看出,随静态水接触角的增大,硅藻的脱除率相应减少,随弹性模量的增加,脱除率亦随之大幅减小。弹性模量影响的极差为 20.9,静态水接触角影响的极差为 11.6,因此,对于硅藻的动态防污性能的影响,涂层表面的弹性模量为主效应,静态水接触角也有重要影响,二者具有一定协同防污作用。

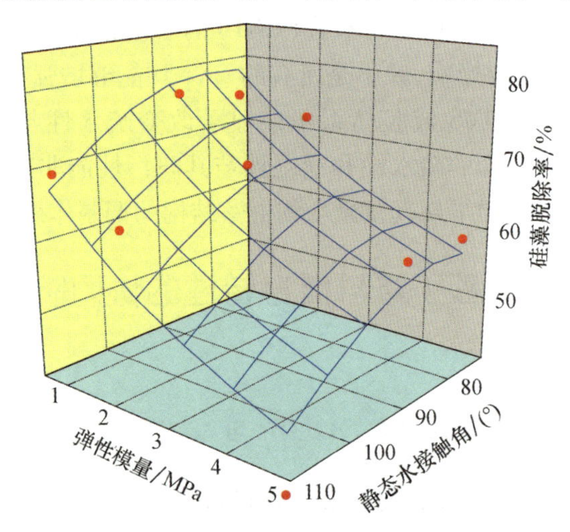

图 8-7　静态水接触角、弹性模量对硅藻脱除率的影响

8.2.2　弹性模量与表面微结构的协同

对 8 种微结构、3 个弹性模量的双特性参数材料表面进行硅藻附着试验,静态防污性能如图 8-8 所示。从图 8-8 中可以看出,随着 TPW 值增加,硅藻附着数量增加,而弹性模量对其附着数量的影响几乎没有明显的统计学规律。

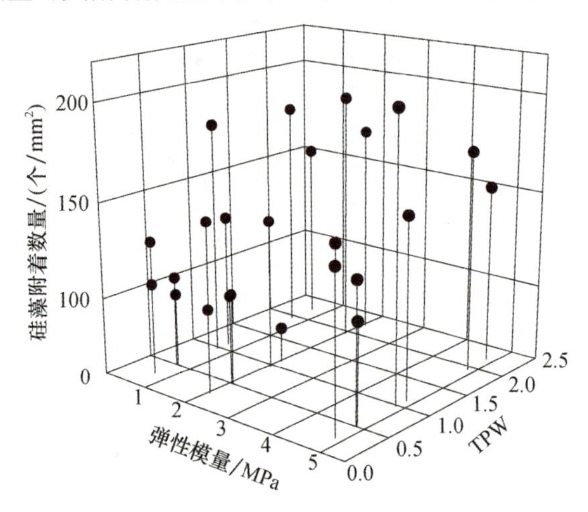

图 8-8　表面微结构 TPW 和弹性模量对硅藻静态附着的影响

由图8-9可以看出，随弹性模量的降低和TPW值增加，硅藻的脱除率升高，弹性模量与微结构具有协同防污效应，弹性模量的影响是主效应。综合以上数据可知，微结构表面能提高防污材料对硅藻静态防污能力，而弹性模量则能显著提高动态防污能力，两者具有较好的协同作用。

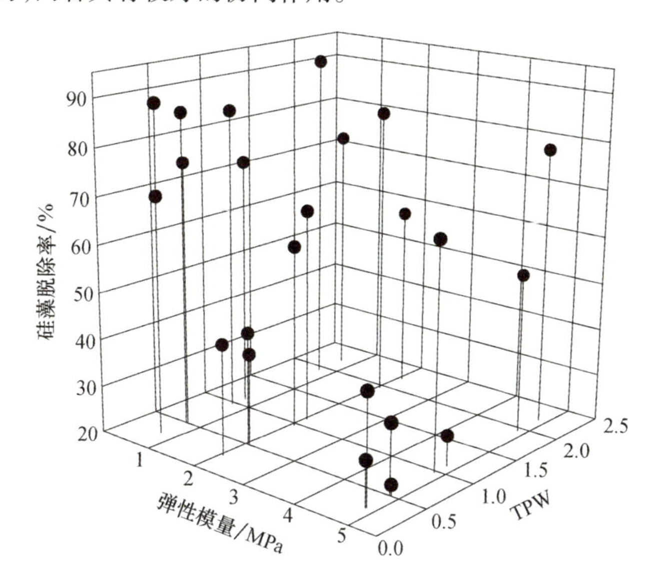

图8-9 弹性模量和表面微结构TPW对硅藻动态附着的影响

8.2.3 润湿性与荷电特性的协同

通过末端分别为甲基、羟基、氨基和羧基的硫醇自组装构建具有不同润湿性和荷电特性的表面，考察其对硫酸盐还原菌和费氏弧菌附着的影响。研究表明，受表面相互作用能量势垒和静电作用的影响，硫酸盐还原菌和费氏弧菌在疏水性、正电荷表面的附着均多于其在亲水性、负电荷表面的附着，但材料表面润湿性和荷电特性对硫酸盐还原菌和费氏弧菌附着的影响均仅限于初始可逆附着阶段(约3h内)，当微生物的附着进入不可逆阶段后，材料表面润湿性和荷电特性的影响逐渐减弱[15]。

8.2.4 弹性模量、微结构、两性离子聚合物的协同

设计具有4种微结构(TPW值分别为0.32、0.35、0.57、0.64)、3个弹性模量(4.85MPa、2.06MPa、0.70MPa)和3个polySBMA链段长度(10、50、200)的多特性参数防污表面，进行硅藻附着试验。图8-10数据表明，对于不同弹性模量的试样，随polySBMA链段长度的增加、TPW的减小，试样表面的硅藻附着数量均呈减少的趋势，但减少的幅度较小，弹性模量对硅藻抑制率的影响几乎没有规律。

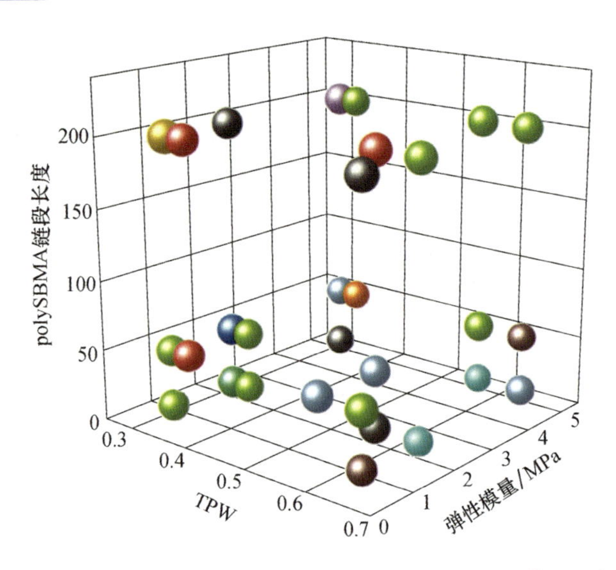

图8-10 弹性模量、微结构、两性离子聚合物三者协同对硅藻附着数量的影响
(球的直径和色标表示硅藻附着数量)

对于不同弹性模量的试样,随polySBMA链段长度的增加,试样表面的硅藻脱除率均呈增加的趋势,见图8-11。弹性模量为4.85MPa的试样,当polySBMA链段长度由10变为200时,硅藻的脱除率增加了57.2%,弹性模量为0.7MPa的试样增加了5.7%,弹性模量为2.06MPa的试样增加了6.6%。综合动静态数据的结果可知,弹性模量、表面化学特性与表面微形貌对抑制硅藻的静态和动态附着可起到一定协同作用。

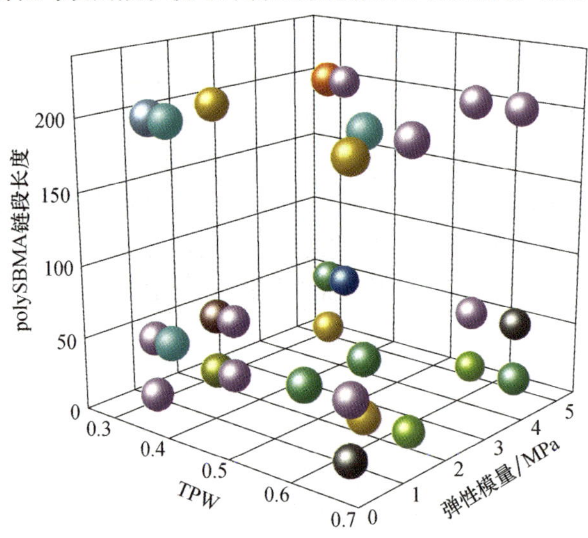

图8-11 弹性模量、微结构、两性离子聚合物三者协同对硅藻脱除率的影响
(球的直径和色标表示硅藻脱除率大小)

8.2.5 光响应/纳米复合表面的协同

TiO_2纳米管具有光致亲水性，以其为基底材料构建的复合表面具有光响应效果，并可通过紫外光刺激复合表面控制细菌附着情况，具体原理如图 8－12 所示[16]。当紫外光照射复合表面时，基底 TiO_2 纳米管获得能量，发生电子跃迁，将纳米管间的氧气和晶格氧组分还原为·OH，亲水活性基团数量增加，复合表面的亲水性变强；当细菌液滴接触复合表面时，液滴中水分子会迅速渗透聚合物分子刷（PEGMA），与基底活性羟基结合，形成紧密的水化层；最终亲水聚合物分子刷形成的亲水层与基底水化层相协同，可有效抑制细菌附着。

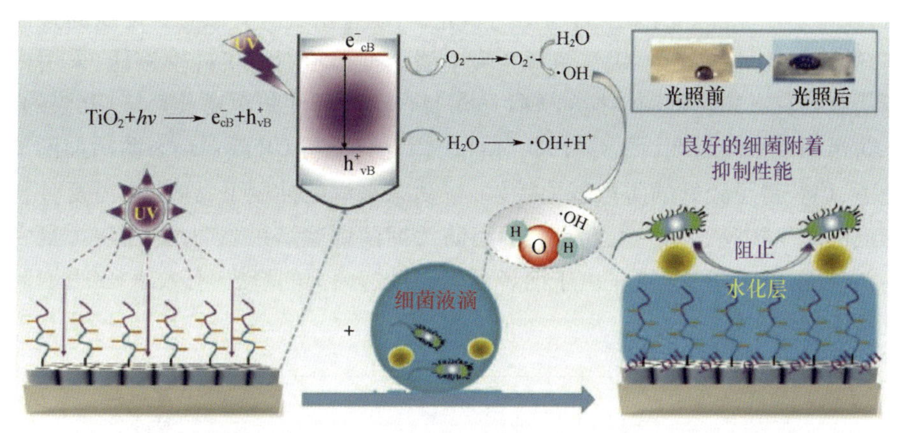

图 8－12 复合表面的紫外光响应防细菌附着示意图[16]

8.3 材料自身特性与防污剂的协同防污

8.3.1 有机硅材料与防污剂的协同

以有机硅为基体树脂的污损释放型防污材料，大多不含防污剂，依赖材料自身特性使海洋生物难以附着，但在某些情况下也会有少量附着，特别是在停泊期间，需要在一定航速下把附着的海洋生物冲刷掉。而综合有机硅树脂和防污剂的防污原理，在有机硅防污材料中加入微量防污剂，产生双重作用，有利于提高有机硅防污材料停泊期间的防污性能，而涂层中防污剂含量又远低于自抛光型防污涂料，可减小对海洋环境的危害。

Actiguard® 防污技术在有机硅涂层表面形成含微量防污剂的活化水凝胶层，

防污剂扩散至膜外时,水凝胶可有效地进行拦截,从而增加防污剂在涂层表面的浓度,延长防污剂在涂层基体与涂层表面的停留时间,提供独特的防污保护效果。虽然该技术使用了防污剂,但是含量非常低,只有自抛光型防污涂层的5%(涂料涂覆每平方厘米的平均防污剂含量,按 Actiguard ® 涂层膜厚150μm,自抛光型防污涂层膜厚280μm,服役60个月计算)。ZOSCO JIAXING 17.5万t级散货轮涂装该类防污涂层后,百海里油耗比涂覆该涂层前降低8.59%,比使用自抛光型防污涂层多节油2.18%,与相似航线的姊妹船 ZOSCO SHAOXING 相比,显示了更好的节能减阻效果[17]。

王小明等[18]模仿海豚皮肤高弹性特性,以硅橡胶作为弹性防污复合膜的基体材料,以力学性能优异的多层石墨烯为填充物,制备出具有类似海豚皮肤高弹性的石墨烯改性 PDMS 膜(GP 膜),在 GP 膜中添加抑菌填料有机硅季铵盐,采用机械共混法制备具有防污抑菌性能的弹性防污复合膜。弹性防污复合膜与 GP 膜的动、静态防污抑菌试验表明(图8-13),弹性防污复合膜与 GP 膜在动态防污抑菌试验环境下,均获得了较好的防污试验效果,在动态水流的冲刷下,弹性防污复合膜表面形成的微生物膜容易产生剥离。静态防污抑菌试验结果表明,弹性防污复合膜的防污性能优于 GP 膜,这是由于前者可以通过抑菌剂的释放,有效杀死细菌,降低了其在表面的黏附能力。

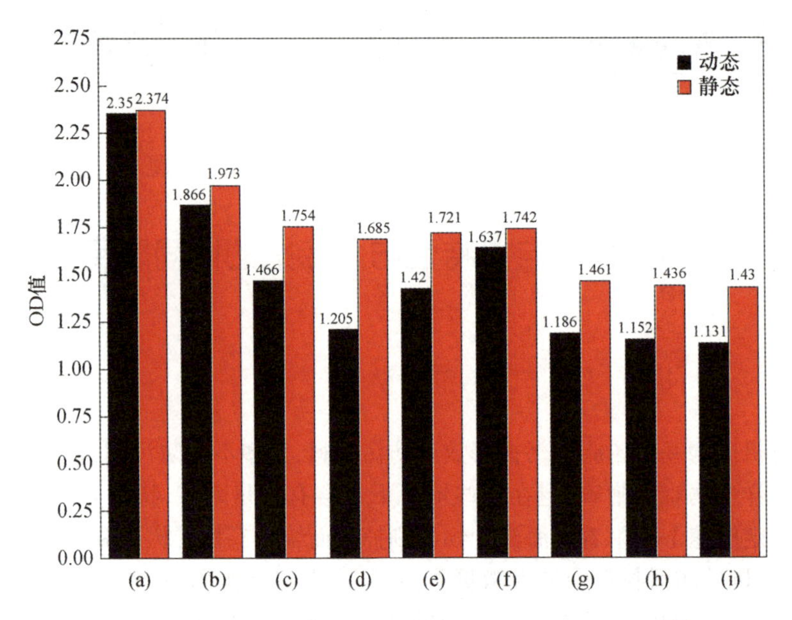

图8-13 动态、静态防污抑菌试验 OD600 值对比结果[18]

(a)有机玻璃;(b)纯硅橡胶膜;(c)GP 膜 A;(d)GP 膜 B;(e)GP 膜 C;(f)GP 膜 D;(g)弹性防污复合膜 A;(h)弹性防污复合膜 B;(i)弹性防污复合膜 C。

刘超[19]以聚二甲基硅氧烷为软段、1,6－己二胺为扩链剂,与异佛尔酮二异氰酸酯反应,制备了系列硬段含量不同的有机硅基聚脲,该材料与防污剂4,5－二氯－2－正辛基－4－异噻唑啉－3－酮(DCOIT)构成的体系使DCOIT呈线性可控释放,具有良好的静态防污性能,见图8－14。

图8－14 不同DCOIT含量的PDMS－PUa涂层的浅海静态浸泡情况(180天)[19]

防污剂除在有机硅中直接添加外,还可通过化学接枝的方法引入,将2,4,4′－三氯－2′－羟基二苯醚(Triclosan,三氯生)接枝到PDMS主链上,再用双(二甲基氨基)二甲基硅烷交联,材料能显著减少生物膜的附着,在浅海静态浸泡中显示了较好的防污效果。

8.3.2 两亲性聚合物与防污剂的协同

通过自由基聚合合成两性离子改性丙烯酸锌树脂,复配以少量的氧化亚铜制备了两性防污涂料,借助协同作用,可在低防污剂释放条件下表现出良好防污性能。两性防污涂层浅海挂板防污性能如图8－15所示,空白样板(环氧防腐涂层)浸泡1个月后表面有相当数量的红海绵、石灰虫幼虫及少量藤壶黏附,而两性防污涂层和丙烯酸锌涂层均未出现生物黏附现象;6个月后,空白样板和丙烯酸锌涂层表面均发生严重污损现象,而两性防污涂层表现出了良好的防污性能,仅在样板边缘处有少量的藤壶黏附[20]。

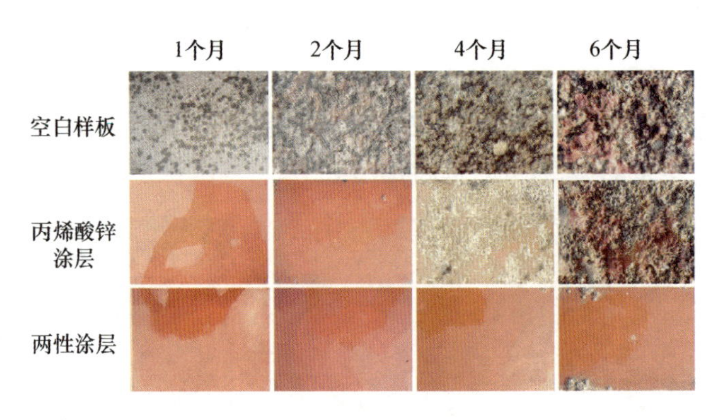

图8－15　两性防污涂层浅海挂板防污性能[20]

8.3.3　微结构与生物肽的协同

依据“附着点”理论及ERI模型设计线性排列和垂直相交排列的沟槽结构表面，进行生物肽（氨基酸序列号NCLNPNTASACMHV）修饰，生物肽中添加二硫键，增强其与金属的结合能力。细菌附着试验表明，沟槽结构对细菌生物膜形成的抑制作用较弱，而生物肽修饰后材料表面对生物膜的抑制作用增加，且抑制作用随沟槽宽度减小而增大；藻类附着试验表明，微观结构对海藻附着具有较强抑制作用，经过生物肽修饰之后，抑制作用得到进一步提升[21]。

8.3.4　微结构、防污剂与黏液的协同

模拟自然界中表面微结构、防污活性物质、黏液渗出3种防污作用方式，构建微结构、防污剂与黏液协同的防污材料[22]。

（1）硅油微胶囊防污涂料。以尿素、甲醛为原料，以水为分散相，氯化铵与间苯二酚为交联固化剂，在表面活性剂作用下制备硅油微胶囊，与丙烯酸锌树脂相结合，构建仿生微结构与黏液渗出相结合的防污材料。结果表明，硅油微胶囊添加后，涂层表面具有一定的微纳米结构，涂层表面能降低，由于微纳米结构和硅油释出的作用，涂层初期具有良好的防污性能，但随着时间延长防污性能逐渐减弱。

（2）辣椒素/硅油微胶囊防污涂料。将辣椒素与硅油混合形成均质芯材，以脲醛树脂为缓释载体材料，实现硅油与辣椒素共同包覆，当其与丙烯酸锌树脂相结合时，微胶囊可在涂层表面形成类似荷叶的微纳米结构，同时控制硅油与辣椒素的缓慢释放，进而构建了微结构、防污剂和黏液渗出相结合的防污涂层，结果表明，辣椒素的加入使涂层表现出较硅油微胶囊涂层更好的防污性能。

参考文献

[1] AMS D A, FEIN J B, DONG H, et al. Experimental measurements of the adsorption of *Bacillus subtilis and Pseudomonas mendocina*onto Fe – oxyhydroxide – coated and uncoated quartz grains[J]. Geomicrobiology,2004,21(8):511 – 519.

[2] AEXL R, JOHN A F, MICHALA E P, et al. Zeta potential of motile spores of the green alga *Ulva linza* and the influence of electrostatic interactions on spore settlement and adhesion strength[J]. Biointerphases,2009,4(1):7 – 11.

[3] GOTTENBOS B, MEI H C V D, Busscher H J, et al. Initial adhesion and surface growth of *Pseudomonas aeruginosa* on negatively and positively charged poly(methacrylates)[J]. Journal of Materials Science: Materials in Medicine,1999,10(12):853 – 855.

[4] SHASHIKALA A R, RAICHUR A M. Role of interfacial phenomena in determining adsorption of *Bacillus polymyxa* onto hematite and quartz[J]. Colloids and Surfaces B: Biointerfaces,2002,24(1):11 – 20.

[5] LIU Y, MCFARLIN G T, YONG X, et al. Designing composite coatings that provide a dual defense against fouling[J]. Langmuir,2015,31(27):7524 – 32.

[6] 张淑玉,郑纪勇,付玉彬. 表面植绒海洋防污技术的原理及研究进展[J]. 涂料工业,2012,42(12):72 – 76.

[7] BREUR H J A. Antifouling fiber coatings for marine constructions: US0227111[P]. 2012 – 02 – 09.

[8] 张淑玉. 表面植绒型海洋防污材料的制备工艺及应用性能研究[D]. 青岛:中国海洋大学,2013.

[9] HIROMICHI I, SHUSUKE Y. Fishing materials excellent in prevention of clinging of organism and processes for their production: EP0312600[P]. 1993 – 10 – 06.

[10] BEIGBEDER A, DEGEE P, CONLAN S L, et al. Preparation and characterization of silicone – based coatings filled with carbon nanotubes and natural sepiolite and their application as marine fouling – release coatings[J]. Biofouling,2008,24(4):291 – 302.

[11] BEIGBEDER A, LINARES M, DEVALCKENAERE M, et al. CH – π interactions as the driving force for silicone – based nanocomposites with exceptional properties[J]. Advanced Materials,2008,20(5):1003 – 1007.

[12] KANG S, PINAULT M, PFEFFERLE L D, et al. Single – walled carbon nanotubes exhibit strong antimicrobial activity[J]. Langmuir,2007,23(17):8670 – 8673.

[13] 孙源. CNTs/PDMS复合涂层对污损早期微生物群落影响的研究[D]. 哈尔滨:哈尔滨工业大学,2016.

[14] 张金伟,蔺存国,王利,等. 有机硅材料表面静态水接触角与弹性模量对硅藻的协同防污作用研究:水环境腐蚀与防护学术研讨会论文集[C]. 黄山:中国腐蚀与防护学会水环境专业委员会,2011.

[15] 吕丹丹. 材料表面润湿性和荷电性对硫酸盐还原菌和费氏弧菌初始附着行为的影响[D]. 广州:中国科学院海洋研究所,2014.
[16] 王伟. 响应性聚合物/纳米复合抗菌防黏附性表面的构筑及性能研究[D]. 广州:广州大学,2019.
[17] 赵逾. 有机硅防御型防污涂料在船舶涂装和实航的节能效果[J]. 中国涂料,2016,31(8):50-54.
[18] 王小明. 弹性防污复合膜的制备及其防污性能研究[D]. 长春:吉林大学,2018.
[19] 刘超. 有机硅基聚脲海洋防污材料的制备及性能研究[D]. 广州:华南理工大学,2017.
[20] 杨武芳,程道仓,张龙洲,等. 二元协同两性防污涂层的制备及性能研究[J]. 涂料工业,2016,46(8):23-32.
[21] 肖劲飞. 基于表面拓扑结构与生物修饰协同作用的防污表面研究[D]. 武汉:武汉理工大学,2018.
[22] 李玉. 微胶囊的制备及其用于仿生防污涂层的研究[D]. 海口:海南大学,2018.

第 9 章

防污涂料的性能评价方法

防污性能是防污涂料最重要的性能指标之一。防污涂料在研制和进入市场前,都要对其防污性能进行评价。因此,防污性能评价是防污涂料研发、配方设计、产品改进和成品质量控制的关键环节之一。目前,已经开发出了一系列包括静态或动态等实海测试、实船测试、实验室内生物评价技术以及室内动态模拟测试装置等技术或方法应用于涂料的防污性能评价。本章详述了防污涂料实海测试等相关标准和试验方法、防污活性物质的筛选方法、防污涂层的实验室动态脱除实验方法等。

9.1 防污涂料的实海评价方法

9.1.1 船舶防污漆体系及试验方法

《船体防污防锈漆体系》(GB/T 6822—2014)中规定了船体设计水线以下和水线部位外表用防污防锈漆体系的分类、要求、试验方法、检验规则及标志、包装、运输和储存。该标准适用于各类船体材料的船舶设计水线以下和水线部位的防污防锈漆体系。表 9 - 1 所列为 GB/T 6822—2014 中防污漆体系的主要分类。

表 9 - 1　GB/T 6822—2014 中防污漆体系的主要分类

分类依据	类别
防污漆类型	Ⅰ型:含防污剂的自抛光型或磨蚀型防污漆
	Ⅱ型:含防污剂的非自抛光型或非磨蚀型防污漆
	Ⅲ型:不含防污剂的非自抛光型或非磨蚀型防污漆

续表

分类依据	类别
防污剂类型	A 类:铜和铜化合物
	B 类:不含铜和铜化合物
	C 类:其他
使用期效	短期效:3 年以下使用期
	中期效:3 年及 3 年以上、5 年以下使用期
	长期效:5 年及 5 年以上使用期

GB/T 6822—2014 中针对防污漆体系的涂层性能测试主要有两方面:①与阴极保护的相容性,测试方法按照《色漆和清漆　暴露在海水中的涂层耐阴极剥离性能的测定》(GB/T 7790—2008)进行;②防污性能,包括浅海浸泡性、防污涂层抛光(磨蚀)性和动态模拟试验,如表 9 - 2 所列。

表 9 - 2　GB/T 6822—2014 中防污性能测试的主要类别及相关要求

类别		相关要求	适用性	参考标准
浅海浸泡性		1. 防锈涂层应无剥落和片落。 2. 防污漆的性能评价按 GB/T 5370—2007 方法评定	不适用于Ⅲ型防污漆	GB/T 5370—2007
防污涂层抛光(磨蚀)性		1. 防锈涂层应无剥落或片落。 2. 防污涂层的抛光或磨耗速率应与鉴定特征性能相一致	不适用于Ⅱ型和Ⅲ型防污漆	GB/T 6822—2014 附录 E
动态模拟试验	短期效防污漆体系	1. 防锈涂层应无剥落或片落。 2. 防污漆的性能按 GB/T 5370—2007 方法评定。在试验结束时,Ⅰ型和Ⅱ型防污漆应满足 GB/T 5370—2007 中 6.1.7 要求;Ⅲ型防污漆的试验样板的硬壳污损生物覆盖面积应不大于 25%	适用于所有类型的防污漆	GB/T 7789—2007
	中期效防污漆体系			
	长期效防污漆体系			

针对短期、中期和长期 3 种期效的防污漆,其浅海静态浸泡试验和动态模拟试验周期也有较大差别。浅海静态浸泡的试验时间:短期效防污漆试验要求经过 1 个海洋生物生长旺季,并且至少每半年检查评级一次;中期效防污漆试验要求经过 2 个海洋生物生长旺季,并且至少每半年检查评级一次;长期效防污漆试验要求经过 3 个海洋生物生长旺季,并且至少每半年检查评级一次。动态模拟试验时间:短期效防污漆体系试验周期为 3 个,并且在每个试验周期结束后检查评级一次,最后

一个周期应在海洋生物生长旺季;中期效防污漆体系试验周期为5个,并且在每个试验周期结束后检查评级一次,最后一个周期应在海洋生物生长旺季;长期效防污漆体系试验周期为8个,并且在每个试验周期结束后检查评级一次,最后一个周期应在海洋生物生长旺季。

9.1.2 实海测试

防污涂料在进入市场之前,都要在其服役环境下进行长期现场测试,以获取相关的试验数据信息并评价其防污性能。因此,防污涂料在实际服役环境下的性能测试,是其研发过程的重要组成部分。目前,常用的防污涂料现场测试方法主要有两种:浅海静态浸泡试验和动态模拟试验。

1. 浅海静态浸泡试验

浅海静态浸泡试验是测试防污涂层性能的重要手段,通常是在港口、码头等建立试验基地,在浅海浮筏上悬挂试验样板,定期检测污损生物的附着种类、附着量及繁殖程度,并与空白样板或对照样板进行比较,来评定涂料的防污性能。

1) GB/T 5370—2007

《防污漆样板浅海浸泡试验方法》(GB/T 5370—2007)规定了防污漆样板浅海静态浸泡试验方法的试验装置、试样制备、试验程序、性能评定等内容,适用于船舶、近海工程结构用防污漆浅海静态浸泡性能的评定。浅海静态浸泡试验可在海水流通的钢质、木质、钢筋混凝土等结构的浮筏上进行。浮筏泊放地点应在海湾内海洋生物生长旺盛、海水潮流小于2m/s的海域中(河口或工业污水严重的区域除外)。

试验程序主要包括试验、观察以及记录3个步骤。①试验:防污漆样板浅海静态浸泡试验应至少在试验所在海域海洋生物旺季前1个月开始。样板应垂直牢固地固定在框架上,不应与框架或其他金属接触,样板表面应与海水的主潮流方向平行。样板的浸泡深度在0.2~2m之间,框架的间距应大于或等于200mm。②观察:样板浸海后,前3个月每月观察1次,之后每季度观察1次,1年以后每半年观察1次(海洋生物生长旺季每季度观察1次),每次观察应对样板表面拍照。观察时应轻轻除去样板上的海泥,不得损伤漆膜表面。观察时尽量缩短时间,观察后应立即将样板浸入海中,以避免已附着生物死亡,影响试验结果。③记录:对样板上海洋污损生物的附着数量及其生长状况、样板上的漆膜表面状态进行记录。此外,记录信息还应包括样板的编号、尺寸、涂料及其配套体系、浸海地点和时间、观察时间等信息。

防污漆浅海静态浸泡性能评定应分别对防污漆的防污性和漆膜的物理状态进行评定,评定采用评分的方式进行。性能评价时,试验样板边缘20mm的范围不计入评定的总面积。当同一框架内的试验样板评定时,先对每块样板进行性能评分,然后用最低百分评分估值作为样品的总性能评定。具体的评定方法如下:

(1)防污性评定。根据海洋污损生物的附着数量和覆盖面积评定防污漆的防污性能。若样板表面只附着藻类胚芽和其他生物淤泥,则试验样板的表面污损可评定为100。若仅仅有一些初期污损生物附着,则降至95。若有成熟的污损生物附着,则评分方法为:以95为总数扣除个体附着的污损生物的数量和群体附着污损生物的覆盖面积百分数。当试验样板的污损生物覆盖面积大于10%,或防污性评定85以下时判定为防污性失效,可终止试验,并作为最终试验结果。

(2)漆膜物理状态评定。试验样板表面漆膜无物理损伤则评定为100,从100扣除被破坏的面积百分数即可得到漆膜破损程度的评估。

2)ASTM D3623—78a(2020)

《防污漆样板浅海浸泡的标准测试方法》(ASTM D3623—78a(2020))将已知性能的标准防污漆作为对照,评定待测防污漆在浅海环境中的防污性能。采用的标准防污漆为符合美国军用规格 MIL - P - 15931B 的乙烯基防污漆,与标准防污漆体系对比后合格的防污漆可应用于防护水下海洋结构物。

试验样板基材为低碳钢板,经喷砂处理后,在样板表面喷涂一层预处理底漆,涂装24h内,再依次涂装4道乙烯基红丹底漆。涂装最后一道乙烯基红丹底漆后的2~24h内,标准样板表面涂装二道乙烯基防污漆,试样板表面则涂装待评定防污漆。试样的固定和投放、观察和记录、防污等级计算等方法都与GB/T 5370—2007中规定的基本一致,只是在浸没深度、样板间距、观察记录时间间隔等试验参数上略有差别。

3)ASTM D5479—94(2020)

船舶和海洋结构物都存在部分浸入海水中的情况,部分浸水可能会增加某些污损生物的附着量,同时加剧涂层可能受到的物理性破坏。《测试部分浸没的海洋涂料抗生物污损性能的标准实施规程》(ASTM D5479—94(2020))规定了防污涂料体系在部分浸水环境下的防污性能试验方法。试验步骤、评定方法等与ASTM D3623—78a(2020)非常相似,不同之处是将安装在浮筏上的试样部分浸入水中,暴露在水面上的高度为10cm。

2. 动态模拟试验

与浅海静态浸泡试验不同,船舶航行时防污涂料往往暴露在有水流剪切应力的环境中。防污涂层表面与水流之间的摩擦力能够显著影响自抛光型防污涂料的表面自抛光效果和污损释放型涂料的自清洁效果。因此,对船舶航行状态进行模拟,来评价防污材料的性能是十分必要的。

1)GB/T 7789—2007

防污漆动态模拟试验是指将涂装防污漆的样板,模拟船舶航行时的状态,在天然海水中连续运转和海洋污损生物生长旺季时挂板浸泡相结合所进行的试验。

《船舶防污漆防污性能动态试验方法》(GB/T 7789—2007)规定了在天然海水中评定船舶防污漆防污性能的动态模拟试验方法。动态模拟试验必须在天然海水中进行,可在实海中的试验浮筏上、大型天然海水池、具有流动天然海水的海水槽等场所安装动态模拟试验装置。如图9-1所示,七二五所在厦门海洋环境试验站的动态模拟试验装置,从左到右依次为浅海浮筏和动态模拟装置。动态模拟试验装置包括动力、传动、样板固定架三部分,要求样板运动的线速度达到(18±2)kn,样板运行时必须在液面20cm以下,且不可脱离海水。动态模拟试验样板停泊时的浅海静态浸泡试验按照GB/T 5370—2007所规定的试验方法进行。动态模拟试验的初始时间,通常应在试验地点海域海洋污损生物生长旺季前1~2个月开始,以保证动态模拟试验的全部周期仍处于污损生物生长旺季内。

图9-1　动态模拟试验装置

样板涂装防污漆后,安装到样板固定架上,浸入海水中,启动装置电源开关,将线速度调整为(18±2)kn,连续运转相当于航行(4000±50)kn后,停机并检查样板,记录漆膜表面状态。若样板漆膜完好,将样板移入试验浮筏,进行防污漆浅海静态浸泡试验一个月。一个动态模拟试验和静态浸泡过程为一个周期,每个试验周期后,需要对样板表面进行观察、记录、拍照。观察记录以及评定方法与GB/T 5370—2007所规定的一致。当样板按预定周期试验完毕或样板污损生物覆盖面积、破坏程度大于10%时,或按GB/T 5370—2007中防污性能评定得分在85分以下时,判定防污性失效,可终止试验,并作为最终试验结果。

2)ASTM D4939—89(2020)

《天然海水中海洋防污涂料在生物污损和流体剪切力作用下的标准试验方法》(ASTM D4939—89(2020))也采用动态模拟试验和静态浸泡相结合的方式,测定防污涂料的防污性能,并采用一种已知防污性能的防污漆作为对照。将需测试和对照防污漆涂装在钢质样板上,并浸入海洋生物生长旺盛的天然海水中。通常以30天为典型周期,最初的30天为静态浸泡,接着进行30天的动态模拟试验,然后进行静态浸泡和动态模拟试验的交替循环,当达到规定的时间或者既定的污损附着程度时,停止试验。浅海静态浸泡试验以及最终的结果评定方法可参照ASTM D3623—78a(2020)。

浅海静态浸泡试验和动态模拟试验是目前常用的测试防污涂料性能的试验方法,能够比较直观地评价涂料的防污性能,但该方法存在试验周期长(通常试验周期不少于1年)、受外界环境影响大等缺点。

3. 实海测试方法的应用

按照标准规范的要求,防污涂料的浅海静态浸泡和动态模拟试验等实海测试方法必须具备相应的实验设施。因此,依托自然海域建立海洋环境试验站是满足防污涂料实海测试的必要手段。七二五所在青岛、厦门、三亚等海域都建设有海洋环境试验站,可满足防污涂料多海区、全季节下的防污性能测试。图9-2所示分别为青岛试验站、厦门试验站和三亚试验站。

图9-2 七二五所海洋环境试验站

(a)青岛试验站;(b)厦门试验站;(c)三亚试验站。

青岛试验站位于青岛即墨鳌山卫,地处黄海海域,属于典型温带海洋性气候,年海水平均温度14.3℃,盐度31.5‰。海洋生物季节性生长,主要污损生物为藤壶、苔藓虫、海鞘、石莼、贻贝、牡蛎以及硅藻等。青岛海域海洋生物夏季生长旺盛,冬季由于温度较低,生长受到明显抑制。

厦门试验站位于厦门大离浦屿岛,地处东海海域,属于典型亚热带海洋性气候,年海水平均温度20.9℃,盐度27‰。厦门海域海洋生物种类较多,且一年四季生长旺盛,夏季主要污损生物为藤壶、牡蛎、贻贝等贝类生物,冬季主要污损生物为藻类、苔藓虫、石灰虫、海鞘等石灰质和软体类动植物。

三亚试验站位于三亚天涯镇红塘湾,地处南海海域,属于典型热带海洋性气候。年海水平均温度27℃,盐度30.5‰。海洋生物生长期长、繁殖快,主要污损生物为藤壶、牡蛎、贻贝、石灰虫等。

Zhang等[1]在厦门试验站开展了5种商用防污涂料的浅海静态浸泡试验和动态模拟试验。浅海静态浸泡试验依据的标准为ASTM D3623—78a(2020)。5种商用防污涂料在厦门海域进行浅海静态浸泡试验后的污损附着情况如图9-3所示。

浸泡 45 天后，5 种涂层样板表面均附着有生物污泥，其中 B、D、E 样板表面的生物污泥的附着面积超过了 60%。浸泡 90 天后，D 涂层样板表面附着有藤壶和牡蛎，E 涂层表面则完全被生物污泥覆盖。浸泡 114 天后，涂层样板表面的污损生物生长旺盛，A、B、D、E 样板表面均附着有藤壶、牡蛎和苔藓虫，并且以藤壶的附着为主；而 C 样板表面则没有出现大型污损生物，仅仅在样板边缘附着有少量的牡蛎和苔藓虫。ASTM D3623—78a(2020) 中的防污性能评分计算公式：

$$\text{防污性能评分} = 95 - \text{污损生物个体数} - \text{污损生物覆盖面积的百分数} \quad (9-1)$$

根据式(9－1)，计算得到 5 种防污涂料在厦门海域的防污性能评分分别为 31、－18、92、－176、－64。因此，5 种防污涂料在厦门海域浅海静态浸泡 114 天后的防污性能为 C＞A＞B＞E＞D，这与浸泡 90 天后的结果相一致。随着测试时间延长至 236 天，涂层样板表面的主要污损生物变成了牡蛎和苔藓虫，但是防污性能评级并没有发生改变。

图 9－3　防污涂料在厦门海域进行浅海静态浸泡后的污损附着情况[1]

动态模拟试验依据的标准为 ASTM D4939—89(2020)。5 种商用防污涂料在厦门海域进行动态模拟试验后的污损附着情况如图 9-4 所示。在静态浸泡期间，5 种商用防污涂层样板外观都与浅海静态浸泡的结果一致。经过动态测试后，大多数的污损生物从 5 种污损释放型防污涂层表面脱落。测试样品经过 114 天的浸泡，经动态模拟试验后，涂层 C 表面的污损生物几乎全部脱落，而 D 涂层表面仍然附着大量的藤壶和牡蛎。根据 ASTM D3623—78a(2020)的计算标准，得到 5 种防污涂料在厦门海域的动态防污性能为 C > A > B > E > D。测试样品经过 236 天的浸泡，经动态模拟试验后，A、C 涂层样板表面的主要污损生物变成了牡蛎和苔藓虫，B 涂层样板表面则变成了苔藓虫，防污性能等级并没有发生变化。

图 9-4 防污涂料在厦门海域进行动态模拟试验后的污损附着情况[1]

9.1.3 实船测试

在防污涂料的研发期间，大量的实验室测试和自然环境下试验被用来评估涂料的防污性能。但是，船舶在实际运行时的在航速度、停泊时间、航行路线、海水环境等因素，都是其他任何测试所不能重现的。因此，对处于研发历程的最后阶段，即将商业化的防污涂料，都必须进行实船涂装测试，以评价其防污性能。通过实船测试，可以检验防污涂层的施工性能、与防锈涂料配套性、附着力、耐干湿交替性和防污性能等综合指标。

进行实船测试前，要根据被测试涂料产品的特征，选择适应于该产品特征的航海模式。船舶的航行速度和活动区域必须配合产品的特点（如快速/慢速抛光）。实船测试既可以将防污涂料喷涂在只有几平方米的船体区域进行，也可以在全船进行。一般小区域的测试是实验室/现场测试和全船测试的中间步骤，可以在几平方米的几个补丁区域内或是在一个相对大的测试区内对补丁区域进行测试。大区域内的测试主要是将待测防污涂料与涂覆在船体表面的已经商业化应用的防污涂料进行对比。与小区域测试相比，全船测试是将防污涂料应用到整个船体的水下区域，其优点是能够研究待测涂料在船体上所有不同区域的防污性能，对于所有的防污涂料均适用。但是，全船测试需要耗费大量的油漆，且一旦涂料达不到正常的防污效果，还需要向船体上重新涂装涂料，耗费昂贵，经济成本较高。因此，全船测试只适用于即将商业化大规模应用的涂料产品。当达到预定的航行时间后，通过潜水拍照或视频记录的方式，检查船舶底部防污涂层的表面状态。根据船舶底部附着海洋生物的种类、数量、附着面积以及涂膜的起泡、开裂和分层等物理状态，来评价防污涂料的综合性能。

实船涂装测试符合船舶航行的实际工况，测试结果也真实可靠。但是，由于这些测试的周期长且耗费巨大，一般仅在研发的最后阶段应用，在研发的初期阶段，应考虑建立可靠的实验室评价方法，提高新型防污涂料开发和配方筛选效率。

9.2　防污涂料的实验室评价方法

防污涂料在进入市场前，需要对其防污性能进行全面系统的测试评价。目前，主要依靠实海测试等试验手段对涂料的防污性能进行评价，整个流程依次包括海上浮筏挂板试验、小面积实船涂装测试和全船涂装测试 3 个阶段。但是，这些方法普遍存在试验周期长的缺点，难以满足防污涂料开发初期大量的筛选择优工作。因此，防污涂料的开发迫切需要建立容易操作、试验周期短、可定量、普适性好的室内快速防污性能评价方法，可以综合快速评定防污涂料的性能，以利于在短时间内筛选得到性能优异的防污涂料配方。

9.2.1　含防污剂型涂层的室内快速评价方法

含防污剂的防污涂料是通过控制防污剂的有效持续释放，以达到杀死或驱避污损海洋生物的目的。目前，含防污剂的防污涂料仍是防污涂料的主流产品，配方中含有约 30% ~60% 的 Cu_2O 等防污剂，其防污性能的测试方法也以防污剂的释放测定为基础，由此已经发展了相对成熟的评价方法，如防污剂渗出率测试标准(《船底防污漆铜离子渗出率测定法》(GB/T 6824—2008)、《船底防污漆有机锡单体渗出率测定法》(GB/T 6825—2008)、《替代海水中防污涂料的有机杀生物剂释放率测定的标准试验方法》(ASTM D6903—07(2020))、《替代海水中防污涂料的铜释放率测定的标准试验方法》(ASTM D6442—06(2020))等。目前,国内外对于防污涂料中防污剂渗出率的相关测试标准如表9－3所列。

表9－3　防污涂料中防污剂渗出率相关测试标准

标准来源	标准名称	防污剂类型	测试方法
中华人民共和国国家标准化管理委员会	GB/T 6824—2008	氧化亚铜、硫氰酸亚铜等含铜防污剂	原子吸收光谱法
	GB/T 6825—2008	三丁基锡	石墨炉原子吸收光谱法
美国材料实验协会(ASTM)	ASTM D6903—07(2020)	异噻唑啉酮等有机杀生剂	高效液相色谱法
	ASTM D6442—06(2020)	氧化亚铜、硫氰酸亚铜等含铜防污剂	原子吸收光谱法

有机锡防污剂对非目标生物具有较高毒性,且很难分解,能经过贝类和鱼类进入人类食物链,直接危害人体健康。《国际控制船舶有害防污底系统公约》已完全禁止有机锡防污剂的使用。DDT等有毒防污物质也被《关于持久性有机污染物的斯德哥尔摩公约》禁止使用。因此,我们主要对以含铜或有机杀生剂的防污漆中防污剂渗出率测试标准进行介绍。

1)GB/T 6824—2008

《船底防污漆铜离子渗出率测定法》(GB/T 6824—2008)规定了用原子吸收光谱法测定以氧化亚铜为防污剂的防污漆在人造海水中铜离子的渗出率的试验装置、试验程序和方法。如图9－5所示,将涂有防污漆的测试筒浸入装有人造海水的储存槽内,在一定的时间间隔,将各个测试筒转移到独立地装有相同人造海水的渗出率测试容器中进行旋转,旋转完毕后再放回储存槽。然后,取渗出率测试容器中的渗出液,用原子吸收光谱法或能满足精度的现行有效的方法进行分析,得出渗出液中铜离子的浓度,计算出船底防污漆铜离子的渗出率。

2)ASTM D6442—06(2020)

《替代海水中防污涂料的铜释放率测定的标准试验方法》(ASTM D6442—06(2020))所述方法与GB/T 6824—2008基本一致。主要试验步骤:将聚碳酸酯器皿用去离子水洗净,砂纸轻微打磨后将涂料涂装在测试筒表面。测试筒外周围表面涂装的防污涂层面积为$200cm^2$,干膜厚度为$100\sim200\mu m$。试样涂装至少7天后，才能进行测试。待涂层完全干燥后，将测试筒以及空白圆筒放入储存槽中适宜的位置，以保证圆筒的涂装面应完全浸没在人造海水中，并使储存槽内的海水能均匀流过其四周。试验期间，至少间隔3天测定储存槽内海水的pH值、盐度以及温度，使其保持在指定的范围内。在1、3、7、10、14、21、28、31、35、38、42和45天后，将测试筒取出储存槽，沥干涂层表面海水，随机分别放入单个的、装有1500mL新鲜人造海水的测量容器中，安装在旋转装置上，浸没涂膜区，立即启动装置旋转测试筒，持续旋转60min。测试筒旋转完成后，放回储存槽中。从测试容器中取出大约100mL的人造海水样品，酸化过滤后，采用合适的分析手段对样品进行测试。

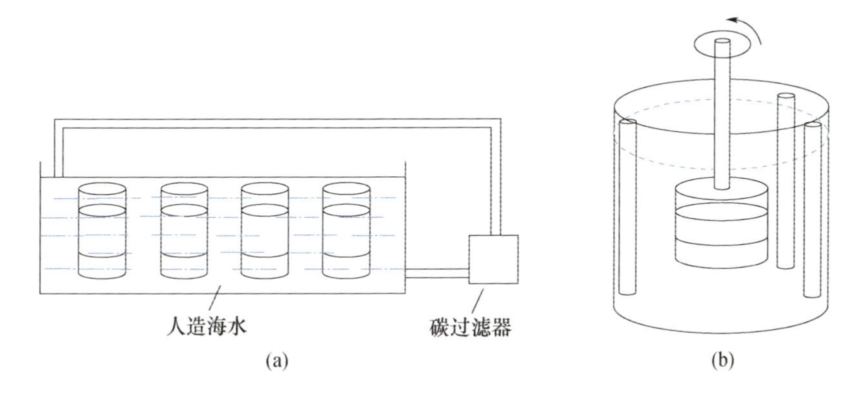

图9-5　防污漆渗出率测试装置

(a)储存槽示意图；(b)渗出率测试装置示意图。

单个测试筒计算渗出率计算公式：

$$R = C_{\mathrm{Cu}} VD/(TA) \tag{9-2}$$

式中：C_{Cu}为人造海水中铜离子浓度(μg/L)；V为测量容器中人造海水体积(L)；D为24h/天；T为旋转时间(h)；A为涂膜面积(cm^2)。

指定时间的铜离子累计渗出率计算公式：

$$R_{x,y} = \sum \bar{R}_{i,j}(j-i) = \sum \frac{(R_i + R_j)}{2}(j-i) \tag{9-3}$$

式中：$R_{x,y}$为从x天到y天的累计渗出率；$\bar{R}_{i,j}$为从x天到y天间所有数据在连续取样节点i与j的平均渗出率；i和j为试验开始后每一对连续数据点；R_i与R_j为每一组平行样在试验开始到45天期间任意一对连续采样节点间的平均渗出率。

平均渗出率计算公式(以21天到45天的平均渗出率为例)：

$$\bar{R}_{21,\mathrm{end}} = \frac{\sum \bar{R}_{i,j}(j-i)}{\sum (j-i)} = \frac{\sum \frac{(R_i + R_j)}{2}(j-i)}{\sum (j-i)} \tag{9-4}$$

式中：$\overline{R}_{21,\mathrm{end}}$为从21天到试验结束的平均渗出率；$R_{i,j}$为21天到试验结束所有数据在连续取样节点$i$与$j$的平均渗出率；$i$和$j$为试验开始后每一对连续数据点；$R_i$与$R_j$为每一组平行样在试验开始到45天期间任意一对连续采样节点间的平均渗出率。

3）ASTM D6903—07（2020）

《替代海水中防污涂料的有机杀生剂释放率测定的标准试验方法》（ASTM D6903—07（2020））规定了实验室内测定防污漆在海水中有机杀生剂渗出率的方法。主要用来测试防污漆中异噻唑啉酮、吡啶硫酮铜等有机杀生剂的渗出率。测试程序与ASTM D6442—06（2020）基本一致，含量测定主要是通过高效液相色谱来完成。

4）ASTM D4938—89（2013）

磨蚀率的测定能够有效评定船舶防污漆的坞修间隔所要求的涂层厚度，为计算防污涂料达到预定使用寿命所需的膜厚提供指导。《用高流速水对防污漆进行侵蚀测试的标准方法》（ASTM D4938—89（2013））介绍了防污漆体系浸泡在流动的天然海水中的磨蚀率测定方法。该方法将磨蚀型防污漆体系浸泡在设定速度的流动海水中，使之承受在实际使用中可能受到的水流剪切力，来测定磨蚀率。

9.2.2 防污活性物质的筛选方法

防污活性测试是高效防污活性物质筛选过程中的重要步骤。针对防污活性物质的性能测试，目前尚无规范的标准方法，以下参考相关文献进行介绍。

由于防污剂的作用对象是海洋污损生物，因此，进行防污活性物质的筛选，需要以海洋污损生物作为靶标生物。代表性污损生物一般选取海洋细菌、微藻、贻贝、石莼孢子、藤壶幼虫等，本部分将针对上述几种常用海洋污损生物的试验方法做详细介绍。

1. 细菌

1）琼脂扩散法

琼脂扩散法是指利用待测防污活性物质能够在琼脂中扩散，并且其扩散到的地方的微生物生长受到抑制，出现透明圈，以此判断该物质有无抗菌活性。琼脂扩散法主要分为纸片琼脂扩散法、牛津杯法和打孔法。

纸片琼脂扩散法：将受试菌株均匀地涂布于琼脂平板上，然后将含有定量防污活性物质的纸片贴在琼脂平板的表面，纸片接触琼脂，其含有的防污活性物质向周围扩散，围绕纸片形成递减的浓度梯度。经过培养后，纸片周围的在防污活性物质抑菌浓度范围内的受试菌株的生长受到抑制，从而形成无菌生长的透明圈，称为抑菌圈。通常以毫米为单位测量抑菌圈的直径，抑菌圈的大小反映了受试菌株对该防污活性物质的敏感性。

牛津杯法：将已灭菌的琼脂培养基加热到完全熔化，倒在培养皿内，每皿15mL(下层)，待其凝固。然后，将熔化的培养基冷却至48～50℃，加入适量的菌悬液(加入菌悬液的量，以能得到清晰的抑菌圈为宜)，摇匀后，将混有菌的培养基5mL加到已凝固的培养基上待凝固(上层)。然后，将牛津杯垂直放置在上述制备的琼脂上，加入待测防污活性物质，置于恒温培养箱中培养。在培养过程中，待测防污活性物质呈球面扩散，离杯越远浓度越低。随着防污活性物质浓度的降低，有一条最低抑菌浓度带，在该带范围内，细菌不能生长，而呈透明的抑菌圈。

打孔法：打孔法与纸片琼脂扩散法的试验过程非常相似。只是在添加防污化合物的方法上存在差别。打孔法需要用10～100μL的移液枪枪头在制备好的固体培养基上打孔，打完孔后用无菌针头将琼脂孔中的培养基挑出。然后，用移液枪吸取20μL含待测防污活性物质的溶液加入到琼脂孔内，盖好培养皿盖，置于恒温培养箱中，培养一段时间后，取出观察并测量抑菌圈直径。

2)营养肉汤培养法

营养肉汤培养法是指将不同浓度的防污活性物质溶解于营养肉汤培养基中，然后加入受试菌株，通过观察细菌的生长与否，确定防污活性物质抑制受试菌株生长的最低浓度，即最小抑菌浓度(MIC)。

2. 微藻

1)显微镜计数法

利用微藻中的叶绿素受紫外线照射后可发射荧光的性质，可直接利用荧光显微镜观察藻类附着状态。齐月璇[2]利用底栖硅藻对海洋天然产物 sclerotiorin 的防污活性进行了测试。具体实验步骤：将相同大小的玻璃片放入一系列浓度梯度的防污活性物质溶液中，加入藻液后，置于光照培养箱中培养24h，然后利用荧光显微镜拍摄沉积在玻璃片表面上的微藻荧光图像，最后利用计数软件对照片内的硅藻附着数量进行记录。

2)分光光度法

分光光度法是利用不同浓度的藻液在其最大吸收波长处吸光度不同的这一特性，对待测溶液中的微藻浓度进行测试。首先，需要配制一系列浓度梯度的藻液，用血球计数板对藻液中的细胞进行计数。对藻液的吸光度值进行测试后，得到微藻浓度和吸光度值之间的标准曲线。然后，将一定量的藻液加入到一系列浓度梯度的含有防污活性物质的溶液中，培养一段时间后，测试溶液的吸光度值。通过标准曲线，即可计算得到溶液中微藻浓度。

3. 贻贝

贻贝是污损动物中的主要优势物种，其特有的足丝使之牢固地黏附在各种海洋材料的表面，强大的生命力和繁殖力使之成为一种极难控制的污损动物。Da Gama 等建立了以贻贝为试验生物的防污性能评价方法。将采集的贻贝幼虫按大小进行分类，然后分别将空白滤纸、含有防污活性物质的滤纸以及含 $CuSO_4$ 的阳性滤纸置于培养皿中，加入海水和贻贝幼虫后，以贻贝在滤纸圈上的探索行为、配子释放和足丝附着数量作为表征指标[3]。研究结果表明，贻贝测试法是一种可靠的、经济高效的防污活性物质筛选方法。

4. 石莼孢子

石莼是常见的大型藻类污损生物，主要通过排出成熟孢子或配子的方式进行繁殖。孢子游动一段时间就会附着在固体表面上生长。因此，实验室内常利用石莼孢子对防污活性物质的活性进行测试。通过显微镜计数法，直接观察物体表面附着的石莼孢子状态。张少云[4]利用石莼孢子评价了神经酰胺类物质的防污活性：将玻璃片放入含有防污活性物质的溶液中，加入一定量的石莼孢子后，利用显微镜分别记录培养 1h 和 4d 后玻璃片上的石莼孢子个数。石莼孢子附着抑制率用下式计算：

$$I = \frac{(D_{1h} - D_{4d})}{D_{1h}} \times 100\% \tag{9-5}$$

式中：I 为神经酰胺对石莼孢子抑制率；D_{1h} 为 1h 后附着的石莼孢子个数；D_{4d} 为 4d 后附着的石莼孢子个数。

5. 藤壶幼虫

藤壶是世界范围内最主要的污损生物，并已经成为研究最多的目标污损生物之一。藤壶成体营固着生活，其幼虫营浮游生活，幼虫阶段包括六期无节幼虫和一期金星幼虫。金星幼虫经短期浮游生活后，选择合适的表面进行附着。用于生物评价的藤壶种类主要考虑易于实验室培养或在自然界易于采集，主要种类包括纹藤壶、致密藤壶等。测试评价试验方法包括无节幼虫毒性测试和金星幼虫的附着测试。

Rittschof[5]认为，藤壶的无节幼虫和金星幼虫虽然都对防污活性物质有相似的浓度响应，但是，由于无节幼虫在不间断地运动，能够持续停留在水体中。因此，测试藤壶无节幼虫对毒性物质的反应相对更容易。将含有无节幼虫的海水加入到一定浓度的待测液中，恒温培养后，对溶液中可游动的幼虫数量进行计数。刘冬东[6]利用藤壶二期无节幼虫测试了苯并异噻唑啉酮(BIT)衍生物的防污活性：首先，配制一系列浓度梯度的受试溶液，将相同数量的藤壶二期无节幼虫加入到溶液中，培养一段时间后，用显微镜观察藤壶幼虫的存活情况。

9.2.3 防污涂层的实验室动态脱除试验方法

由于不存在毒性物质的释放损耗问题，除了浅海静态浸泡等实海测试评定方法，传统测定涂层磨蚀率和防污剂渗出率等评价标准不适用于污损释放型防污涂料的性能评价。相对于含防污剂型防污涂料较成熟的实验室加速评价标准试验方法，污损释放型防污涂料的实验室防污能力评价手段还处于发展阶段。目前，主要利用海洋生物为试验生物，对污损释放型防污涂料的性能进行评价。概括来说，主要有如下评价手段：①微型污损海洋生物的实验室附着试验，主要有细菌、硅藻以及石莼孢子等；②大型污损海洋生物的实验室附着试验，主要有藤壶、贝类以及无脊椎动物等。

针对污损释放型防污涂料，第一类常用的方法是直接将涂层样品浸泡在含有受试污损生物的海水中，利用显微镜等观测技术定期对涂层样品表面的污损生物的附着状态进行记录，并评价其防污性能。刘红等以舟形藻为目标生物，通过观测舟形藻的附着面积，评价无毒防污涂层的防污效果[7]。Zhang 等[8]利用石莼孢子对接枝修饰到玻璃表面上的刷状聚磺酸甜菜碱(polySBMA)的防污性能进行评价。结果表明，polySBMA 几乎可以完全抑制石莼孢子的附着，并且孢子在 polySBMA 表面的附着力非常低。Tsoukatou 等[9]以甲壳类幼虫、海藻以及海洋细菌等作为受试生物，考察了污损释放型防污涂料对海洋典型污损生物的防污性能。试验结果表明，该评价技术快速有效，可对防污涂料的开发和筛选起较好的辅助作用。

针对污损释放型防污涂料，第二类常用的方法是以污损生物在涂层表面的附着力大小来评价其防污性能。该方法的原理是：采用污损生物的幼虫、孢子和污损微生物为测试生物，使污损生物于一定条件下预先在防污涂层样片表面附着，然后将样片放置于流道内给污损生物体施加一定的水流剪切力，考察涂层样片表面污损生物受水流剪切力作用后脱除率的变化情况。Finlay 等[10]将样品暴露于 20Pa 的剪切应力下，评价了硅藻在仿生聚合物涂料表面的黏附强度。藤壶作为最具代表性的目标生物，常被应用于附着力的测试。Swain 等[11]利用张力测试装置和剪切力测试装置分别测定了成体藤壶在涂层表面的黏结强度以及小藤壶在涂层表面的附着强度，试验结果表明，两种方法具有较好的一致性。

如果在室内构建能够有效模拟船舶实际航行时的条件和状态的测试方法，将会大大缩短防污涂料新品种的开发时间，降低研发费用，加快防污涂料的开发和筛选。目前，针对室内动态模拟评价方法已经开展了大量研究并开发出了相应的装置。与实验室内生物评价技术相比，这些新型动态评价装置可以在实验室条件下近似模拟船舶航行时的实际工况，易于操作且测试周期短，这将大大加快新型防污涂层的筛选速度，为防污涂料的筛选提供动态数据，从而更准确地评价涂料的防污性能。

Schultz 等[12]设计的水通道式污损生物黏附强度测试装置示意图见图 9 -6，主要由海水泵、多隔板稳流室、矩形水流通道、试样固定装置和循环水管路等组成。该装置能够测试通道内水流流量与剪切应力的关系、污损生物脱除率与冲刷时间的关系以及污损生物脱除率与流速的关系。

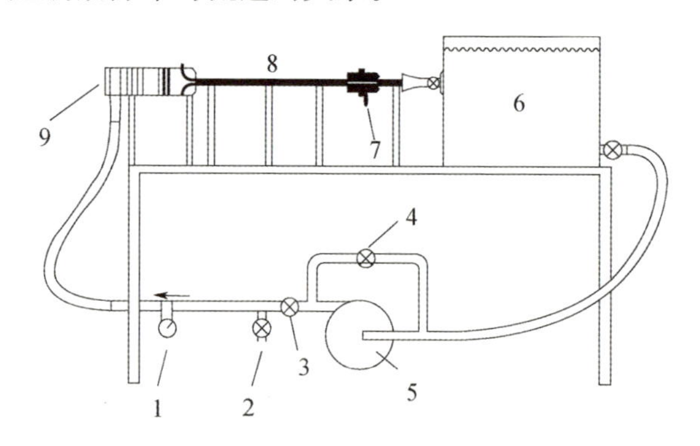

图 9 -6　水通道式污损生物黏附强度测试装置示意图[12]

1—流量计；2—排水阀；3—截止阀；4—球阀；5—海水泵；
6—储水箱；7—夹具；8—测试部分；9—沉降室。

Ilva Trentin 等[13]利用设计的加速老化池对 3 种防污涂料的性能进行了测试。该装置由体积 150L 的水箱设计加工而成，见图 9 -7，水箱中的循环水速率为 2.5L/min。将螺旋桨式搅拌器浸没在水箱中，开启后能够沿水箱的四壁产生上升水流，并以 0.2m/s 的速度冲刷水箱表面的防污涂料样板。通过定期检查样板上污损生物的附着情况，评价涂料的防污性能。与浅海静态浸泡试验相比，大大缩短了防污涂料的筛选周期。

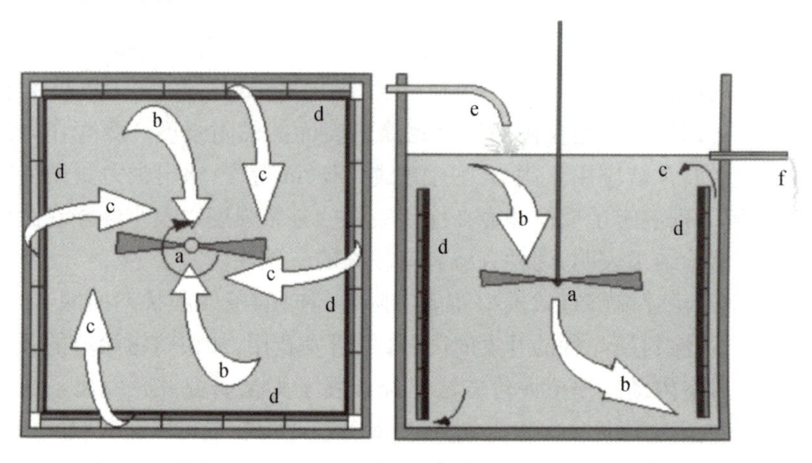

图 9 -7　加速老化池示意图[13]

a—螺旋桨式搅拌器；b—下降水流；c—上升水流；d—油漆样品；e—进水口；f—出水口。

张海永等[14]利用海水动态模拟试验装置(图9-8)模拟船舶航行时船舶水下船体防污涂料的实际服役工况,对无锡自抛光和低表面能两类环保型防污涂料进行动态性能模拟试验,通过定期测量防污涂料的铜离子释放率、表面粗糙度、涂层厚度等来评价其性能。

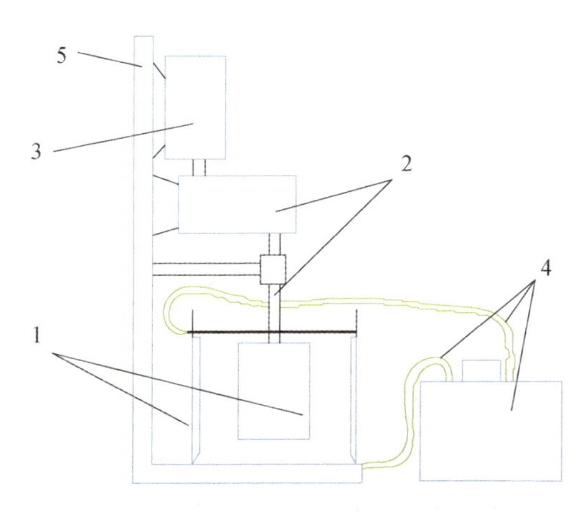

图9-8 动态模拟试验装置图[14]

1—模拟系统;2—传动系统;3—动力调速机构;4—海水循环系统;5—机架。

Yebra等[15]通过调节圆柱状旋转模拟器(图9-9)的旋转设置和扭矩测量参数,可以控制涂料表面的剪切应力,以模拟船舶的实际航行条件。他们利用该装置测试了几种商用的松香基无锡自抛光涂料的涂层厚度变化、质量变化、抛光率和金属离子浸出率等性能参数。

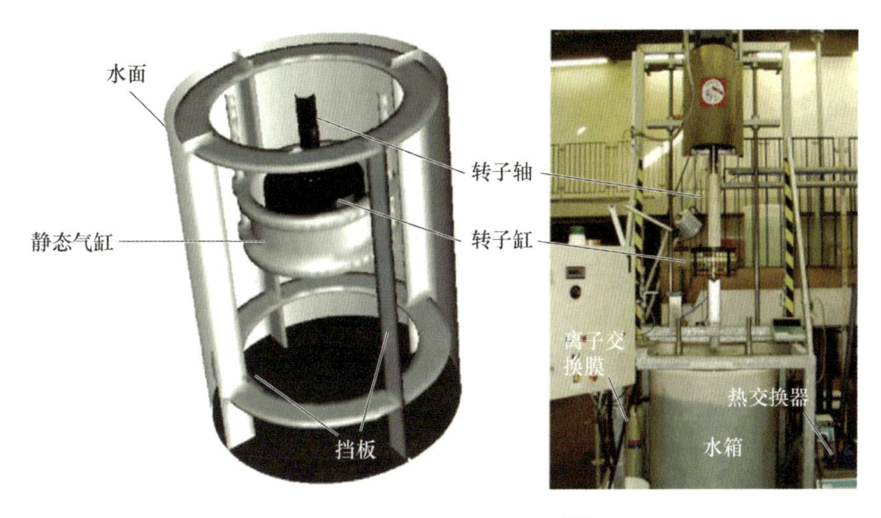

图9-9 油漆旋转装置图[15]

针对有机硅弹性体型、氟化有机硅型等依靠材料表面自身特性防污的污损释放型防污涂层和材料试样，七二五所建立了利用矩形流道中充分发展的湍流和二维流流体移除生物幼虫、孢子及微生物所需的界面流体剪切力来评价生物在材料表面附着强度的测试装置，见图9－10。该测试方法的试验原理：在矩形流道内，充分发展的湍流流体与船舶表面水流的作用关系很接近，管壁处流体保持层流状态，该层内速度梯度很大，近似为常数，切应力恒定不变。在此充分发展的湍流流道内，流体的压力差呈线性下降，流体剪切力与压力差之间存在数学关系 $\tau = -H\mathrm{d}p/(2\mathrm{d}l)$，污损生物幼虫、孢子和污损微生物在涂层表面的附着强度可通过使大部分污损生物脱除的水流剪切力来评价。

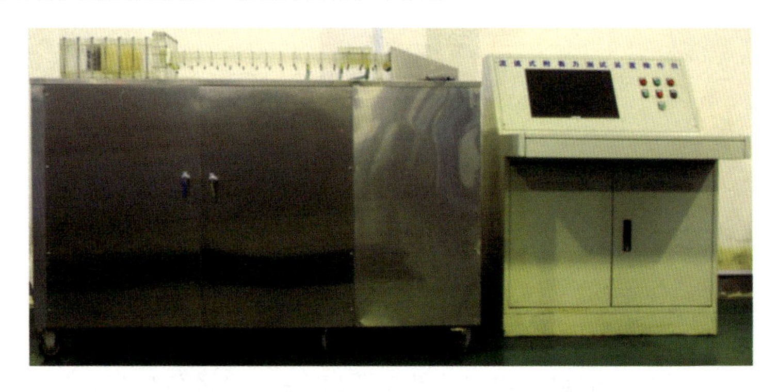

图9－10　流道式生物附着强度测试装置

在实验室利用海洋生物对防污材料的性能进行评价的优点是时间短、费用低，试验条件容易控制，试验结果重现性好。缺点是仅仅表征防污材料对特定的污损海洋生物的防污性能，还不能对其综合防污能力进行评价，而且欠缺实验室与自然环境条件下防污数据相关性规律的研究。Zhang 等[1]利用典型污损海洋生物硅藻、石莼孢子，在室内评价了5种污损释放型防污涂料的性能，并且进行了浅海静态浸泡试验。采用 Spearman 秩相关检验对实验室分析与现场测试的相关性进行了分析。硅藻和石莼孢子的实验室静态测试和现场静态测试之间的 Spearman 系数分别为0.975（$p=0.005$）和0.949（$p=0.014$），在95%的概率水平上非常显著。这表明，利用硅藻和石莼孢子进行的实验室静态测定与浅海静态浸泡试验具有良好的一致性。硅藻和石莼孢子的黏附试验与现场动态模拟试验之间的 Spearman 系数分别为0.894（$p=0.041$）和0.289（$p=0.638$），表明硅藻的实验室动态测定结果符合实海动态模拟试验的结果。硅藻用于评估防污涂料的实验室评估与现场测试之间表现出了非常好的相关性和一致性，表明硅藻是一种适合评估污损释放型涂料的污损生物。该评价方法有望发展成为生物防污材料室内快速筛选的有力手段。

参考文献

[1] ZHANG J,LIN C,WANG L,et al. Study on the correlation of lab assay and field test for fouling - release coatings[J]. Progress in Organic Coatings,2013,76(10):1430 - 1434.

[2] 齐月璇. 海洋天然产物(+)- sclerotiorin 的抗污损作用及实海试验研究[D]. 青岛:中国海洋大学,2020.

[3] DA GAMA B A P,PEREIRA R C,SOARES A R,et al. Is the mussel test a good indicator of antifouling activity? A comparison between laboratory and field assays[J]. Biofouling,2003,19(supl):161 - 169.

[4] 张少云. 神经酰胺类物质对海洋污损生物的防除性能及其作用机理研究[D]. 青岛:中国海洋大学,2012.

[5] RITTSCHOF D,CLARE A,GERHART D,et al. Barnacle *in vitro* assays for biologically active substances:Toxicity and Settlement inhibition assays using mass cultured *Balanus amphitrite amphitrite* darwin[J]. Biofouling,1992,6(2):115 - 122.

[6] 刘冬东. BIT 衍生物的合成及海洋防污性能研究[D]. 海口:海南大学,2015.

[7] 刘红,张占平,齐育红,等. 无毒防污涂料表面底栖硅藻附着评价的实验方法[J]. 海洋环境科学,2006,25(3):89 - 92.

[8] ZHANG Z,FINLAY J A,WANG L,et al. Polysulfobetaine - grafted surfaces as environmentally benign ultralow fouling marine coatings[J]. Langmuir,2009,25(23):13516 - 13521.

[9] TSOUKATOU M,HELLIO C,VAGIAS C,et al. Chemical defense and antifouling activity of three Mediterranean Sponges of the genus *Ircinia*[J]. Zeitschrift für Naturforschung. C, Journal of Biosciences,2002,57(1 - 2):161 - 171.

[10] FINLAY J A,CALLOW M E,ISTA L K,et al. The influence of surface wettability on the adhesion strength of settled spores of the green alga *Enteromorpha* and the diatom *Amphora*1[J]. Integrative and Comparative Biology,2002,42(6):1116 - 1122.

[11] SWAIN G W,GRIFFITH J R,BULTMAN J D,et al. The use of barnacle adhesion measurements for the field evaluation of non-toxic foul release surfaces[J]. Biofouling,1992,6(2):105 - 114.

[12] SCHULTZ M P,FINLAY J A,CALLOW M E,et al. A turbulent channel flow apparatus for the determination of the adhesion strength of microfouling organisms[J]. Biofouling,2000,15(4):243 - 251.

[13] TRENTIN I,ROMAIRONE V,MARCENARO G,et al. Quick test methods for marine antifouling paints[J]. Progress in Organic Coatings,2001,42(1):15 - 19.

[14] 张海永,孟宪林,林红吉. 新型防污涂料动态性能模拟研究[J]. 化学工程师,2010,24(06):64 - 67.

[15] YEBRA D,KIIL S,WEINELL C,et al. Parametric study of tin - free antifouling model paint behavior using rotary experiments[J]. Industrial & Engineering Chemistry Research,2006,45(5):1636 - 1649.

结　语

本书主要对天然产物防污剂和利用材料自身特性发展仿生防污材料的研究情况进行了系统性的介绍。这些内容从生物和仿生的角度，为发展环境友好防污涂料提供了新的途径。但是一种新的技术或者新的材料从实验室成果到真正形成产品走向市场，实现在装备或工程上的规模化应用，都要经历较为漫长的历程。其中，部分较快得到应用的成果主要以国际化的跨国涂料公司研发产品为主，这类企业投入大，延续性好，在产品的应用转化方面具有较大的优势。

从海洋防污涂料的整体发展趋势来看，产品的环保化和长服役期效是关注的重点。随着社会的不断发展进步，人们对环境保护的意识越来越强，在产品的低毒化、无毒化方向上会更加关注。另外，产品的长服役期效为发展高可靠性、低维护周期的装备提供了可能。短期内，海洋防污涂料主要依靠添加防污剂来对生物附着进行抑制的状况不会发生根本性的改变，但为应对环境友好的要求，进一步发展毒性更低、在海水中降解更快的防污剂来替代传统的防污剂或毒性较大的防污剂将会是发展的重点。长期来看，要重视对不依赖于防污剂、依靠材料自身特性的防污材料进行研发。这类材料主要依据污损生物与材料表面间的作用机制来设计，但是由于污损生物种类存在的多样性，如从细菌、微藻到宏观大型生物，不同的生物体采取的附着机制不尽相同，因此，依靠单一的技术途径来实现广谱化的防污是极其困难的，必须采取多种手段、多种途径的协同作用才能实现较好的防污效果。

海洋污损生物在生长、繁殖过程中，会随自身的发展而逐渐形成对环境较强的适应性，因此要一劳永逸地解决生物污损问题也是不现实的。希望将来能够有更多的研究人员、工程师参与进来，共同努力应对这一挑战性的问题！